# 电子结构晶体学

# Electronic Structure Crystallography

姜小明　郭国聪　著

科 学 出 版 社

北 京

## 内容简介

电子结构晶体学是一门以研究固体中电子结构及其性质为目的的晶体学实验科学，结合了晶体学实验方法和电子结构的量子理论，是一门交叉学科，是当前晶体学研究前沿领域之一。材料的本征性能主要由其电子结构决定。电子结构可采用电子密度、电子波函数或电子密度矩阵描述，其中电子密度的傅里叶变换(结构因子)可通过散射实验测定，因此，材料电子密度可以通过实验测试获得，称为实验电子密度。而且，通过建立合适的理论模型，采用一定的精修技术，可进一步重构出材料的实验电子波函数或实验电子密度矩阵，用于材料物化性能的计算。本书主要介绍采用散射方法(主要是X射线单晶衍射，也包括极化中子衍射和康普顿散射)研究晶体材料的实验电子结构(包括实验电子密度、实验电子波函数或实验电子密度矩阵)的相关理论和精修技术，主要包括散射实验、原子热振动分析、电子结构理论模型、精修重构及拓扑分析中涉及的基本理论，并对电子结构测试仪器(X射线单晶衍射仪)与电子结构晶体学的应用做了基本介绍。

本书可作为涉及功能晶体材料结构与性能研究的化学、物理、材料学科研究生和科研工作者的教材或参考书。

**图书在版编目（CIP）数据**

电子结构晶体学/姜小明，郭国聪著. —北京：科学出版社，2022.6
ISBN 978-7-03-072353-6

Ⅰ. ①电…　Ⅱ. ①姜…　②郭…　Ⅲ. ①电子结构-应用晶体学
Ⅳ. ①O552.5　②O799

中国版本图书馆 CIP 数据核字（2022）第 088222 号

责任编辑：杨　震　刘　冉 / 责任校对：杜子昂
责任印制：吴兆东 / 封面设计：北京图阅盛世

科学出版社 出版
北京东黄城根北街 16 号
邮政编码：100717
http://www.sciencep.com
北京建宏印刷有限公司印刷
科学出版社发行　各地新华书店经销
*
2022 年 6 月第　一　版　开本：720×1000　1/16
2024 年 6 月第四次印刷　印张：12 3/4
字数：260 000

**定价：118.00 元**

（如有印装质量问题，我社负责调换）

# 作 者 简 介

**姜小明**　1984年生，中国科学院福建物质结构研究所研究员，博士生导师，2006年本科毕业于中南大学无机非金属材料工程系，2011年博士毕业于中国科学院福建物质结构研究所无机化学专业，2011～2015年先后在南京大学物理学专业和德国慕尼黑工业大学从事博士后研究，主要从事材料结构化学、电子结构晶体学、非线性光学晶体材料研究。主持过中国科学院青年促进会基金项目，福建省自然科学基金项目，国家自然科学基金青年科学基金项目、面上项目以及国家重大科研仪器研制项目子课题的研究。已在 *National Science Review*, *CCS Chemistry*, *Journal of the American Chemical Society*, *Angewandte Chemie* 等杂志上发表论文80余篇。

**郭国聪**　1965年生，中国科学院福建物质结构研究所研究员，博士生导师，国家杰出青年科学基金获得者，结构化学国家重点实验室主任，中国化学会理事，中国晶体学会副理事长，国家重点研发计划项目首席科学家，国家自然科学基金创新研究群体负责人。1986年毕业于厦门大学化学系，1999年于香港中文大学化学系获博士学位，师从麦松威院士。在 *Journal of the American Chemical Society*, *Angewandte Chemie*, *ACS Catalysis* 等国际高影响力刊物上发表SCI论文481篇，*H* 因子64。获授权专利58件(含美国专利4件、欧洲专利1件)；获得软件著作版权5件。

# 序　一

我国结构化学的系统性研究主要从 1960 年著名化学家卢嘉锡院士创建中国科学院福建物质结构研究所开始，经过六十多年的发展，我国在原子和分子水平上研究材料的结构与性能之间的关系规律已达到较高水平，然而，由于材料的性能本质上源于材料在外场作用下的电子响应过程，因此，构效关系规律的研究亟须深入探索材料的电子结构。《电子结构晶体学》详细介绍了探索材料电子结构的理论和实验方法，是结构化学学科的重要发展，对于我国创制高性能新材料具有重要指导意义。

材料科学是现代科学技术的基础和先导。对材料结构及材料构效关系的认知水平直接决定了新材料的研发能力。材料的微观结构包括晶体结构、局域结构和缺陷结构等原子排列结构以及电子结构，其中电子结构从根本上决定了材料的本征性能。目前，材料原子排列结构的实验测试技术已经发展得非常成熟，但电子结构的实验测试一直处于探索阶段。尽管电子结构可由第一性理论计算获得，但理论计算采用多种假设和近似，计算结果与实际情况有偏差，对于指导高性能材料的设计有一定的局限性。《电子结构晶体学》一书详细阐述了通过 X 射线衍射等散射方法从实验上测试材料电子结构的基本理论、实验技术和精修模型，将材料结构的实验研究水平从原子层次深入到电子层次，是国内首创，也是国际上争相突破的高地。

将《电子结构晶体学》理论方法与原位测试技术相结合，可实现对材料初始态和功能态的晶体结构和电子结构及其演变过程进行原位表征，研究功能材料在光、温、力和电等外场作用下的功能起源及其物质基础，揭示材料功能敏感的结构部位以及结构与性能的关系规律，建立材料的功能基元理论，并通过材料功能基元的设计和调控，为实现功能导向的结构设计和加速材料从研发到应用的进程提供理论和技术支撑。

相比于发达国家，我国功能材料整体科研水平较为薄弱，一些关键材料受制于国外，特别是材料性能与结构的基础研究还需大力加强，《电子结构晶体学》将材料结构表征、构效关系等的传统结构化学研究领域深入到电子结构晶体学，是未来结构化学的发展趋势和最新前沿。

洪茂椿

中国科学院院士

2022 年 3 月 1 日于中国科学院福建物质结构研究所

# 序　二

化学是在分子原子层次上研究物质的组成结构及变化规律的基础科学。化学的历史源远流长，人类自从学会使用火就开始了最早的化学实践活动。在近现代化学中，人们对化学现象与规律的理解主要得益于结构化学理论方法与实验技术的进步，其中最具代表性的是电子的发现以及有核原子模型的确立。20世纪量子力学的发展为现代化学理论奠定了基础，从研究氢分子结构开始逐步揭示了化学键的本质，先后创立了价键理论、分子轨道理论和配位场理论等，化学反应理论也随之达到微观世界层面水平。

在实验技术上，X射线晶体学使人类在20世纪初首次“看”到物质中的原子，推动结构化学研究发展到晶体结构层次。在之后的一百多年，X射线晶体学技术高速发展，大量的晶体结构数据被准确测定，进一步加深了人们对一些基本化学现象的认识。譬如，物质中近距离的原子之间会自发形成化学键，电子转移过程会驱动化学反应的进行，功能材料的电子云在外场作用下会发生畸变或跃迁，等等。为解释这些现象，人们提出并总结了原子电荷、化学键、共价性、离子性、共振结构、键能、芳香性等许多经典结构化学概念和规律。然而，这些概念无法在晶体结构层次进行明确的定义，仍无法准确描述一些基本化学现象与规律。

事实上，原子分子的化学性质取决于其电子云，只有从认识电子结构出发才能对一些基本化学现象进行最根本的解释。理论化学特别是第一性原理计算方法的最新进展使结构化学在理论上进入了电子结构层次，通过理论计算电子密度、电子波函数和密度矩阵等基本物理量为在电子结构层次上解释基本化学现象与规律提供了有效的方法。需要注意的是，只有在电子结构测试技术出现以后，这些基于理论计算结果的化学概念与模型才有了稳固的实验基础。因此，“电子结构晶体学”以基于晶体学实验方法研究材料电子结构为目的，是结构化学学科的重要发展，为从实验上深刻理解一些基本化学现象与规律创造了条件，促进了理论化学与实验有效结合，为解决化学领域重大基础前沿科学问题提供了新观点和新途径。

此书作者首次提出了“电子结构晶体学”这一新学科方向，系统阐述了相关理论和实验技术，在国际上率先研制出用于“电子结构晶体学”原位研究的整套仪器设备，并研究了非线性光学晶体的原位电子结构。“电子结构晶体学”是未来化学和材料领域颇有前景的研究方向之一，相关研究成果对于我国化学学科的持续发展具有开拓性意义。

中国科学院院士

2022 年 6 月 27 日于北京

# 前　言

在物质科学领域，电子结构是一个核心研究课题。根据广泛认可的密度泛函理论，材料的本征性质与功能主要由其电子结构决定，因此获得准确的电子结构是研究材料构效关系规律的关键。材料中的电子在本质上是德布罗意(概率)波，满足泡利不相容原理，具有位置空间中的密度分布(简称电子密度)和动量空间中的密度分布(简称动量密度)两方面的属性。电子密度和动量密度具有很好的互补性，它们共同决定材料的性能。材料电子结构通常指的是电子密度和动量密度以及相关的物理量，这些物理量决定了电子的集体行为。电子波函数和密度矩阵都是描述电子结构的基本物理量，在纯态下可等价表示，因此本书中的电子结构主要包含(实空间和动量空间中的)电子密度、密度矩阵和波函数三个方面的信息。另外，“电子密度”和“电荷密度”的说法在本书中不作区分。

目前，材料电子结构主要通过第一性原理计算获得，由于计算过程中采用了许多假设和近似，忽略了材料实际应用的使役条件，而且很少考虑除了原子坐标外的其他与实际材料有关的实验数据，因此这种方法获得的电子结构通常是“理想”的。与理论计算方法相比，通过实验手段获得的“实验电子结构”能比较“真实”地反映材料的实际情况。

X 射线、中子和电子的散射实验是目前探测(亚)原子层次物质结构的主要手段，散射包括相干散射(衍射)和非相干散射(康普顿散射)。由于材料中的电子对 X 射线，以及非成对电子对中子具有散射作用，散射信号理应包含材料中的电子结构信息，因此通过一定的数学处理(比如电子结构精修等)从 X 射线衍射等散射信号中提取材料的电子结构信息理论上是可行的。实际上，这也很早就引起了老一辈科学家的重视。例如，诺贝尔化学奖得主 Debye、诺贝尔物理学奖得主 Bragg 以及著名晶体学家 Hirshfeld 就分别在 1915 年、1922 年和 1992 年提出过采用散射实验(主要是 X 射线单晶衍射)测试材料电子密度分布的思想：

看起来通过散射实验，特别是较轻原子的散射信号，要引起重视，因为它可以用来确定原子中的电子分布。

——P. Debye(1915)

测定晶体中的净电荷看起来不可能，但并非不可企及，必须有高强度的精修(注：当时无计算机)才能对晶体进行分析。

——W. L. Bragg(1922)

采用 X 射线衍射可以获得准确的原子核坐标和详细的电子密度分布图。

——F. L. Hirshfeld(1992)

从 20 世纪后期开始，随着计算机技术以及自动化设备的高速发展，采用散射技术测试材料电子结构的相关研究逐渐发展起来，成为当前晶体学的前沿研究领域之一。目前用于确定材料电子结构的散射技术中，X 射线单晶衍射是最主要的手段，其次还有 X 射线康普顿散射、极化中子衍射、磁 X 射线衍射和磁 X 射线康普顿散射等。

从实验上确定一种材料的微观结构(原子或亚原子尺度)，无论是晶体结构，还是电子结构，数学过程上都是类似的，即使用含未知参数的结构模型去拟合散射实验数据，符合最好的那个结构模型被认为是最终确定的结构。由于电子密度的傅里叶变换(结构因子，暂不考虑相位)可通过衍射强度测定，因此结构因子是将结构模型与实验关联的桥梁，通过最小化结构因子(或结构因子的函数)的模型计算值与实验值的差，采用最小二乘迭代(或其他最小化算法)即可获得最佳结构。与晶体结构相比，电子结构的实验研究手段在结构模型、精修算法、数据质量要求和结构分析方面存在明显不同：①晶体结构采用独立原子近似，不考虑原子间化学键相互作用；而电子结构模型则需要考虑化学键影响，而且还包含一定的电子关联作用。鉴于电子结构模型涉及电子的量子理论描述，因此材料电子结构的实验研究称得上是(X 射线)晶体学和量子化学的交叉学科。②由于结构因子可直接由衍射实验测定，因此通过衍射数据精修可完全确定电子密度和晶体结构(可看成是电子密度极值点的排列结构)，但对于波函数和密度矩阵，仅采用衍射数据精修是不够的，还需要引入 $N$-可表示性、基函数正交性等限制条件，因此精修过程中需最小化包含结构因子模型值与实验值之差以及这些限制条件的拉格朗日量。另外，电子密度矩阵也可通过结构因子与定向康普顿散射轮廓数据的联合精修获得(结构因子决定了密度矩阵的对角矩阵元，康普顿散射轮廓数据决定了密度矩阵的非对角矩阵元)。③晶体结构精修通常只需要低角度衍射数据(结构分辨率 $\lambda/2\sin\theta > 0.83$ Å)，而在电子结构精修过程中，电子结构参数与原子温度因子之间有较强耦合，为了获得可靠的电子结构，需要单独确定比较精确的温度因子，这时就需要使用高角度衍射数据($\lambda/2\sin\theta < 0.83$ Å)，因为高角度衍射数据主要由温度因子贡献，而价电子的贡献很小。当然也可以使用中子衍射测试来确定原子温度因子，但该方法需使用 X 射线衍射和中子衍射数据的联合精修来确定电子结构，这与仅使用 X 射线衍射数据的电子结构精修相比在精修技术上有更高的要求。④通常来讲，X 射线衍射强度数据的微小误差就会对最终精修出的电子结构造成显著影响，因此用于电子结构分析的衍射数据质量(如一致性因子 $R_{\mathrm{int}}$ 或 $R_{\mathrm{merge}}$ 一般要小于 0.03)要比用于晶体结构精修的衍射数据质量更高。⑤通过实验确定

的晶体结构(单胞参数、原子坐标和温度因子等数据)可直接用于结构分析与展示，而实验电子结构(如电子密度的三维标量数据等)的数据格式不符合化学家习惯，需要先根据拓扑分析理论(如 Bader 的分子中原子的量子理论等)对电子结构进行拓扑分析获得一些比较“直观”的特征量后，才能比较好地进行后续电子结构分析与材料构效关系研究。

值得一提的是，通常认为电子波函数不是一个实验上可观测的物理量，因此完全通过实验方法确定电子波函数的说法是不严格的。确切地说，本书中的实验电子波函数是在实验数据参与的情况下使用精修技术计算获得的，含有一定的“实验”成分。与包含完整电子结构信息的 $N$ 阶约化密度矩阵相比，一阶约化密度矩阵虽然有很大简化，但足够描述我们所关心的大部分材料物化性质，因此本书中如无特别说明，密度矩阵均指的是一阶约化密度矩阵。

基于材料电子结构实验研究方法的上述特点，我们定义：“电子结构晶体学”是一门以确定固体中电子结构(电子密度、电子波函数或密度矩阵)及其性质为目的的晶体学实验科学，主要涵盖晶体材料电子结构的实验测定，以及电子结构与材料性能之间关系规律等研究内容。这与以确定固体中分子、原子(或离子)排列方式为目的传统晶体学(指的是 X 射线晶体学)有明显不同。

本书主要讲述了采用散射方法(主要是 X 射线单晶衍射，也包括极化中子衍射和康普顿散射)研究晶体材料的实验电子结构(包括实验电子密度、实验电子波函数或实验电子密度矩阵)的相关理论和精修技术，主要包括散射实验、原子热振动分析、电子结构理论模型、精修重构及拓扑分析中涉及的基本理论，并对电子结构实验测试仪器(X 射线单晶衍射仪)与电子结构晶体学的应用做一些基本介绍。

具体而言，我们在第 1 章对电子结构晶体学的发展历史和一些基本概念进行了概述。第 2 章讲述了与实验电子结构相关的物理量(电子密度函数等)的第一性原理计算方法，旨在建立晶体学与量子化学的桥梁，许多实验电子结构的理论模型都是建立在量子化学之上的。第 3 章讲述了电子结构的拓扑分析理论，包括广泛使用的“分子中原子的量子理论(QTAIM)”和更广义的相互作用量子原子法(IQA)与$\omega$-限制空间划分方法，并介绍了分子间相互作用能的计算方法，对其他化学相互作用分析方法(如源函数、电子局域函数和约化密度梯度函数)也有基本介绍。第 4 章讲述了电子结构的实验测试技术与精修算法，特别是对原子热振动的处理。第 5～7 章分别介绍了电子结构的赝原子模型(主要包括常用的多极模型和经典的 X 射线原子轨道模型、X 射线分子轨道模型和分子轨道布居模型)、密度矩阵模型和电子波函数模型(主要包括 X 射线限制波函数模型和极局域分子轨道模型)，这些理论模型是根据散射实验数据重构材料电子结构的基础。第 8 章介绍了用于电子结构实验测试的 X 射线单晶衍射仪与用于常规晶体结构测试的仪器相比具有的一些新的技术特点，并使用原位电子结构测试方法研究非线性光学功能基元的典型例子来说明电子结构晶体学在材料领域中的应用。

本书的部分工作得到国家自然科学基金(21827813，21921001，22175172)和中国科学院青年促进会基金(2020303)的支持。感谢洪茂椿和姚建年两位院士为本书作序。我们希望此书能给涉足功能晶体材料结构与性能研究的化学、物理、材料学科研究生和科研工作者带来一些帮助，为国内电子结构晶体学的发展做出贡献。

由于作者水平有限，若书中有纰漏之处，还请专家和读者见谅并不吝赐教。

作　者

2022 年 3 月于中国科学院福建物质结构研究所

# 目　录

# 第 1 章　电子结构晶体学概述

## 1.1　引　　言

结构决定性能是物质科学领域的一个共识。材料结构按尺度的不同可分为宏观结构(>～1 μm)、介观结构(～10 nm～1 μm)和微观结构(<～10 nm)，而微观结构按结构基元和结构序的不同又可分为多种，如电子结构(电子密度分布、电子波函数或密度矩阵)、晶体结构(单胞中分子和原子的三维周期性排列结构)、非周期性结构(也称为调制结构，是指晶体结构中一些原子的坐标、占据数或温度因子等结构参数发生有规律的畸变，而这种有规律的畸变可使用调制函数来描述)、磁结构(自旋的排列结构)、缺陷结构(缺位或替代原子等缺陷中心形成具有统计学规律分布的结构)和局域结构(只在一个或几个配位层内具有短程序的结构)等，其中只有局域结构没有长程序，其他微观结构类型都具有长程序。它们的典型结构特征如图 1-1 所示。材料的各种微观结构类型中，除了电子结构属于亚原子或电子云分辨尺度上的结构，其他均为原子尺度上的排列结构。根据密度泛函理论，材料

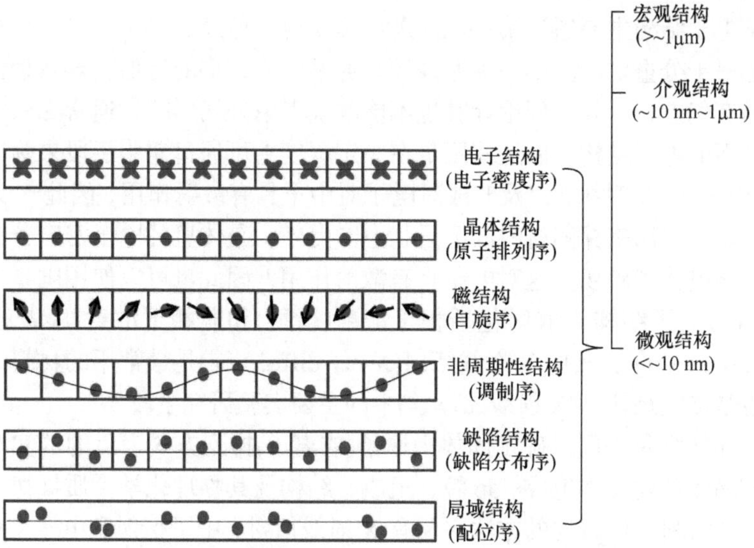


图 1-1　材料微观结构类型及其主要特征示意图

图中方格代表单胞，圆圈代表原子，箭头代表自旋，蝶形代表电子云

的性质与功能取决于其电子密度，因此研究电子结构对揭示材料构效关系规律和指导高性能材料的设计具有重要意义[1]。

材料中的电子在本质上是德布罗意(概率)波，具有空间尺度上的分布(即位置空间中的电子密度分布，简称电子密度)和能量尺度上的分布(即动量空间中的电子密度分布，简称动量密度)。两者具有很强的互补性，共同决定材料的性质。描述电子空间属性的轨道(如 s, p, d 轨道等)、化学键(如σ键、π 键)等概念和描述电子能量属性的能级、能带等概念都可以用来解释材料中的各种物理化学现象和规律。

材料的电子结构及其性质理论上可通过基于量子力学的第一性原理计算得到，分子体系和晶体体系一般分别采用基于波函数和密度泛函理论(density functional theory，DFT)的方法进行计算。波函数方法即采用各种近似对薛定谔方程进行简化得到可以方便求解的方程，如 Hatree-Fock 方程，并通过自洽场迭代获得材料的电子波函数，Hatree-Fock 框架下的电子波函数使用的是单 Slater 行列式形式。DFT 方法由 Hohenberg 和 Kohn 提出[2]，其基本思想是一个物理体系的所有基态性质仅由其电子密度决定。电子波函数和密度矩阵都是描述电子结构的基本物理量，纯态电子波函数可以等价地使用电子密度矩阵来表示。把完整的 $N$ 电子密度矩阵中除了一个电子外的 $N$–1 个电子坐标都积分后得到的密度矩阵称为一阶约化密度矩阵(one-order reduced density matrix，1-RDM)或单电子密度矩阵，由于我们所关心的单电子性质都可以通过 1-RDM 得到，在本书与实验有关的描述中，如无特别说明，密度矩阵均指的是 1-RDM。

尽管电子结构主要通过第一性原理计算获得，但通过实验手段研究材料的电子结构也是十分重要的。第一性原理计算通常引入较多的近似，导致理论计算结果与实验有偏差；另外，理论计算也不能准确考虑外场影响，通常无法得到材料使役条件下的电子结构，而这些不足在一定程度上可通过实验手段来弥补；实验上，由于电子对 X 射线，以及非成对电子对中子具有散射作用，因此 X 射线和中子散射实验可以用来探测材料的电子状态。另外，晶体里的电子密度分布决定了其内部的静电势和磁场，这对电子具有散射作用，因此也可以使用电子衍射方法研究材料的电子结构。散射包括相干散射(衍射)和非相干散射(康普顿散射，Compton scattering)，其中 X 射线衍射(X-ray diffraction)是最常用的材料结构表征方法，也是传统晶体学(X 射线晶体学)中的主要实验研究手段。

传统晶体学是一门以确定固体中原子(或离子)排列方式为目的的实验科学，主要研究晶体及类晶体生成、形貌、组成、结构及其物理化学性质规律的学科。实验上表征材料晶体结构的方法主要有 X 射线衍射、中子衍射和电子衍射，其中 X 射线衍射方法是发展最为成熟其应用最广的。传统晶体学方法通常只能获得材料原子分辨尺度的结构信息。

电子结构晶体学被定义成是一门以确定固体中电子结构(电子密度、电子波函数或密度矩阵)及其性质为目的的晶体学实验科学，主要涵盖晶体材料电子结构的实验测定，以及电子结构与材料性能之间关系规律等研究内容。电子结构晶体学结合了电子结构的量子理论和晶体学的实验方法，是一门交叉学科，是当前晶体学研究前沿领域之一，也是研究热点之一，这主要有几个方面的原因：①电子结构晶体学方法可以将实验的观测值和材料的基本物理量关联起来，获得的电子波函数原则上包含了材料中所有的电子结构信息，并可以“一劳永逸”地用来计算材料所有的基态性质；②对于一些特别的材料体系，如原子较多，或电子结构复杂的体系，通过第一性原理计算难以得到精确结果，这样的体系可以采用电子结构晶体学方法对其实验电子结构进行研究，这对研究材料功能产生的结构本质和揭示材料构效关系规律具有重要意义；③电子结构的实验测试结果可以用来验证理论计算结果，有利于改进理论方法和计算模型，促进第一性原理计算的进一步发展。

根据散射数据重构材料的实验电子结构，首先需建立参数化的电子结构理论模型，可以是电子密度模型、密度矩阵模型或波函数模型，比如目前比较受关注的赝原子多极模型、单 Slater 行列式波函数模型、极局域分子轨道模型和 1-RDM 模型等。这些模型中的未知参数与散射实验的观测量有一定的联系，如 X 射线衍射结构因子与电子密度(位置空间密度矩阵的对角矩阵元)相关，X 射线康普顿散射轮廓与电子动量密度(位置空间密度矩阵的非对角矩阵元或动量空间密度矩阵的对角矩阵元)相关。基于这些联系构建方程，使用衍射结构因子或(和)康普顿散射轮廓数据进行最小二乘精修即可获得与实验观测量符合度最好的电子结构模型，即实验电子结构。由于电子密度可完全由实验结构因子确定，类似地，1-RDM 可由结构因子和康普顿散射轮廓完全确定，因此通过实验散射数据精修获得的电子密度和 1-RDM 可以称为实验电子密度和实验密度矩阵。与电子密度和 1-RDM 不同的是，通常认为电子波函数不是一个实验上可观测的物理量，因此完全通过实验方法确定电子波函数的说法是不严格的。确切地说，本书中的实验电子波函数是在实验数据参与的情况下使用一定的精修技术计算获得的，含有一定的“实验”成分。由于电子波函数模型中的精修参数数目较多，而实验结构因子数量有限，因此实验波函数精修过程中，需引入能量最小化等限制条件。

由于电子密度、密度矩阵或波函数不太“直观”，难以被化学、材料学领域的科学家直接利用，因此按前述方法重构出材料的实验电子结构之后，需要对其进行拓扑分析，提取出与经典概念有关的电子结构拓扑指标，如拓扑原子性质(电荷、体积、多极矩等)和拓扑化学键性质(键临界点的电子密度、拉普拉斯量和能量密度等)等，“分子中原子的量子理论 (quantum theory of atoms in molecules, QTAIM)”是使用最广泛的电子结构拓扑分析理论。

本章将讲述电子结构晶体学中的一些基本概念、原理和方法，并简要介绍电子结构晶体学的发展历史。为建立晶体学与量子化学的联系，我们将在第 2 章讲述与实验电子结构相关的物理量(电子密度函数等)的第一性原理计算方法；第 3 章讲述电子结构的拓扑分析理论，包括常用的 QTAIM 和更广义的相互作用量子原子法与$\omega$-限制空间划分方法，并介绍分子间相互作用能的计算方法，对其他化学相互作用分析方法(如源函数、电子局域函数和约化密度梯度函数)也有基本介绍；第 4 章讲述电子结构的实验测试技术与精修算法，特别是对原子热振动的处理；关于电子结构的赝原子模型(主要包括常用的多极模型，对经典的 X 射线原子轨道模型、X 射线分子轨道模型和分子轨道布居模型也有介绍)、密度矩阵模型和波函数模型(主要包括 X 射线限制波函数模型和极局域分子轨道模型)，将分别在第 5～7 章详细阐述；用于实验电子结构测试的仪器主要还是 X 射线单晶衍射仪，但与用于常规晶体结构测试的仪器相比在一些技术指标上有更高的要求，第 8 章将介绍电子结构的实验测试仪器与电子结构晶体学的一些应用领域，包括典型案例。

## 1.2 电子结构晶体学的发展历史

尽管“电子结构晶体学(electronic structure crystallography)”的概念直到近年来才被正式提出[1]，但相关的研究基础可追溯到 19 世纪末和 20 世纪初 X 射线晶体学和量子力学的开端。

### 1.2.1 X 射线晶体学和量子力学的开端

电子结构与 X 射线晶体学从两学科的开端开始就已经紧密地联系在一起了。1895 年伦琴发现 X 射线，开创了探测物质内部世界的新纪元。1912 年劳厄发现了 X 射线穿透晶体后的衍射现象，同年，布拉格父子发现 X 射线衍射照片可以用来确定晶体中的原子位置，开创了 X 射线晶体学。在同一时期，对电子的认识和量子理论的研究也都取得了重要突破，1897 年汤姆孙发现了电子，1913 年玻尔提出了原子结构模型，引入量子化概念来研究原子内电子的运动。由于认识到 X 射线晶体学技术可能带来的科学革命，1915 年德拜就曾预言：“看起来通过散射实验，特别是轻原子的散射信号，要引起重视，因为它可以用来确定原子中的电子分布”[3]，该预言推动了可被衍射实验检验的原子理论模型的建立与发展。由于基于玻尔原子模型的原子散射因子存在局限性，其计算出来的衍射强度与实验值有较大差别，难以用于结构测定。直到原子中电子密度的量子模型被发展起来[4]，物质结构的测定才成为可能。随后晶体学和化学键理论各自的发展增强了晶体学和量子化学之间的联系，也促进了从实验数据提取材料电子结构信息技术的进步。

### 1.2.2　实验电子结构研究的萌芽时期

直到 1958 年，电子结构晶体学相关的研究才重新有了新的发展。Richard Weiss 及其合作者率先在单晶样品的实验电荷密度、动量密度和自旋密度方面做了一些开拓性的工作，比如通过 X 射线单晶衍射测试原子散射因子的方法获得了 Cu，Ni，Co，Fe 和 Cr 金属原子的外层电子组态[5]，通过康普顿散射实验测定了金刚石、石墨和炭黑的电子动量密度[6]，根据极化中子衍射实验测得的磁形式因子计算出了 Co 的自旋密度信息[7]。Richard Weiss 的这些研究工作的主要目的是从 X 射线散射实验中直接提取电子波函数信息。他曾建议[8]通过实验测定的散射强度可以用来修正 Hartree-Fock 波函数，而理论计算的 Hartree-Fock 波函数本身没有考虑相反自旋电子的关联作用。Richard Weiss 的直觉给其他研究人员一个很好的启示，即通过整合晶体学实验方法和量子化学理论方法，以及位置空间和傅里叶变换空间(动量空间)的电子密度信息，通过 X 射线和中子散射实验重构出电子波函数是可行的。

### 1.2.3　赝原子模型的发展

20 世纪 60 年代末开始，电子结构晶体学相关的技术发展出现了分支，即重构实验电子结构的方法朝着基于原子轨道和基于分子轨道的两个方向发展。基于原子轨道的方法源于 Stewart 发展的广义原子散射因子(generalized atomic scattering factor)，这个概念最早由 Dawson 提出[9]。原子散射因子也称为原子形式因子(atomic form factor)。Stewart 的基本思想是将量化计算得到的分子的电子密度投影到原子轨道基函数上，以此来计算出广义原子散射因子，并使用这个广义原子散射因子来替代孤立原子散射因子用于结构精修[10,11]。孤立原子散射因子是通过对孤立原子进行量化计算获得的，没有考虑实际晶体中存在的原子之间的相互作用，广泛应用在晶体结构精修中。由于广义原子散射因子由分子的电子密度投影获得，因此考虑了原子之间的相互作用。这种由分子的电子密度投影得到的原子模型称为赝原子模型(pseudoatom model)。与没有考虑原子间相互作用的孤立原子外层电子轨道几乎成“球形”分布不同，赝原子外层电子轨道由于化学键作用沿不同方向伸展程度不同，并可以使用以原子为中心的多极球谐函数展开表示，因此赝原子模型也称为非球形原子模型(aspherical model)或多极模型(multipolar model)。由于分子轨道波函数及其原子轨道投影的理论计算过程比较复杂，因此 Stewart 模型最终不得不采用一套相对简单的原子轨道参数去拟合结构因子实验值[12]，即在结构精修过程中，晶体单胞的电子密度投影在原子轨道波函数上，并精修原子轨道参数，使理论和实验的结构因子相差最小。类似 Stewart 的思想，Hansen 和 Coppens[13]设计了一个改进的多极模型，在该模型中，每个原子的电子密度表示为芯电子层、价电子层和非球形电子密度之和，其中芯层电子密度由于假定受化学成键影响较小而被固定，不参与结构精修。价电子层可通过精修价电子数和收缩因子进行调整。非球形电子密度主要用来考虑原子轨道的成键状态，可进一步写成球谐函数的级数和形式，可以较好地描述原子在形成化学键时价电子轨道在三维空间的扩展，通过精修轨道电子占据数和轨道收缩因子可获得原子和成键轨道的详细信息。同时引入原子局域坐标系，赋予了赝原子模型良好的可移植性,即一种晶体或分子精修得到的原子轨道参数可直接应用到另一种晶体中，只要两种晶体中的目标原子具有类似的化学环境。

尽管也存在其他不同版本的多极模型,但 Hansen 和 Coppens 的多极模型是目前应用最广的赝原子模型。经过多年的发展，这个模型经过多次改良以便适应不同的情形。上世纪 90 年代和本世纪初，这方面的研究主要是为了改进价电子层和非球形电子密度中径向函数的质量[14]，与之有关的是发展了收缩因子的一些精修方法[15]，收缩因子在精修过程中较难通过实验衍射强度确定。在过去的十来年，改进多极模型的兴趣则主要集中在修正芯电子层畸变的同时精修电子密度分布和自旋密度分布；并且建立了一些多极模型参数数据库，存有可移植的电子密度参数，这些数据库可用于一些难以进行准确电子密度分析的大型或复杂分子(特别是生物大分子)电子密度模型的构建。

多极模型之所以能进行这些改进源自于 Hansen 和 Coppens 模型的灵活性，特别是该模型为每个原子定义了与晶体取向矩阵无关的局域坐标系，这为多极矩参数从一个原子移植到另一个原子创造了条件，只要这两个原子拥有足够类似的化学环境。拥有模型参数的可移植性其实是原始多极模型的初衷，尽管多年之后才被引入[16]，当实验确定的原子多极矩数据较多，足够构建一个为一些类似分子服务的数据库时[17]，特别是可用于改进一些衍射质量不好的样品的精修结果并且构建静电势和电矩，多极模型的可移植性的价值才被充分展现出来。这种方法后来被推广到理论计算的原子多极矩，拥有可为大分子进行电子密度研究的优势，而大分子的实验电子密度模型一般很难构建[18-20]。这些方法现在已经比较成熟，一些新的应用领域已经出现，如应用在电子衍射分析晶体结构的模型构建中[21]。

多极模型的灵活性为探测特殊的电子结构特征提供了可能，比如用于研究分子或共价晶体中原子芯电子层电子密度的微小畸变。由于这个原因，一个扩展的 Hansen 和 Coppens 模型被提出[22]。该模型中，非球形电子密度不仅包括价电子层，也包含芯电子层。精修时，芯电子层的收缩因子也会被精修，这不仅为了化学解释，也为了修正温度因子。一个小但显著的芯电子层收缩的例子是金刚石中的碳碳键，可被解释为一种有碳原子芯电子参与的化学成键。

多极模型的另一个非常重要的改进则是用于同时描述电子密度和自旋密度，这得益于 X 射线衍射技术和弹性中子散射技术的发展，这两项技术可分别对电子密度和自旋密度进行研究。中子散射截面是原子和磁散射的叠加，另外磁散射不仅受原子自旋磁矩，也会受原子轨道角动量矩的影响，基于这个原因，可采用极化中子衍射确定自旋密度。X 射线和中子衍射两种类型的数据可使用同一个模型进行联合精修，在该模型中，电子密度被分成自旋向上和自旋向下两部分。考虑到极化中子衍射仅能获得非常有限的数据以及和X射线衍射部分参数的线性依赖性，该模型中的参数较多，加剧了参数间的关联。即便如今 X 射线衍射仪能获得非常高角度的衍射数据，但也只有很少的低角度部分数据含有价电子层电子密度信息，因此这个物理极限无法从根本上突破，并且限制了多极模型的灵活性。然而，在一些约束条件的辅助下，对一些顺磁金属化合物或磁性无机物的电荷密度和自旋密度的联合精修是可能的，这方面的进展为多极模型在自旋电子学方面的应用铺垫了道路[23-25]。

多极模型的灵活性也使其可用于一些处于非常规条件下的物质的研究，如激光照射，电场，高压或高温，甚至一些粉末样品[26]。在这些情况下，一些有利于获得准确电子密度的典型条件无法得到满足。比如，在高温下，原子振动显然加剧，这严重影响了从热运动中通过反卷积获得电子密度的可行性，但有时候却正是外场让材料变得有趣，如一些晶体的高压研究被报道[27-29]。与高温条件不同，高压本身不是一个能影响准确获取晶体电子结构的因素，但高压研究通常使用到的金刚石对顶砧却严重影响了衍射数据的质量，特别是它影响了能测到衍射数据的倒空间区域并能产生严重背景信号。另一个缺点是超过一定压力时，压力无法均匀地传递给晶体样品，这时晶体样品很容易破裂，从而影响衍射数据的收集。加压能减小原子振动，特别是对于不存在强超分子相互作用的分子晶体，根据已报道的结果[27,28,30]，对降低温度因子幅度的影响，5～10 GPa 的等静压与低温 100 K 的效果相当。液氮吹扫实现低温测量是实验电子结构研究的一个基准，而要想达到氦气吹扫温度对温度因子的影响效果，则需要超过 100 GPa 的等静压力，这在实际衍射实验中几乎是不可能的。尽管存在一些困难和缺点，但也有通过多极精修成功获得高压下分子晶体电子结构的案例被报道[28]。

在 20 世纪 70 年代，除了最著名的 Stewart 和 Coppens 的多极模型外，还有其他一些模型也被发展起来，他们都是基于差不多的思想，但缺乏像 Stewart 模型才有的量子力学基础。在这些模型中，发展比较好的还有 Hirshfeld 原子模型[31]。在 Hirshfeld 模型中，使用的是孤立原子基态(球形)理论电子密度作为投影计算时的基，这与传统晶体结构精修中使用的原子电子密度相同。在投影计算时，整个分子或晶体的电子密度可以写成球形原子电子密度和的形式，并根据投影权重将分子或晶体的电子密度分解到每个原子上，从而获得 Hirshfeld 模型原子的散射因子用于结构精修。Hirshfeld 模型原子是一种非常容易实现的电子密度分解方案，适用于不同类型的电子密度数据，如来源于多极模型精修或波函数计算。在电子结构晶体学中，Hirshfeld 原子主要有三个方面的用途：①用于实验或 DFT 理论电子密度的原子电荷布居分析[32]；②用于构建分子 Hirshfeld 表面[33]；③用于 Hirshfeld 原子精修(Hirshfeld atomic refinement，HAR)[34]。

与基于原子轨道重构电子结构的研究分支相比，通过分子轨道重构电子结构的发展则没有那么顺利，该方法的主要思路是通过衍射或其他散射实验数据直接精修获得分子轨道波函数。Coppens 和其合作者在这方面进行了一些尝试[35]，但发现即使是中等大小的分子，其实现过程也是非常复杂，主要原因是计算过程中需要精修双原子轨道波函数乘积的系数，由于波函数参数之间关联比较严重而无法精修。

### 1.2.4 实验电子密度矩阵模型的发展

自 1969 年，电子结构晶体学中的一个里程碑进展是 Clinton 和 Massa 及其合作者系统性地提出了一套从理论计算的电子密度或结构因子中提取 1-RDM 的方法[36-43]。这个方法通过引入静电定理(electrostatic theorem)、位力定理(virial theorem)和 Hellman-Feynman 定理来构建含密度矩阵和结构因子的迭代计算方程，并通过求解获得与结构因子符合度最好的电子密度。由于密度矩阵要符合泡利不相容原理，则必须可通过 $N$ 电子反对称波函数积分得到，这称为 $N$-可表示性条件($N$-representability conditions)。满足 $N$-可表示性条件的 1-RDM 可以完全确定实验波函数信息。为了使获得的密度矩阵符合 $N$-可表示性条件，Clinton 和 Massa 对密度矩阵增加了一些限制条件，如使用单 Slater 行列式波函数，并要求 1-RDM 至少是厄米的、幂等的(即密度矩阵必须是一个投影算符)和归一化的(密度矩阵的迹为电子数 $N$)[44]，归一化条件保证了 1-RDM 的本征值在 0 到 1 之间。

后来 Clinton 和 Massa 的这些方法得到了一些改进，比如将这种策略扩展到了开壳层体系的单行列式波函数[45]，在这个研究中，Frishberg 和 Massa 使用高质量的理论 X 射线结构因子去拟合一些简单原子和分子体系的波函数，尽管无法获得双电子性质，但获得了比变分法更准确的单电子性质。另外，Pecora 通过引进最陡下降算法获得了能满足幂等条件的同时也能较好符合实验观测量的密度矩阵[46]。在这个研究方向，最重要的进展是 Massa 等人首次直接从 X 射线衍射数据分析得到了铍的幂等密度矩阵[47]。

Howard 和其合作者构造了 Clinton 方案的一个变种，并使用模拟退火算法拟合较大体系如甲胺和甲酰胺的单行列式波函数[48]。Snyder 和 Stevens 利用高分辨率的单晶 X 射线衍射数据获得了叠氮化钾中叠氮阴离子的幂等密度矩阵[49]。值得一提的是，他们在使用密度矩阵拟合的差分电荷密度中发现了原子核附近的一个负的尖峰，这个特征在理论差分电荷密度中有，而在多极模型精修的差分电荷密度中无法观测到，说明密度矩阵精修能给出比多极模型精修更精细的电子结构特征。Tanaka 基于 X 射线衍射结构因子，提出了旨在模拟晶体场效应导致的重原子轨道畸变现象的 X 射线原子轨道模型(X-ray atomic orbital method，XAO)[50,51]，并在此基础上，Tanaka 还建立了 X 射线分子轨道模型(X-ray molecular orbital，XMO)方法[52]。

以上所述的 Clinton 及其类似的方法都使用了幂等密度矩阵(即单 Slater 行列式波函数)的限制条件。为了克服这个缺陷，Hibbs 和 Waller 及其合作者设计了一种新颖方法，即使用实验结构因子优化预先确定的一组(占据或空的)分子轨道的布居数[53,54]，这种分子轨道布居(molecular orbitals occupation numbers，MOON)模型方法具有精修参数个数随体系尺度线性增加的优点，即使对于非常大的体系，也能比较方便地进行一些性质计算。

在一些比较先进的方法中，幂等条件被更为严格的 *N*-可表示性条件替代。1985 年，研究人员注意到非弹性康普顿散射数据里隐藏的化学键信息可以用来重构 1-RDM[55,56]。随后，Weyrich[57]和 Gillet[58,59]及其合作者系统性地提出了通过衍射数据和康普顿散射数据联合精修重构 1-RDM 的方法，即密度矩阵的对角元通过 X 射线衍射的结构因子确定，非对角元通过康普顿散射轮廓确定。对于自旋密度矩阵，对角矩阵元可通过极化中子衍射(polarized neutron diffraction)确定，原则上也可通过磁 X 射线衍射(magnetic X-ray diffraction)确定，非对角矩阵元则可通过磁康普顿散射(magnetic Compton scattering)实验来确定。

2007 年，Gillet 设计了一个方法，将 Hansen 和 Coppens 电荷密度分布的多极模型扩展到单粒子密度矩阵[60]。尽管只是在简单的双原子体系(HF 和 CO)中进行测试，但通过这种方法可以从互补(衍射与康普顿散射)的实验数据中提取化学键的主要特征。De Bruyne 和 Gillet 使用正交原子基函数来描述单电子密度矩阵，并在密度矩阵的最小二乘精修过程中，通过使用半定编程(semidefinite programming)方法来引入 *N*-可表示性条件，针对干冰晶体的基本测试表明该方法与周期性量化计算结果有很好的一致性[61]。

考虑自旋分辨的情况，在通过极化中子衍射和非相干磁 X 射线康普顿散射对 $YTiO_3$ 在坐标空间和动量空间中的自旋密度进行了基本的研究后[62,63]，一个更先进的自旋分辨(spin-resolved 1-RDM，1-SRDM)模型被提出[64]。在该模型中，与前述 De Bruyne 和 Gillet 研究闭壳层情况类似，密度矩阵使用了原子高斯基函数展开，但不同于前者的是，这里高斯函数的指数并没有固定，在精修过程中可以调整。一旦获得了最优的高斯函数指数后，1-SRDM 的矩阵元便可以通过最小化计算值与实验值(磁结构因子和磁康普顿轮廓)的差来获得。同样地，通过保持 *N*-可表示性条件得到了量子力学严格的 1-SRDM。将该模型应用到一个基于尿素结构的人为改造的磁性晶体模型上，基本的研究显示，联合精修确实可以获得比仅考虑极化中子衍射数据更准确的结果，并且还表明，磁康普顿轮廓数据不仅仅只影响 1-SRDM 的非对角矩阵元，而且也会改善对角矩阵元，有利于获得一个整体上更好的自旋密度。这项技术后来被用来确定 $YTiO_3$ 的 1-SRDM，确认其精修结果可以用来解释 Ti—O—Ti 化学键的磁性[65]。

值得一提的是，由于考虑到密度矩阵方法需要精修的参数比较多，而 X 射线或中子衍射数据量又受到 Ewald 球的限制，Cassam-Chenaï 指出使用符合 *N*-可表示性条件的系综密度矩阵的重要性，系综密度矩阵采用预先计算好的波函数来描述，并使用实验结构因子去精修少量的耦合系数[66]。这些耦合系数能给出分子内和分子间的电子关联以及自旋-轨道耦合方面的电子结构信息。这种方法后来被用来分析极化中子衍射数据，获得 $Cs_3CoCl_5$ 晶体中 $CoCl_4^{2-}$ 离子的磁矩密度[67]。

需要注意的是，对于密度矩阵模型，即使满足 *N*-可表示性条件，可能仍然是不够的。实际上，根据 Gilbert[68]和 Coleman[69]的理论，对于一个确定的电子密度分布，与之相符的满足 *N*-可表示性条件的 1-RDM 原则上有无穷个。因此仅靠拟合电子密度数据，就像前面所有的拟合策略那样，不足以保证精修得到的实验波函数或密度矩阵是具有现实物理意义的。为了解决这个问题，Henderson 和 Zimmerman 曾建议在与实验电子密度都符合的所有单 Slater 行列式波函数中，将能使 Hartree-Fock 能量降为最低的视为最好的[70]，这个想法催生了一个新的 Clinton 改良策略，并应用于分析 LiH 的理论结构因子数据。一个新的替代方案随后被 Levy 和 Goldstein 提出[71]，根据他们的思路，如果一个单 Slater 波函数无法唯一地被实验数据确定，那么这个波函数就应该将电子动能降为最低。延续这样的思想，Parr 及其合作者[72-74]设计了从理论波函数或量子 Monte Carlo 计算得到的电子密度数据中提取 Kohn-Sham 轨道的方法。这些策略也被用于生成新的 DFT 泛函。

### 1.2.5　实验电子波函数模型的发展

近年来，受到 Levy 限制搜索方法[75]的启示，即准确的波函数应该是能产生实验电子密度分布的同时也能将总能最小化，Jayatilaka 提出了一个比 Henderson 和 Zimmerman 思路更易于实现的技术，称为 X 射线限制波函数模型(X-ray constrained wavefunction，XCW)方法[76-83]，该技术使用拉格朗日乘子法，通过最小化一个新的求和函数来获得使能量最低的同时也能在实验误差范围内符合实验结构因子的单 Slater 行列式波函数。这个求和函数即为单 Slater 行列式的能量与实验衍射数据的统计一致性因子之和。拉格朗日乘子用于调整实验衍射数据在最小化计算中的权重。迭代计算过程中，通过逐渐增大拉格朗日乘子，直到理论与实验结构因子符合度最好。在实际应用中，XCW 技术通常结合了 HAR 精修技术[84]，即 HAR 与 XCW 精修计算交替进行直到结构收敛。HAR 主要精修晶体结构参数(即原子位置和温度因子)，XCW 主要精修电子结构参数(如单 Slater 行列式分子轨道波函数的系数等)。对氨基酸和多肽的一些精修实例表明这个新的 XCW 方法可以得到比传统多极模型精修与实验衍射更一致的晶体结构和电荷密度。顺便提一下，Jayatilaka 及其类似的方法中含有“限制或约束(constrained)”这个词，是指在满足实验散射数据(X 射线衍射数据)的限制或约束条件下求波函数能量的极小值。

在目前所有已发展的限制性方法中，Jayatilaka 方法可能是最具有发展前景的。除了能得到有实际意义的实验电子密度分布，这项技术也能成功获得分子晶体的物化性质，如偶极矩、极化率和折射率[85-87]。这是 XCW 方法的优势，多极模型精修获得的电子密度分布由于没有考虑多电子贡献，无法用来确定分子或晶体准确的极化率和折射率性质。原则上，XCW 也不满足极化率计算所需要的多态求和要求(涉及激发态)，但在合理的近似下，单纯基态波函数就可以用来估算分子的极化率，而且 XCW 考虑了晶体化学环境，可以称得上是一个真实的基态波函数，使用 XCW 计算出的一些分子晶体的折射率也能较好地符合实验测量值。在此基础上，Cole 等人继续开发 Jayatilaka 方法的价值，并应用在一些非线性光学晶体的研究上[88,89]。这些研究显示当需要考虑双电子效应贡献的性质时，XCW 方法比多极模型精修技术更能从实验数据中提取到固体效应的信息。姜小明、郭国聪等人成功将 XCW 方法应用在揭示非线性光学(NLO)晶体的功能基元[1,90]的研究上，比如通过研究 $LiB_3O_5$(LBO)在无光照和 360 nm、1064 nm 激光照射下的原位电子密度和波函数，从实验上确认了 B—O 基团$[B_3O_5]^-$为 LBO 的 NLO 功能基元。NLO 功能基元是指具有较大微观 NLO 极化率，对晶体宏观 NLO 效应作主要贡献的结构单元。该工作是首次从实验上确认了一种 NLO 材料的功能基元[91]。

Macchi 及其合作者研究了 Jayatilaka 方法在获取晶体场效应和电子关联效应的潜力[92,93]，由于 Jayatilaka 方法可以看出是对这两种效应的哈密顿量的一个修正，因此获得的实验电子波函数含有晶体场效应和电子关联效应的信息。Bučinský 及其合作者发展了非限制性开壳层和相对论版本的 XCW 方法[94-97]，进一步扩展了 XCW 方法的应用体系。一方面，通过这种非限制性开壳层的方法，可以获得实验自旋密度，这与通过多极模型和 1-RDM 联合精修获得的自旋密度相对应。另一方面，由于重原子受相对论效应影响较大，相对论 XCW 方法为含重原子的化合物的实验电子波函数研究开辟了道路。

然而，由于分子轨道是完全离域的，Jayatilaka 方法获得的电子密度分布的化学解释不够直观，Jayatilaka 等人也尝试弥补这个缺陷，如通过从获得的 X 射线限制性波函数中直接提取电子局域密度函数[98]，电子局域指标[99,100]和 Roby 指数[101]。在 XCW 方法中直接引入传统的化学直观解释是近年来的一个重要研究方向，这方面的大部分进展都是基于极局域分子轨道(extremely localized molecular orbitals, ELMO)概念[102-108]，即按预定规则或化学直觉将一个分子划分成许多片段，每个片段使用局域在片段本身的 ELMO 来描述。将这种分子划分法引入到 Jayatilaka 的 XCW 框架中，可以获得与原子、化学键、孤对电子和官能团严格对应的 X 射线限制极局域分子轨道(XR-ELMO)[109-112]。换句话说，就是可以获得与化学家传统化学直觉相对应的 X 射线限制的分子轨道。这为 XCW 技术赋予了原本多极模型才有的能力，即分子或晶体的总电子密度可看成各个片段的贡献之和。甚至可以说 ELMO 概念对于 XCW 的意义与赝原子概念对于多极模型一样重要。事实上，与多极模型的赝原子类似，XR-ELMO 也是一个可移植的单元，即一个分子或晶体上精修出来的某个分子片段的 XR-ELMO 参数可以直接用于其他分子或晶体的同样分子片段的电子结构精修。目前已开发了理论 ELMO 库[113-115]，并已应用于发展多尺度量子化学嵌入技术[116,117]，快速探测大型体系的非共价相互作用[118]和在 Hirshfeld 原子模型框架下精修多肽和小蛋白质的晶体结构[119]等方面。

ELMO 也被用来发展所谓的 X 射线限制极局域分子轨道价键方法(XR-ELMO-VB)[27,120]，这个方法被看成是第一个多行列式 XCW 技术的原型。根据 X 射线衍射数据，这个策略可用来确定共振分子结构的权重，即体系波函数可写成多个不同共振结构的 ELMO 的线性组合形式。这项技术被用来研究顺式-1, 6:8-13-双羰基轮烯在等静压下的电荷密度，当压力升高时，这个化合物的芳香性会得到一部分抑制。XR-ELMO-VB 计算确认了这个趋势，在常压时 BCA 的两个共振结构基本平衡，在高压时，其中的一个占主导。

为从 X 射线衍射数据中提取有用的化学信息，最近开发出的 X 射线限制自旋耦合方法(X-ray restrained spin-coupled，XRSC)来源于 Jayatilaka 方法与价键理论自旋耦合技术的整合[121-125]，并可被看成 XR-ELMO-VB 策略的进一步发展。实际上，在这个新颖的 XRSC 方法中，不需要指定局域化方案和任何预先确定的波函数便可以从 X 射线衍射数据中提取轨道和共振结构权重因子。一些计算表明 XRSC 方法获得的自旋耦合轨道和共振结构权重与传统气相自旋耦合计算结论有明显不同的地方，这个研究进一步展示了 Jayatilaka 方法在考虑电子结构晶体场效应的先天优势。

### 1.2.6 电子衍射研究电子结构技术的发展

除了 X 射线和中子散射外，采用电子衍射技术探索材料实验电子结构也很早就引起了研究人员的注意。会聚束电子衍射(convergent-beam electron diffraction，CBED)方法[126]将具有一定锥度的电子束会聚在厚度一致且没有弯曲的样品上的一个小区域内。除了普通的衍射点外，还会出现衍射盘，衍射盘的积分衍射强度可与电子衍射动力学理论的计算值相比较，因其可以直接测出准确的低指数结构因子而应用于重构一些简单无机物的电子密度，在判断材料晶系和空间群方法优于 X 射线衍射[127]。Nakashima 展示了通过定量 CBED 方法提取的金属 Al 的电荷密度分布要比理论或 X 射线衍射结果更可靠，并且与 Al 的各向异性弹性系数实验结果匹配很好[128]。Zuo 等人研究了 $Cu_2O$ 中 Cu—Cu 键的电子密度信息，将 Cu 周围的差分电荷密度解释为 Cu-3d 轨道到 4s 轨道的电子偏移[129]。Palatinus 等人采用旋进电子衍射层析技术确定了纳米晶中 H 原子的准确位置[130]。这些研究显示了 CBED 方法在研究材料实验电子结构方面的潜力。

## 1.3 电子结构的描述

### 1.3.1 电子密度

在量子化学中，电子密度是波函数的函数。对于一个含 $M$ 个原子和 $N$ 个电子的分子体系，其基态电子波函数 $\psi_{\rm el}$ 是电子自旋和空间坐标( $\boldsymbol{t}_i=(\boldsymbol{s}_i,\boldsymbol{r}_i)$; $i=1, 2, \cdots, N$ )的函数。在 Born-Oppenheimer 近似下，固定原子核空间坐标( $\boldsymbol{R}_k$; $k=1, 2, \cdots, M$ )并假定不考虑其他电子的影响时，在任意 $\boldsymbol{r}$ 处 $\mathrm{d}\boldsymbol{r}$ 体积元内发现任何一个电子的概率 $\rho(\boldsymbol{r})\mathrm{d}\boldsymbol{r}$ 可写成：

$$\rho(\boldsymbol{r})\mathrm{d}\boldsymbol{r}=N\int\left|\psi_{\rm el}\right|^2\mathrm{d}\boldsymbol{t}'\mathrm{d}\boldsymbol{r} \tag{1.1}$$

其中，$\mathrm{d}\boldsymbol{t}'$ 表示在除了一个电子外的其他所有电子的自旋和空间坐标上进行积分；$\rho(\boldsymbol{r})$ 称为电子在位置空间中的密度，简称电子密度(electron density)。电荷密度(charge density)是位置空间中电子和原子核的电荷密度之和，一般在只讨论电子密度分布时，电子密度和电荷密度不做区分，本书也是如此。

在晶体学中，电子密度与结构因子密切相关。X 射线衍射是电子-光子相互作用的一种现象，原则上需要基于量子力学才能得到很好的解释，但实际应用时经常进行一些合理的简化。在运动学理论(kinematical theory)中，相干弹性散射(衍射)幅度，即结构因子 $F(\boldsymbol{H})$，是单胞电子密度 $\rho(\boldsymbol{r})$ 的傅里叶变换。因此 $\rho(\boldsymbol{r})$ 可通过对 $F(\boldsymbol{H})$ 进行傅里叶逆变换获得：

$$\rho(\boldsymbol{r})=\int F(\boldsymbol{H})\exp(-2\pi\mathrm{i}\boldsymbol{H}\cdot\boldsymbol{r})\mathrm{d}\boldsymbol{H} \tag{1.2}$$

其中，$F(\boldsymbol{H})$为复结构因子，已进行过反常散射校正。散射矢量 $\boldsymbol{H}=h\boldsymbol{a}_1^*+k\boldsymbol{a}_2^*+l\boldsymbol{a}_3^*$ 对应倒空间的一些离散的格点，$h, k, l$ 为整数，$\boldsymbol{a}_{i,i=1,3}^*\left(\boldsymbol{a}_i\boldsymbol{a}_j^*=\delta_{ij}\right)$ 为倒格子基矢。

由于 $F(\boldsymbol{H})$是被定义在离散的 $\boldsymbol{H}$ 上，积分式(1.2)可转换成求和形式：

$$\rho(\boldsymbol{r})=V^*\sum_{\boldsymbol{H}}F(\boldsymbol{H})\exp(-2\pi\mathrm{i}\boldsymbol{H}\cdot\boldsymbol{r}) \tag{1.3}$$

其中，$V^*$ 为倒格子单胞体积，即 $1/V$，$V$ 为实空间单胞体积。

由于电子密度是一个实函数，方程式(1.3)右边也必须是实数，现将 $F(\boldsymbol{H})$ 写成复数形式：

$$F(\boldsymbol{H})=|F(\boldsymbol{H})|\exp \mathrm{i}\varphi(\boldsymbol{H})\equiv A(\boldsymbol{H})+\mathrm{i}B(\boldsymbol{H}) \tag{1.4}$$

$$A(\boldsymbol{H})=|F(\boldsymbol{H})|\cos\varphi;\ B(\boldsymbol{H})=|F(\boldsymbol{H})|\sin\varphi \tag{1.5}$$

其中，$\varphi(\boldsymbol{H})$ 是结构因子的相位，将式(1.4)代入式(1.3)，整理后去掉虚部，并考虑 $F(\boldsymbol{H})$ 和 $F(-\boldsymbol{H})$ 贡献叠加，根据式(1.5)，有 $A(\boldsymbol{H})=A(-\boldsymbol{H})$ 和 $B(\boldsymbol{H})=-B(-\boldsymbol{H})$，这样单胞电子密度可写成：

$$\rho(\boldsymbol{r})=\frac{2}{V}\sum_{1/2}\left\{A(\boldsymbol{H})\cos(2\pi\boldsymbol{H}\cdot\boldsymbol{r})+B(\boldsymbol{H})\sin(2\pi\boldsymbol{H}\cdot\boldsymbol{r})\right\} \tag{1.6}$$

或

$$\rho(\boldsymbol{r})=\frac{2}{V}\sum_{1/2}\left[|F(\boldsymbol{H})|\cos\{2\pi\boldsymbol{H}\cdot\boldsymbol{r}-\varphi(\boldsymbol{H})\}\right] \tag{1.7}$$

也就是说，每个结构因子对总电子密度贡献了一个波矢为 $\boldsymbol{H}$，相角为 $\varphi$ 的平面波。

### 1.3.2 残余密度

总电子密度 $\rho(\boldsymbol{r})$ 与参考密度 $\rho_{\text{ref}}(\boldsymbol{r})$ 的密度差 $\Delta\rho(\boldsymbol{r})$ 体现了参考密度描述系统的充分程度。定义 $\Delta F$ 为结构因子的观测值 $F_{\text{obs}}(\boldsymbol{H})$ 与计算值 $F_{\text{calc}}(\boldsymbol{H})$ 之差，即：

$$\Delta F=F_{\text{obs}}(\boldsymbol{H})/k-F_{\text{calc}}(\boldsymbol{H}) \tag{1.8}$$

其中，$k$ 是标度因子。由于 $F_{\text{obs}}(\boldsymbol{H})$ 和 $F_{\text{calc}}(\boldsymbol{H})$ 是复数，因此 $\Delta F$ 是复平面上的一个矢量。$\Delta\rho(\boldsymbol{r})$ 可通过 $\Delta F$ 的傅里叶变换得到：

$$\Delta\rho(\boldsymbol{r})=\rho_{\text{obs}}(\boldsymbol{r})-\rho_{\text{calc}}(\boldsymbol{r})=\frac{1}{V}\sum_{\boldsymbol{H}}\Delta F\exp(-2\pi\mathrm{i}\boldsymbol{H}\cdot\boldsymbol{r}) \tag{1.9}$$

类似于方程式(1.6)，密度差 $\Delta\rho(\boldsymbol{r})$ 可写成：

$$\Delta\rho(\boldsymbol{r})=\frac{2}{V}\left\{\sum_{1/2}(A_{\text{obs}}-A_{\text{calc}})\cos 2\pi\boldsymbol{H}\cdot\boldsymbol{r}+\sum_{1/2}(B_{\text{obs}}-B_{\text{calc}})\sin 2\pi\boldsymbol{H}\cdot\boldsymbol{r}\right\} \tag{1.10}$$

如果用于计算 $F_{\text{calc}}$ 的结构模型是通过对观测的结构因子进行最小二乘精修而来，并且 $F_{\text{calc}}$ 的相角也被指定，则式(1.9)和式(1.10)获得的密度图称为残余密度图(residual density map)。残余密度是结构分析中一个非常有用的工具，根据它可以判断最小二乘精修过程以及结构模型的合理性。

定义 $F(\tau)$ 为 $f(t)$ 的傅里叶变换，根据帕塞瓦尔定理(Parseval's theorem)：

$$\int_{-\infty}^{\infty}|f(t)|^2\mathrm{d}t=\int_{-\infty}^{\infty}|F(\tau)|^2\mathrm{d}\tau \tag{1.11}$$

由于$\Delta\rho$是$\Delta F$的傅里叶变换，式(1.11)显示最小化$\int(\rho_{\text{obs}}-\rho_{\text{calc}})^2\mathrm{d}\boldsymbol{r}$和$\int(F_{\text{obs}}-F_{\text{calc}})^2\mathrm{d}\boldsymbol{H}$是等价的，因此结构因子的最小化过程也会最小化残余密度。当$f(t)$只有部分值是已知时，式(1.11)仍然成立。在衍射实验中，由于结构分辨率是有限的，只有$\boldsymbol{H}_{\max}$以内的结构因子可通过实验获得。

定义 Patterson 函数$D(\boldsymbol{u})$为$\Delta\rho$的自相关，有：

$$
\begin{aligned}
D(\boldsymbol{u}) &\equiv \int \Delta\rho(\boldsymbol{r})\Delta\rho(\boldsymbol{r}-\boldsymbol{u})\mathrm{d}\boldsymbol{r} = \Delta\rho(\boldsymbol{r}) * \Delta\rho(-\boldsymbol{r}) \\
&= \frac{1}{V}\sum_{\boldsymbol{H}} \Delta\boldsymbol{F}(\boldsymbol{H})\cdot\Delta\boldsymbol{F}(-\boldsymbol{H})\exp(-2\pi\boldsymbol{H}\cdot\boldsymbol{u}) \\
&= \frac{2}{V}\sum_{1/2}(\Delta F)^2\cos 2\pi\boldsymbol{H}\cdot\boldsymbol{u}
\end{aligned}
\tag{1.12}
$$

上式第一行利用了自相关与卷积的关系(*表示卷积)，第二行利用了傅里叶变换的卷积定理，即两函数卷积的傅里叶变换等于每个函数傅里叶变换的乘积，另外考虑到$\Delta\rho$为实数，第三行去掉虚部。在$\boldsymbol{u}=0$时，(1.12)式变为：

$$
D(0) = \frac{2}{V}\sum_{1/2}(\Delta F)^2 = \int \Delta\rho(\boldsymbol{r})^2\mathrm{d}\boldsymbol{r} \tag{1.13}
$$

实际上，在位置空间(或直空间)和倒空间进行最小化计算并不是严格等价的，因为在最小化过程中，倒空间中的每个结构因子都会增加额外的权重因子参与计算，位置空间中的电子密度也是如此。

### 1.3.3　差分密度

差分密度(deformation density)定义为总密度与参考模型计算出的电子密度之差。与式(1.9)中求残余密度一样，也是通过傅里叶变换得到，只不过这里的$F_{\text{calc}}$是从参考模型计算获得，并用于与实验电子密度进行比较。

一种常用的参考密度是由处在原子核位置的球形基态原子的电子密度叠加得到，这种参考密度也称为赝分子(promolecule)密度，它代表了独立原子构成的集合，这些原子间没有真实晶体中存在的原子间相互作用，只是一个假设存在的实体。然而，赝分子中原子间存在静电相互作用。如果不考虑其他原子间相互作用，这种赝分子是稳定的。将赝分子密度作为参考密度计算出的差分密度就是常用的(标准)差分密度，即总密度$\rho(\boldsymbol{r})$与处于$\boldsymbol{R}_i$位置的球形基态原子的密度和$\rho_{\text{pro}}(\boldsymbol{r})$之差：

$$
\Delta\rho(\boldsymbol{r}) = \rho(\boldsymbol{r}) - \rho_{\text{pro}}(\boldsymbol{r}) = \rho(\boldsymbol{r}) - \sum_{\text{all}}\rho(\boldsymbol{R}_i) \tag{1.14}
$$

差分密度可用于判断是否形成共价键。两相邻原子间存在电荷聚集(键电荷峰)是这两个原子形成共价键的一个指标，但反过来说则不成立，即：两原子间没有键电荷峰不能说没有成键。这是由于赝分子中的原子是中性的，对于超过半满填充的元素，在差分密度计算中，一些占有 1 个电子的轨道会被扣除超过 1 个电子的密度。比如实际晶体中的一个 O 原子扣除构型为$(1s)^2(2s)^2(2p)^4$的球形 O 原子的电子密度时，每个价轨道上会被减去 1.333 个电子，当多出的 0.333 个电子超过键电荷时会导致键电荷缺乏。这解释了过氧化氢中的 O—O 键为什么出现键电荷缺乏。有时候为了深入了解化学键的形成过程，需要使用到其他一些参考态，如取向原子参考态和片段分子参考态等。

实验上，差分密度可通过不同的方法获得。第一种方法是结合 X 射线衍射和中子衍射技术，由于在计算参考态密度时需要使用到准确的原子坐标和温度因子，这可以通过中子衍射获得。然后进行差分傅里叶变换获得差分密度。但由于这种方法涉及 X 射线衍射和中子衍射两套数据，两者的实验条件很难保证相同，系统误差较大。第二种方法是使用同一套 X 射线衍射数据。由于价电子散射主要在低角度区[或称为低阶(low order)或低分辨率][131]，而高角度[或称为高阶(high order)或高分辨率]衍射数据主要由芯层电子的散射贡献，因此可通过精修高角度衍射数据获得准确的原子坐标和温度因子，然后通过全分辨率结构因子的差分傅里叶变换得到差分密度：

$$\rho_{\text{deformation}}(\boldsymbol{r})=\frac{1}{V}\sum_{\boldsymbol{H}}\left(F_{\text{obs}}-F_{\text{calc,high order}}\right)\exp(-2\pi \mathrm{i}\boldsymbol{H}\cdot\boldsymbol{r}) \tag{1.15}$$

高角度和低角度数据的分界线取决于具体化合物体系，实际上很难有一个统一的标准。一般建议以 $\sin\theta/\lambda=0.5\ \text{Å}^{-1}$ 或 $\lambda/2\sin\theta=1.0\ \text{Å}$ 为分界线。

在电子密度分析中，通常还使用到动态模型差分密度(dynamic model deformation density, DMDD)和静态模型差分密度(static model deformation density, SMDD)。这里“动态”包含了原子热振动的影响，而“静态”则已经将原子热振动影响扣除。

DMDD 定义为：

$$\Delta\rho_{\text{model}}(\boldsymbol{r})=\rho_{\text{model}}(\boldsymbol{r})-\rho_{\text{reference}}(\boldsymbol{r}) \tag{1.16}$$

其中总模型密度：

$$\rho_{\text{model}}(\boldsymbol{r})=\frac{1}{V}\sum_{\boldsymbol{H}}F_{\text{calc,model}}(\boldsymbol{H})\exp(-2\pi \mathrm{i}\boldsymbol{H}\cdot\boldsymbol{r}) \tag{1.17}$$

这里模型计算的结构因子 $F_{\text{calc,model}}$ 已经考虑了原子热振动的影响。

SMDD 一般指多极模型的差分密度，可表示为：

$$\Delta\rho_{\text{model}}(\boldsymbol{r}) = \sum_{i}^{\text{all atoms}} \left\{ P_{i,c}\rho_{\text{core}}(r) + P_{i,v}\kappa^3\rho_{\text{valence}}(\kappa_i \boldsymbol{r}) + \sum_{l=0}^{l_{\max}} \kappa_i'^3 R_{i,l}(\kappa_i' r) \sum_{m=0}^{l} P_{i,lm\pm} d_{lm\pm}(\boldsymbol{r}/r) \right\} - \rho_{\text{reference}}(\boldsymbol{r}) \tag{1.18}$$

关于多极模型的详细介绍，请参考第 5 章。由于在精修过程中，结构模型起到了一个过滤噪声的作用，因此 SMDD 图中键电荷峰要比 DMDD 中的高。

结构因子的真实相位一般与独立原子模型计算的不同，这会给差分电荷带来误差。在中心对称结构中，结构因子的相位被限定为 0 或 π；而在非中心对称结构中，只有中心对称投影的一些衍射点相位是固定的，如 $P2_12_12_1$ 空间群的 $hk0$，$h0l$ 和 $0kl$ 衍射点。

### 1.3.4 电子波函数与密度矩阵

在原子轨道线性组合法(linear combination of atomic orbitals，LCAO)中，一个分子轨道 $\chi_i$ 可描述为原子基函数 $\phi_\mu$ 的线性组合：

$$\chi_i = \sum_{\mu} C_{i\mu}\phi_\mu \tag{1.19}$$

为了满足泡利不相容原理，电子波函数必须要具有交换反对称性。这样波函数可写成 Slater 行列式形式，即占据分子轨道的反对称组合。在 Hartree-Fock 方法中，一个波函数仅包含一个单 Slater 行列式，每个电子都假定受其他电子平均势场的影响。

对于一个 $n$ 电子体系，单行列式波函数可写成：

$$\psi = (n!)^{-1/2} \begin{vmatrix} \chi_1(1) & \cdots & \chi_n(1) \\ \vdots & & \vdots \\ \chi_1(n) & \cdots & \chi_n(n) \end{vmatrix} \tag{1.20}$$

括号中的数字表示电子，行列式前面的系数 $(n!)^{-1/2}$ 是归一化因子。单行列式波函数经常简写成如下形式：

$$\psi = \left|\chi_1(1)\chi_2(2)\cdots\chi_n(n)\right\rangle \tag{1.21}$$

按行列式计算规则将(1.20)式展开，可得到：

$$\psi = \sum_{i}\sum_{j>i} \hat{P}_{ij}\left(\chi_1(1)\chi_2(2)\cdots\chi_n(n)\right) \tag{1.22}$$

其中 $\hat{P}_{ij}$ 为电子置换算子，通过对 $\chi_1$, $\chi_2$, …, $\chi_n$ 的置换来产生作用，其本征值−1 和+1 分别表示奇数和偶数次交换。Slater 行列式中的任意两行(或列)交换后都会改变波函数的符号，当有任意两行(或列)相同，则行列式值为 0，因此 Slater 行列式波函数遵守费米子的泡利不相容原理。

波函数是 $n$ 个电子的 $3n$ 个空间坐标和 $n$ 个自旋变量的函数,因此单电子密度(single-electron density) $\rho(\boldsymbol{r})$ 可通过对除了一个电子空间坐标外的所有其他空间和自旋变量的积分获得：

$$\rho(\boldsymbol{r})=\int\left|\Psi\right|^2\left(\boldsymbol{r}_1,\boldsymbol{r}_2,\cdots,\boldsymbol{r}_n,s_1,s_2,\cdots,s_n\right)\mathrm{d}\boldsymbol{r}_2\cdots\mathrm{d}\boldsymbol{r}_n\mathrm{d}s_1\cdots\mathrm{d}s_n \tag{1.23}$$

由于电子是不可区分的，而且分子轨道是正交的，交叉乘积的积分为 0，$\rho(\boldsymbol{r})$ 可简化成：

$$\rho(\boldsymbol{r})=\sum_i n_i\chi_i^2 \tag{1.24}$$

如果 $\chi_i$ 是自旋轨道，即包含了空间和自旋成分，则 $n_i=1$。如果 $\chi_i$ 是空间轨道，不考虑自旋，则 $n_i=2$。

为了获得以原子轨道表示的电子密度，可以将(1.19)式代入(1.24)式，得到：

$$\rho(\boldsymbol{r})=\sum_\mu\sum_\nu P_{\mu\nu}\phi_\mu(\boldsymbol{r})\phi_\nu(\boldsymbol{r}) \tag{1.25}$$

其中 $\boldsymbol{P}$ 是密度矩阵(density matrix)，矩阵元 $P_{\mu\nu}$是轨道乘积 $\phi_\mu(\boldsymbol{r})\phi_\nu(\boldsymbol{r})$ 的布居数，即：

$$P_{\mu\nu}=\sum_i n_i C_{i\mu}C_{i\nu} \tag{1.26}$$

波函数 $\psi$ 包含了电子联合概率密度分布的所有信息，如双电子密度(two-electron density)可通过积分除了两个电子空间坐标外其他所有空间和自旋变量获得，它描述了同时在 $\boldsymbol{r}_1$ 处发现电子 1 和在 $\boldsymbol{r}_2$ 处发现电子 2 的联合概率。

单 Slater 行列式遵守泡利不相容原理，包含了平行自旋电子间的关联作用，但忽略了相反自旋电子之间的关联作用，采用单 Slater 行列式计算出在同一位置同时发现两个相反自旋电子的概率并不为 0，这是不现实的。

在一些比 Hartree-Fock 更高级的方法中，波函数中也增加了激发态的行列式。如果占据轨道用 $a, b, c$ 等表示，空轨道用 $r, s, t$ 等表示，一个从 $a$ 激发到 $r$ 的单激发组态可表示为：

$$\left|\psi_a^r\right\rangle=\left|\chi_1\chi_2\cdots\chi_r\chi_b\cdots\chi_n\right\rangle \tag{1.27}$$

多组态波函数可表示为：

$$\left|\psi\right\rangle=c_0\left|\psi_0\right\rangle+\sum_{ra}c_a^r\left|\psi_a^r\right\rangle+\sum_{\substack{a<b\\r<s}}c_{ab}^{rs}\left|\psi_{ab}^{rs}\right\rangle+\cdots \tag{1.28}$$

对于多 Slater 行列式波函数，也可以像式(1.24)和式(1.25)一样定义分子轨道，称为自然自旋轨道(natural spin orbitals)，$n_i$ 不再一定是整数，可以是 0 到 1 之间的小数。这样(1.25)式包含了单中心项和双中心项，单中心项中 $\phi_\mu$ 和 $\phi_\nu$ 在相同的原子核位置，而双中心项中 $\phi_\mu$ 和 $\phi_\nu$ 在不同的原子核位置。双中心项代表了键电荷密度，只有当 $\phi_\mu$ 和 $\phi_\nu$ 在空间中的同一片区域时才有可观的值，对于远距离的原子则可以忽略。

## 参 考 文 献


[1] Jiang X-M, Deng S, Whangbo M-H, Guo G-C. Material research from the viewpoint of functional motifs. Natl. Sci. Rev., 2022, DOI: 10.1093/nsr/nwac017.

[2] Hohenberg P, Kohn W. Inhomogeneous electron gas. Phys. Rev. B, 1964, 36: 864-871.

[3] Debye P. Zerstreuung von Röntgenstrahlen. Ann. Phys., 1915, 46: 809-823.

[4] Waller I, Hartree D R. On the intensity of total scattering of X-rays. Proc. Royal. Soc. Lond. Ser. A, 1929, 124: 119-142.

[5] Weiss R J, De Marco J J. X-ray determination of the number of 3d electrons in Cu, Ni, Co, Fe, and Cr. Rev. Mod. Phys., 1958, 30: 59-62.

[6] Weiss R J, Phillips W C. X-Ray Determination of the electron momentum density in diamond, graphite, and carbon black. Phys. Rev., 1968, 176: 900-904.

[7] Weiss R J. Spin density in cobalt. Phys. Rev. Lett., 1963, 11: 264-265.

[8] Weiss R J, AzároffL V. X-ray determination of electron distributions. Phys. Today, 1967, 20: 103.

[9] Dawson B. A general structure factor formalism for interpreting accurate X-ray and neutron diffraction data. Proc. R. Soc. Lond. Ser. A Math. Phys. Sci., 1967, 298: 255-263.

[10] Stewart R F. Generalized X-ray scattering factors. J. Chem. Phys., 1969, 51: 4569-4577.

[11] Stewart R F. Electron population analysis with generalized X-ray-scattering factors—Higher multipoles. J. Chem. Phys., 1973, 58: 1668-1676.

[12] Stewart R F. Electron population analysis with rigid pseudoatoms. Acta Cryst. A: Cryst. Phys. Diffr. Theor. Gen. Crystallogr., 1976, 32: 565-574.

[13] Hansen N K, Coppens P. Testing aspherical atom refinements on small-molecule data sets. Acta Cryst. A, 1978, 34: 909-921.

[14] Volkov A, Abramov Y A, Coppens P. Critical examination of the radial functions in the Hansen-Coppens multipole model through topological analysis of primary and refined theoretical densities. Acta Cryst. A, 2001, 57: 395-405.

[15] Volkov A, Abramov Y A, Coppens P. Density-optimized radial exponents for X-ray charge-density refinement from *ab initio* crystal calculations. Acta Cryst. A, 2001, 57: 272-282.

[16] Pichon-Pesme V, Lecomte C, Lachekar H. On building a data bank of transferable experimental electron density parameters applicable to polypeptides. J. Phys. Chem., 1995, 99: 6242-6250.

[17] Domagała S, Fournier B, Liebschner D, Guillot B, Jelsch C. An improved experimental databank of transferable multipolar atom models-ELMAM2. construction details and applications. Acta Cryst. A, 2012, 68: 337-351.

[18] Volkov A, Li X, Koritsanszky T, Coppens P. *Ab initio* quality electrostatic atomic and molecular

properties including intermolecular energies from a transferable theoretical pseudoatom databank. J. Phys. Chem. A, 2004, 108: 4283-4300.

[19] Dittrich B, Hubschle C B, Luger P, Spackman M. Introduction and validation of an invariom database for amino-acid, peptide and protein molecules. Acta Cryst. A, 2006, 62: 1325-1335.

[20] Jarzembska K N, Dominiak P M. New version of the theoretical databank of transferable aspherical pseudoatoms, UBDB2011-towards nucleic acid modelling. Acta Cryst. A, 2011, 68: 139-147.

[21] Gruza B, Chodkiewicz M L, Krzeszczakowska J, Dominiak P M. Refinement of organic crystal structures with multipolar electron scattering factors. Acta Cryst. A, 2020, 76: 92-109.

[22] Fischer A, Tiana D, Scherer W, Batke K, Eickerling G, Svendsen H, Bindzus,N, Iversen B B. Experimental and theoretical charge density studies at subatomic resolution. J. Phys. Chem. A, 2011, 115: 13061-13071.

[23] Deutsch M, Claiser N, Pillet S, Chumakov Y, Becker P, Gillet J-M, Gillon B, Lecomte C, Souhassou M. Experimental determination of spin-dependent electron density by joint refinement of X-ray and polarized neutron diffraction data. Acta Cryst. A, 2012, 68: 675-686.

[24] Deutsch M, Gillon B, Claiser N, Gillet J-M, Lecomte C, Souhassou M. First spin-resolved electron distributions in crystals from combined polarized neutron and X-ray diffraction experiments. IUCrJ, 2014, 1: 194-199.

[25] Voufack A B, Claiser N, Lecomte C, Pillet S, Pontillon Y, Gillon B, Yan Z, Gillet J-M, Marazzi M, Genoni A, Souhassou M. When combined X-ray and polarized neutron diffraction data challenge high-level calculations: Spin-resolved electron density of an organic radical. Acta Cryst. B, 2017, 73: 544-549.

[26] Wahlberg N, Bindzus N, Bjerg L, Becker J, Christensen S, Dippel A-C, Jørgensen M R V, Iversen B B. Powder X-ray diffraction electron density of cubic boron nitride. J. Phys. Chem. C, 2015, 119: 6164-6173.

[27] Casati N, Genoni A, Meyer B, Krawczuk A, Macchi P. Exploring charge density analysis in crystals at high pressure: Data collection, data analysis and advanced modelling. Acta Cryst. B, 2017, 73: 584-597.

[28] Casati N, Kleppe A, Jephcoat A P, Macchi P. Putting pressure on aromaticity along with in situ experimental electron density of a molecular crystal. Nat. Commun., 2016, 7: 10901.

[29] Gajda R, Stachowicz M, Makal A, Sutuła S, Parafiniuk J, Fertey P, Woźniak K. Experimental charge density of grossular under pressure—A feasibility study. IUCrJ, 2020, 7: 383-392.

[30] Eikeland E Z, Borup M, Thomsen M K, Roelsgaard M, Overgaard J, Spackman M A, Iversen B B. Single-crystal high-pressure X-ray diffraction study of host structure compression in clathrates of dianin's compound. Cryst. Growth Des., 2020, 20: 4092-4099.

[31] Hirshfeld F L. Space partitioning of the charge density. Isr. J. Chem., 1977, 16: 198-201.

[32] Bultinck P, Van Alseneoy C, Ayers P W, Carbó-Dorca R J. Critical analysis and extension of the Hirshfeld atoms in molecules. Chem. Phys., 2007, 26: 144111.

[33] Spackman M A, Jayatilaka D. Hirshfeld surface analysis. CrystEngComm, 2009, 11: 19-32.

[34] Jayatilaka D, Dittrich B. X-ray structure refinement using aspherical atomic density functions

obtained from quantum-mechanical calculations. Acta Cryst. A, 2008, 64: 383-393.

[35] Coppens P, Willoughby T V, Csonka L N. Electron population analysis of accurate diffraction data. I. Formalisms and restrictions. Acta Cryst. A, 1971, 27: 248-256.

[36] Clinton W L, Nakhleh J, Wunderlich F. Direct determination of pure-state density matrices. I. Some simple introductory calculations. Phys. Rev., 1969, 177: 1-6.

[37] Clinton W L, Galli A J, Massa L J. Direct determination of pure-state density matrices. II. Construction of constrained idempotent one-body densities. Phys. Rev., 1969, 177: 7-13.

[38] Clinton W L, Henderson G A, Prestia J V. Direct determination of pure-state density matrices. III. Purely theoretical densities *via* an electrostatic-virial theorem. Phys. Rev., 1969, 177: 13-18.

[39] Clinton W L, Lamers G B. Direct determination of pure-state density matrices. IV. Investigation of another constraint and another application of the p equations. Phys. Rev., 1969, 177: 19-27.

[40] Clinton W L, Galli A J, Henderson G A, Lamers G B, Massa L J, Zarur J. Direct determination of purestate density matrices. V. Constrained eigenvalue problems. Phys. Rev., 1969, 177: 27-33.

[41] Clinton W L, Massa L J. The cusp condition: Constraint on the electron density matrix. Int. J. Quantum Chem., 1972, 6: 519-523.

[42] Clinton W L, Massa L J. Determination of the electron density matrix from X-ray diffraction data. Phys. Rev. Lett., 1972, 29: 1363-1366.

[43] Clinton W L, Frishberg C A, Massa L J, Oldfield P A. Methods for obtaining an electron-density matrix from X-ray diffraction data. Int. J. Quantum Chem., 2009, 7: 505-514.

[44] McWeeney R. Some recent advances in density matrix theory. Rev. Mod. Phys., 1960, 32: 335-369.

[45] Frishberg C, Massa L J. Idempotent density matrices for correlated systems from X-ray diffraction structure factors. Phys. Rev. B, 1981, 24: 7018-7024.

[46] Pecora L M. Determination of the quantum density matrix from experiment: An application to positron annihilation. Phys. Rev. B, 1986, 33: 5987-5993.

[47] Massa L, Goldberg M, Frishberg C, Boehme R F, Placa S J L. Wave functions derived by quantum modeling of the electron density from coherent X-ray diffraction: Beryllium metal. Phys. Rev. Lett., 1985, 55: 622-625.

[48] Howard S T, Huke J P, Mallinson P R, Frampton C S. Density matrix refinement for molecular crystals. Phys. Rev. B, 1994, 49: 7124-7136.

[49] Snyder J A, Stevens E D. A wavefunction and energy of the azide ion in potassium azide obtained by a quantum-mechanically constrained fit to X-ray diffraction data. Chem. Phys. Lett., 1999, 313: 293-298.

[50] Tanaka K. X-ray analysis of wavefunctions by the least-squares method incorporating orthonormality. I. General formalism. Acta Cryst. A, 1988, 44: 1002-1008.

[51] Tanaka K, Makita R, Funahashi S, Komori T, Win Z. X-ray atomic orbital analysis. I. Quantum-mechanical and crystallographic framework of the method. Acta Cryst. A, 2008, 64: 437-449.

[52] Tanaka K. X-ray molecular orbital analysis. I. Quantum mechanical and crystallographic framework. Acta Cryst. A, 2018, 74: 345-356.

[53] Hibbs D E, Howard S T, Huke J P, Waller M P. A new orbital-based model for the analysis of

experimental molecular charge densities: An application to (*Z*)-*N*-methyl-*C*-phenylnitrone. Phys. Chem. Chem. Phys., 2005, 7: 1772-1778.

[54] Waller M P, Howard S T, Platts J A, Piltz R O, Willock D J, Hibbs D E. Novel properties from experimental charge densities: An application to the zwitterionic neurotransmitter taurine. Chem. Eur. J., 2006, 12: 7603-7614.

[55] Cooper M. Compton scattering and electron momentum determination. Rep. Prog. Phys., 1985, 48: 415-481.

[56] Loupias G, Chomilier J. Electron momentum density and compton profiles: An accurate check of overlap models. Z. Phys. D Atoms Mol. Clusters, 1986, 2: 297-308.

[57] Schmider H, Smith V H, Weyrich W. Reconstruction of the one-particle density matrix from expectation values in position and momentum space. J. Chem. Phys., 1992, 96: 8986-8994.

[58] Gillet J M, Cortona P, Becker P J. Joint refinement of a local wave-function model from Compton and Bragg scattering data. Phys. Rev. B, 2001, 63: 235115.

[59] Gillet J M, Becker P J. Position and momentum densities. Complementarity at work: Refining a quantum model from different data sets. J. Phys. Chem. Solids, 2004, 65: 2017-2023.

[60] Gillet J M. Determination of a one-electron reduced density matrix using a coupled pseudo-atom model and a set of complementary scattering data. Acta Cryst. A, 2007, 63: 234-238.

[61] De Bruyne B, Gillet J-M. Inferring the one-electron reduced density matrix of molecular crystals from experimental data sets through semidefinite programming. Acta Cryst. A, 2020, 76: 1-6.

[62] Kibalin I A, Yan Z, Voufack A B, Gueddida S, Gillon B, Gukasov A, Porcher F, Bataille A M, Morini F, Claiser N, Souhassou M, Lecomte C, Gillet J-M, Ito M, Suzuki K, Sakurai H, Sakurai Y, Hoffmann C M and Wang X P. Spin density in $YTiO_3$: I. Joint refinement of polarized neutron diffraction and magnetic X-ray diffraction data leading to insights into orbital ordering. Phys. Rev. B, 2017, 96: 054426.

[63] Yan Z, Kibalin I A, Claiser N, Gueddida S, Gillon B, Gukasov A, Voufack A B, Morini F, Sakurai Y, Brancewicz M, Itou M, Itoh M, Tsuji N, Ito M, Souhassou M, Lecomte C, Cortona P, and Gillet J-M. Spin density in $YTiO_3$: II. Momentum-space representation of electron spin density supported by position-space results. Phys. Rev. B, 2017, 96: 054427.

[64] Gueddida S, Yan Z, Gillet J-M. Development of a joint refinement model for the spin-resolved oneelectron reduced density matrix using different data sets. Acta Cryst. A, 2018, 74: 131-142.

[65] Gueddida S, Yan Z, Kibalin I, Voufack A B, Claiser N, Souhassou M, LeComte C, Gillon B, Gillet J-M. Joint refinement model for the spin resolved one-electron reduced density matrix of $YTiO_3$ using magnetic structure factors and magnetic Compton profiles data. J. Chem. Phys., 2018, 148: 164106.

[66] Cassam-Chenaï P. Ensemble representable densities for atoms and molecules. I. General theory. Int. J. Quantum Chem., 1995, 54: 201-210.

[67] Cassam-Chenaï P, Wolff S, Chandler G, Figgis B. Ensemble-representable densities for atoms and molecules. II. application to $CoCl_4^{2-}$. Int. J. Quantum Chem., 1996, 60: 667-680.

[68] Gilbert T L. Hohenberg-Kohn theorem for nonlocal external potentials. Phys. Rev. B, 1975, 12: 2111-2120.

[69] Coleman A J. Structure of fermion density matrices. Rev. Mod. Phys., 1963, 35: 668-686.
[70] Henderson G A, Zimmerman R K. One-electron properties as variational parameters. J. Chem. Phys., 1976, 65: 619-622.
[71] Levy M, Goldstein J A. Electron density-functional theory and X-ray structure factors. Phys. Rev. B, 1987, 35: 7887-7890.
[72] Zhao Q, Parr R G. Quantities Ts[n] and Tc[n] in density functional theory. Phys. Rev. A, 1992, 46: 2337-2343.
[73] Zhao Q, Parr R G. Constrained-search method to determine electronic wave functions from electronic densities. J. Chem. Phys., 1993, 98: 543-548.
[74] Zhao Q, Morrison R C, Parr R G. From electron densities to kohn-sham kinetic energies, orbital energies, exchange-correlation potentials, and exchange correlation energies. Phys. Rev. A, 1994, 50: 2138-2142.
[75] Levy M. Universal variational functionals of electron densities, first-order density matrices, and natural spin-orbitals and solution of the v-representability problem. Proc. Natl. Acad. Sci. U.S.A., 1979, 76: 6062-6065.
[76] Jayatilaka D. Wave function for beryllium from X-ray diffraction data. Phys. Rev. Lett., 1998, 80: 798-801.
[77] Jayatilaka D, Grimwood D J. Wavefunctions derived from experiment. I. Motivation and theory. Acta Cryst. A, 2001, 57: 76-86.
[78] Grimwood D J, Jayatilaka D. Wavefunctions derived from experiment. II. A wavefunction for oxalic acid dihydrate. Acta Cryst. A, 2001, 57: 87-100.
[79] Bytheway I, Grimwood D, Jayatilaka D. Wavefunctions derived from experiment. III. Topological analysis of crystal fragments. Acta Cryst. A, 2002, 58: 232-243.
[80] Bytheway I, Grimwood D J, Figgis B N, Chandler G S, Jayatiaka D. Wavefunctions derived from experiment. IV. Investigation of the crystal environment of ammonia. Acta Cryst. A, 2002, 58: 244-251.
[81] Grimwood D J, Bytheway I, Jayatilaka D. Wavefunctions derived from experiment. V. Investigation of electron densities, electrostatic potentials, and electron localization functions for noncentrosymmetric crystals. J. Comput. Chem., 2003, 24: 470-483.
[82] Hudák M, Jayatilaka D, Perašínová L, Biskupič S, Kožíšek J, Bučinský L. X-ray constrained unrestricted Hartree-Fock and Douglas-Kroll-Hess wavefunctions. Acta Cryst. A, 2010, 66: 78-92.
[83] Jayatilaka D. Using Wavefunctions to get more information out of diffraction experiments// Gatti C, Macchi P, Eds. Modern Charge-Density Analysis. Berlin: Springer, 2012: 213-257.
[84] Woińska M, Jayatilaka D, Dittrich B, Flaig R, Luger P, Woźniak K, Dominiak P M, Grabowsky S. Validation of X-ray wavefunction refinement. ChemPhysChem, 2017, 18: 3334-3351.
[85] Whitten A E, Jayatilaka D, Spackman M. Effective molecular polarizabilities and crystal refractive indices estimated from X-ray diffraction data. J. Chem. Phys., 2006, 125: 174505.
[86] Hickstein D D, Cole J M, Turner M J, Jayatilaka D. Modeling electron density distributions from X-ray diffraction to derive optical properties: Constrained wavefunction versus multipole

refinement. J. Chem. Phys., 2013, 139: 064108.

[87] Jayatilaka D, Munshi P, Turner M J, Howard J A K, Spackman M A. Refractive indices for molecular crystals from the response of X-ray constrained Hartree-Fock wavefunctions. Phys. Chem. Chem. Phys., 2009, 11: 7209-7218.

[88] Hickstein D D, Cole J M, Turner M J, Jayatilaka D. Modeling electron density distributions from X-ray diffraction to derive optical properties: Constrained wavefunction *versus* multipole refinement. J. Chem. Phys., 2013, 139: 064108.

[89] Cole J M, Hickstein D D. Molecular origins of nonlinear optical activity in zinc tris(thiourea) sulfate revealed by high-resolution X-ray diffraction data and *ab initio* calculations. Phys. Rev. B, 2013, 88: 184105.

[90] Guo G-C, Yao Y-G, Wu K-C, Wu L, Huang J-S. Studies on the structure-sensitive functional materials. Prog. Chem., 2001, 13: 151-155.

[91] Jiang X-M, Lin S-J, He C, Liu B-W, Guo G-C. Uncovering functional motif of nonlinear optical material by in situ electron density and wavefunction studies under laser irradiation. Angew. Chem. Int. Ed., 2021, 60: 11799-11803.

[92] Ernst M, Genoni A, Macchi P. Analysis of crystal field effects and interactions using X-ray restrained ELMOs. J. Mol. Struct., 2020, 1209: 127975.

[93] Genoni A, Dos Santos L H R, Meyer B, Macchi P. Can X-ray constrained Hartree-Fock wavefunctions retrieve electron correlation? IUCrJ, 2017, 4: 136-146.

[94] Hudák M, Jayatilaka D, Perašínová L, Biskupič S, Kožíšek J, Bučinský L. X-ray constrained unrestricted Hartree-Fock and Douglas-Kroll-Hess wavefunctions. Acta Cryst. A, 2009, 66: 78-92.

[95] Bučinský L, Biskupič S, Jayatilaka D. Study of the picture change error at the 2nd order Douglas Kroll Hess level of theory. Electron and spin density and structure factors of the Bis[bis(methoxycarbimido) aminato] copper (II) complex. Chem. Phys., 2012, 395: 44-53.

[96] Bučinský L, Jayatilaka D, Grabowsky S. Importance of relativistic effects and electron correlation in structure factors and electron density of diphenyl mercury and triphenyl bismuth. J. Phys. Chem. A, 2016, 120: 6650-6669.

[97] Bučinský L, Jayatilaka D, Grabowsky S. Relativistic quantum crystallography of diphenyl and dicyano mercury. theoretical structure factors and hirshfeld atom refinement. Acta Cryst. A, 2019, 75: 705-717.

[98] Jayatilaka D, Grimwood D. Electron localization functions obtained from X-ray constrained Hartree-Fock wavefunctions for molecular crystals of ammonia, urea and alloxan. Acta Cryst. A, 2004, 60: 111-119.

[99] Grabowsky S, Jayatilaka D, Mebs S, Luger P. The electron localizability indicator from X-ray diffraction data—A first application to a series of epoxide derivatives. Chem. Eur. J., 2010, 16: 12818-12821.

[100] Grabowsky S, Weber M, Jayatilaka D, Chen Y S, Grabowski M T, Brehme R, Hesse M, Schirmeister T, Luger P. Reactivity differences between $\alpha$, $\beta$-unsaturated carbonyls and hydrazones investigated by experimental and theoretical electron density and electron

localizability analyses. J. Phys. Chem. A, 2011, 115: 12715-12732.
[101] Grabowsky S, Luger P, Buschmann J, Schneider T, Schirmeister T, Sobolev A N, Jayatilaka D. The significance of ionic bonding in sulfur dioxide: Bond orders from X-ray diffraction data. Angew. Chem. Int., 2012, 51: 6776-6779.
[102] Stoll H, Wagenblast G, Preu H. On the use of local basis sets for localized molecular orbitals. Theor. Chem. Accounts, 1980, 57: 169-178.
[103] Fornili A, Sironi M, Raimondi M. Determination of extremely localized molecular orbitals and their application to quantum mechanics/molecular mechanics methods and to the study of intramolecular hydrogen bonding. J. Mol. Struct. THEOCHEM, 2003, 632: 157-172.
[104] Genoni A, Sironi M. A novel approach to relax extremely localized molecular orbitals: The extremely localized molecular orbital valence bond method. Theor. Chem. Acc., 2004, 112: 254-262.
[105] Genoni A, Fornili A, Sironi M. Optimal virtual orbitals to relax wavefunctions built up with transferred extremely localized molecular orbitals. J. Comput. Chem., 2005, 26: 827-835.
[106] Genoni A, Ghitti M, Pieraccini S, Sironi M. A novel extremely localized molecular orbitals based technique for the one-electron density matrix computation. Chem. Phys. Lett., 2005, 415: 256-260.
[107] Sironi M, Genoni A, Civera M, Pieraccini S, Ghitti M. Extremely localized molecular orbitals: Theory and applications. Theor. Chem. Acc., 2007, 117: 685-698.
[108] Sironi M, Ghitti M, Genoni A, Saladino G, Pieraccini S. DENPOL: A new program to determine electron densities of polypeptides using extremely localized molecular orbitals. J. Mol. Struct. THEOCHEM, 2009, 898: 8-16.
[109] Genoni A. Molecular orbitals strictly localized on small molecular fragments from X-ray diffraction data. J. Phys. Chem. Lett., 2013, 4: 1093-1099.
[110] Genoni A. X-ray constrained extremely localized molecular orbitals: Theory and critical assessment of the new technique. J. Chem. Theory Comput., 2013, 9: 3004-3019.
[111] Dos Santos L H R, Genoni A, Macchi P. Unconstrained and X-ray constrained extremely localized molecular orbitals: Analysis of the reconstructed electron density. Acta Cryst. A, 2014, 70: 532-551.
[112] Genoni A, Meyer B. X-Ray constrained wave functions: Fundamentals and effects of the molecular orbitals localization. Adv. Quantum Chem., 2016, 73: 333-362.
[113] Meyer B, Guillot B, Ruiz-Lopez M F, Genoni A. Libraries of extremely localized molecular orbitals. 1. model molecules approximation and molecular orbitals transferability. J. Chem. Theory Comput., 2016, 12: 1052-1067.
[114] Meyer B, Guillot B, Ruiz-Lopez M F, Jelsch C, Genoni A. Libraries of extremely localized molecular orbitals. 2. comparison with the pseudoatoms transferability. J. Chem. Theory Comput., 2016, 12: 1068-1081.
[115] Meyer B, Genoni A. Libraries of extremely localized molecular orbitals. 3. Construction and preliminary assessment of the new databanks. J. Phys. Chem. A, 2018, 122: 8965-8981.
[116] Macetti G, Genoni A. Quantum mechanics/extremely localized molecular orbital method: A

fully quantum mechanical embedding approach for macromolecules. J. Phys. Chem. A, 2019, 123: 9420-9428.

[117] Macetti G, Wieduwilt E K, Assfeld X, Genoni A. Localized molecular orbital-based embedding scheme for correlated methods. J. Chem. Theory Comput., 2020, 16: 3578-3596.

[118] Arias-Olivares D, Wieduwilt E K, Contreras-Garcia J, Genoni A. NCI-ELMO: A new method to quickly and accurately detect noncovalent interactions in biosystems. J. Chem. Theory Comput., 2019, 15: 6456-6470.

[119] Malaspina L A, Wieduwilt E K, Bergmann J, Kleemiss F, Meyer B, Ruiz-López M F, Pal R, Hupf E, Beckmann J, Piltz R O, Edwards A J, Grabowsky S, and Genoni A. Fast and accurate quantum crystallography: From small to large, from light to heavy. J. Phys. Chem. Lett., 2019, 10: 6973-6982.

[120] Genoni A. A first-prototype multi-determinant X-ray constrained wavefunction approach: The X-ray constrained extremely localized molecular orbital-valence bond method. Acta Cryst. A, 2017, 73: 312-316.

[121] Genoni A, Franchini D, Pieraccini S, Sironi M. X-ray constrained spin-coupled wavefunction: A new tool to extract chemical information from X-ray diffraction data. Chem. A Eur. J., 2018, 24: 15507-15511.

[122] Genoni A, Macetti G, Franchini D, Pieraccini S, Sironi M. X-ray constrained spin-coupled technique: Theoretical details and further assessment of the method. Acta Cryst. A, 2019, 75: 778-797.

[123] Cooper D L, Gerratt J, Raimondi M. Applications of spin-coupled valence bond theory. Chem. Rev., 1991, 91: 929-964.

[124] Cooper D L, Gerratt J, Raimondi M. The electronic structure of the benzene molecule. Nature, 1986, 323: 699-701.

[125] Cooper D L, Gerrat J, Raimondi M, Sironi M, Thorsteinsson T. Expansion of the spin-coupled wavefunction in Slater determinants. Theor. Chim. Acta, 1993, 85: 261-270.

[126] Spence J C H. On the accurate measurement of structure-factor amplitudes and phases by electron diffraction. Acta Crystallogr., Sect. A: Found. Crystallogr., 1993, 49: 231-260.

[127] Tanaka M. Convergent-beam electron diffraction. Acta Cryst. A, 1994, 50: 261-286.

[128] Nakashima P N H, Smith A E, Etheridge J, and Muddle B C. The bonding electron density in aluminum. Science, 2011, 331: 1583-1586.

[129] Zuo J M, Kim M, O'Keeffe M, and Spence J C H. Direct observation of d-orbital holes and Cu-Cu bonding in $Cu_2O$. Nature, 1999, 401: 49-52.

[130] Palatinus L, Brázda P, Boullay P, Perez O, Klementová M, Petit S, Eigner V, Zaarour M, and Mintova S. Hydrogen positions in single nanocrystals revealed by electron diffraction. Science, 2017, 355: 166-169.

[131] Zheng J-C, Zhu Y, Wu L, and Davenport J W. On the sensitivity of electron and X-ray scattering factors to valence charge distributions. J. Appl. Cryst., 2005, 38: 648-656.

# 第 2 章　电子密度函数的第一性原理计算

## 2.1　引　言

晶态电子结构的第一性原理(其理论不依赖于经验参数)计算方法目前已经发展得比较成熟。薛定谔方程是描述微观粒子非相对论运动的基本方程之一，将薛定谔方程应用于材料体系，可得到含有电子和原子核的多粒子系统的薛定谔方程。由于所讨论的材料性质与原子核关系不大，在 Born-Oppenheimer 近似下分离电子和原子核部分，可获得多电子的薛定谔方程。由于多电子薛定谔方程很复杂，数学上很难求解，通过引入电子间无相互作用的假设，可将其简化成单电子薛定谔方程(Hartree 方程)，Hartree 方程中系统波函数是每个电子波函数的乘积。由于电子是费米子，其波函数需满足交换反对称性条件(这是泡利不相容原理的必然要求)，通过将波函数写成单 Slater 行列式形式引入交换反对称性条件，便可得到著名的 Hartree-Fock(HF)方程，HF 方程比 Hartree 方程多了一个交换相互作用项。HF 方程的本征能量具有单电子能量的意义(Koopmans 定理)，由于反对称性要求与能量最低原理矛盾，因此 HF 方程存在对称性困难。HF 方程只考虑了部分电子关联效应，为考虑更完善的电子关联效应，人们发展了许多后 HF 方法，如组态相互作用(configuration interaction)、多体微扰(many-body perturbation)和耦合簇(coupled cluster)方法等。系统波函数可通过前述的量子化学从头计算(*ab initio* calculation)方法进行严格计算，但随着体系的增大相应的计算量会急剧增加。

HF 方程在电子结构晶体学中有重要地位，主要有两方面原因：①与后 HF 方法相比，HF 方程形式简单，计算量小，为大体系的计算提供了便利。②尽管在计算精度方面不如后 HF 方法，但借助散射实验数据的“校正”，HF 方法可能会得到比后 HF 方法更接近实验的结果，这也体现了电子结构晶体学的基本思想。

根据 Hohenberg-Kohn 的密度泛函理论(density functional theory，DFT)，体系的所有性质由电子密度唯一决定，基于该理论，通过能量泛函对密度函数的变分可得到 Kohn-Sham(KS)方程。KS 方程能严格描述体系的电子密度，多粒子相互作用的全部复杂性包含在交换关联能中，KS 方程的本征能量没有单电子能量的意义，这与 HF 方程不同。

由于电子的相互作用是成对出现的，体系的哈密顿量仅包含单电子(或称单体)算符和双电子(或称双体)算符，即不存在其他多体效应。因此可根据一阶和二阶(约化)密度矩阵计算出所有单电子和双电子性质，其中单电子性质可由电子密度唯一确定。电子密度是一个实验上可观测的物理量，是电子结构晶体学中的主要研究对象之一，本章旨在建立晶体学与量子化学的桥梁，主要介绍密度矩阵以及相关的函数的第一性计算方法[1]，如电子密度、自旋密度和动量密度等密度函数，这些函数可通过晶体学散射实验确定。关于电子结构第一性计算方法的全面介绍，可参考相关文献[2,3]。

## 2.2 从头计算方法的基本框架与假设

这里主要介绍晶体的密度矩阵以及相关函数的从头计算方法，如电子密度、自旋密度和动量密度等密度函数。从头计算方法种类众多，根据所研究问题和采用假设近似的不同可将从头计算方法划分成四个层次。第一个层次即采用最严格的方式描述系统的各个方面，包括考虑相对论效应、自旋轨道耦合、外场作用、核的运动及热效应等；如果不考虑这些方面，则到第二个层次，即固定原子核在平衡构型下对电子基态进行非相对论描述；如果进一步忽略电子运动关联作用，则到第三个层次，即采用单行列式或 KS 波函数描述电子基态；如果在此基础上采用更多的近似，如选择 KS 交换-关联势和代表性基组，则到第四个层次，即采用近似的单行列式或 KS 波函数描述电子基态。

尽管我们的主要目标是在第二个层次上处理电子基态问题，即通过求解如下无外场作用下薛定谔方程获得准确的基态密度矩阵和密度函数：

$$\hat{H}_{\mathrm{el}}\Psi_0 = E_0\Psi_0 \tag{2.1}$$

由于我们关心的晶体是一个含有无穷多个原子的系统，我们不得不使用平均场近似从而在第三个层次上来解决问题。当然，为了获得合理的单行列式解，往往还需要使用一些计算方法的近似，所以实际上我们是在上述第四个层次上解决问题。

假定一个 $N$ 电子系统有 $M$ 个核，电荷为 $Z_A$，坐标为 $\boldsymbol{R}_A$，在这些核的静电场作用下，非相对论静电哈密顿量可写成：

$$\hat{H}_{\mathrm{el}} = \sum_{n=1}^{N}\frac{-\nabla_n^2}{2} + \sum_{n=1}^{N}\sum_{A=1}^{M}\frac{-Z_A}{r_{nA}} + \frac{1}{2}\sum_{n,m=1}^{N}{}'\frac{1}{r_{nm}} + \frac{1}{2}\sum_{A,B=1}^{M}{}'\frac{Z_A Z_B}{r_{AB}} \tag{2.2}$$

这里使用了原子单位，带′的求和符号表示求和时要去掉 $n=m, A=B$ 的对角项。$\hat{H}_{\mathrm{el}}$ 与原子核坐标 $\{\boldsymbol{R}\}$ 和原子序数 $\{Z\}$，以及电荷 $Z_A$ 有关，$E_0$，$\psi_0$ 亦如此。$\psi_0$ 是 $N$ 电子空间自旋坐标 $\boldsymbol{x}_n = \boldsymbol{r}_n, \sigma_n$ $(n=1, \cdots, N)$ 的反对称波函数。平衡状态下的核坐标 $\left\{\boldsymbol{R}^{\mathrm{eq}}\right\}$，其能量具有极小值 $E_0[\{\boldsymbol{R}\},\{Z\}]$，相应的本征函数可写成：

$$\psi_0^{\text{eq}}(\cdots,\boldsymbol{x}_n,\cdots)\equiv\psi_0\left(\cdots,\boldsymbol{x}_n,\cdots;\left[\left\{\boldsymbol{R}^{\text{eq}}\right\},\{Z\}\right]\right) \tag{2.3}$$

我们只处理电荷中性的周期性体系，考虑晶格矢量 $\boldsymbol{T}_m$，由原始空间中 $D$ 个独立原胞基矢 $\boldsymbol{a}_i$ 线性组合而成：

$$\boldsymbol{T}_m=\sum_{i=1}^{D}m_i\boldsymbol{a}_i \tag{2.4}$$

其中 $m$ 是整数，$D$ 是周期性维度(如对于三维晶体，$D=3$)，$\boldsymbol{a}_i$ 定义了晶体的单胞。假定晶体中所有核的坐标和电荷可通过不可约的有限集$\{\boldsymbol{R}_{A,0};Z_{A,0}\}$平移得来，即：

$$\begin{aligned}\boldsymbol{R}_{A,m}&=\boldsymbol{R}_{A,0}+\boldsymbol{T}_m\\ Z_{A,m}&=Z_{A,0}\end{aligned} \tag{2.5}$$

为求解薛定谔方程(2.1)，需引入玻恩-卡曼(Born-von Karman)边界条件，即假定 $\psi_0$ 是式(2.4)定义的超格子矢量 $\overline{\boldsymbol{W}}_m$ 的周期性函数(即系统经历一个 $\overline{\boldsymbol{W}}_m$ 的循环后，系统状态能复原)，但使用的是 $D$ 维超格子基矢 $\overline{\boldsymbol{A}}_i=w_i\boldsymbol{a}_i$，即：如果 $\boldsymbol{x}_n=(\boldsymbol{r}_n,\sigma_n)$，$\boldsymbol{x}'_n=\left(\boldsymbol{r}_n+\overline{\boldsymbol{W}}_m,\sigma_n\right)$，那么对于任意的 $n, m$ 都有 $\Psi_0(\cdots,\boldsymbol{x}_n,\cdots)=\Psi_0(\cdots,\boldsymbol{x}'_n,\cdots)$。整数 $w_i$ 定义了体系的有效电子数，即 $N_{\text{eff}}=WN_0$，其中 $W=\prod_i w_i$，$N_0=\sum_A Z_{A,0}$，$N_0$ 是每个单胞的电子数。如果 $w_i$ 足够大，与能量有关的物理量就几乎不受影响，但要留意玻恩-卡曼条件对密度矩阵和密度函数的影响。

## 2.3　密度矩阵与密度函数

### 2.3.1　基本定义

定义单粒子广义密度函数或准确的位置-自旋密度矩阵：

$$\gamma(\boldsymbol{x};\boldsymbol{x}')=N\int\Psi_0(\boldsymbol{x},\boldsymbol{x}_2,\cdots,\boldsymbol{x}_N)\times\left(\Psi_0(\boldsymbol{x}',\boldsymbol{x}_2,\cdots,\boldsymbol{x}_N)\right)^*\mathrm{d}\boldsymbol{x}_2\cdots\mathrm{d}\boldsymbol{x}_N \tag{2.6}$$

原则上也可以定义更高阶的密度矩阵，但由于不是我们关注的，所以这里不讨论。$\gamma(\boldsymbol{x};\boldsymbol{x}')$ 包含的信息非常丰富，这个函数包含了 6 个空间坐标和两个自旋坐标，根据该密度矩阵可计算出任何单电子算符 $\hat{F}=\sum_n\hat{f}(\boldsymbol{x}_n)$ 的基态期望值。

$$\langle\hat{F}\rangle_0=\int\left\{\hat{f}(\boldsymbol{x})\gamma(\boldsymbol{x};\boldsymbol{x}')\right\}_{(\boldsymbol{x}'=\boldsymbol{x})}\mathrm{d}\boldsymbol{x} \tag{2.7}$$

将 $\boldsymbol{x}$ 的空间 $\boldsymbol{r}$ 坐标和自旋 $\sigma$ 坐标分开，并考虑自旋为 $z$ 方向分量的双值坐标，即 $(\sigma,\sigma'=\alpha,\beta)$，定义自旋投影的密度矩阵(或称为自旋密度矩阵) $\boldsymbol{P}^{\sigma}$：

$$\begin{aligned} \boldsymbol{P}^{\sigma}(\boldsymbol{r};\boldsymbol{r}') &= \gamma(\boldsymbol{r},\sigma;\boldsymbol{r}',\sigma) \\ \boldsymbol{P}(\boldsymbol{r};\boldsymbol{r}') &= \boldsymbol{P}^{\alpha}(\boldsymbol{r};\boldsymbol{r}') + \boldsymbol{P}^{\beta}(\boldsymbol{r};\boldsymbol{r}') \\ \boldsymbol{Q}(\boldsymbol{r};\boldsymbol{r}') &= \boldsymbol{P}^{\alpha}(\boldsymbol{r};\boldsymbol{r}') - \boldsymbol{P}^{\beta}(\boldsymbol{r};\boldsymbol{r}') \end{aligned} \tag{2.8}$$

其中 $\boldsymbol{P}(\boldsymbol{r};\boldsymbol{r}')$ 称为位置密度矩阵，可通过 $\boldsymbol{\gamma}(\boldsymbol{x};\boldsymbol{x}')$ 在两个自旋量上的积分获得。$\boldsymbol{Q}(\boldsymbol{r};\boldsymbol{r}')$ 称为净自旋密度矩阵( $\alpha$ 超过 $\beta$ 的部分)。动量密度矩阵是 $\boldsymbol{P}(\boldsymbol{r};\boldsymbol{r}')$ 的 6 维傅里叶变换：

$$\bar{\boldsymbol{P}}(\boldsymbol{p};\boldsymbol{p}') = \int \boldsymbol{P}(\boldsymbol{r};\boldsymbol{r}')\exp(-\mathrm{i}\boldsymbol{r}\cdot\boldsymbol{p})\exp(\mathrm{i}\boldsymbol{r}'\cdot\boldsymbol{p}')\mathrm{d}\boldsymbol{r}\mathrm{d}\boldsymbol{r}' \tag{2.9}$$

密度函数是密度矩阵的对角矩阵元：

$$\begin{aligned} \rho(\boldsymbol{r}) &= \boldsymbol{P}(\boldsymbol{r};\boldsymbol{r}) \\ \rho^{\sigma}(\boldsymbol{r}) &= \boldsymbol{P}^{\sigma}(\boldsymbol{r};\boldsymbol{r}) \\ \zeta(\boldsymbol{r}) &= \boldsymbol{Q}(\boldsymbol{r};\boldsymbol{r}) = \rho^{\alpha}(\boldsymbol{r}) - \rho^{\beta}(\boldsymbol{r}) \\ \pi(\boldsymbol{p}) &= \bar{\boldsymbol{P}}(\boldsymbol{p};\boldsymbol{p}) \end{aligned} \tag{2.10}$$

其中 $\rho(\boldsymbol{r}),\rho^{\sigma}(\boldsymbol{r}),\zeta(\boldsymbol{r}),\pi(\boldsymbol{p})$ 分别是电子密度、自旋密度、净自旋密度、电子动量密度。在量子力学中这些量都是客观上可观测的量，因为它们都是单电子算符 $\hat{F}^{y} = \sum_{n}\delta(\boldsymbol{y}-\boldsymbol{y}_n)$ 的基态期望值。

在周期性体系，改变所有 $\boldsymbol{r}_n$ 一个 $\boldsymbol{T}_m$，相应的基态波函数必须只改变一个相因子，根据式(2.6)，有：

$$\begin{aligned} \gamma(\boldsymbol{r},\sigma;\boldsymbol{r}',\sigma') &= \gamma(\boldsymbol{r}+\boldsymbol{T}_m,\sigma;\boldsymbol{r}'+\boldsymbol{T}_m,\sigma') \\ \boldsymbol{P}(\boldsymbol{r};\boldsymbol{r}') &= \boldsymbol{P}(\boldsymbol{r}+\boldsymbol{T}_m;\boldsymbol{r}'+\boldsymbol{T}_m) \end{aligned} \tag{2.11}$$

关于密度矩阵的所有信息都可以限制在一个单胞内进行考虑，在傅里叶变换式(2. 9)中，对 $\boldsymbol{r}$ 的积分可限制在单胞中，根据这个约定，$\pi(\boldsymbol{p})$ 与晶体尺寸无关，而且满足 $\int \pi(\boldsymbol{p})\mathrm{d}\boldsymbol{p} = N_0$，$N_0$ 为每个单胞的电子数。玻恩-卡曼条件还导致了密度矩阵具有更一般化的性质：

$$\begin{aligned} \gamma(\boldsymbol{r},\sigma;\boldsymbol{r}',\sigma') &= \gamma(\boldsymbol{r},\sigma;\boldsymbol{r}'+\overline{\boldsymbol{W}}_m,\sigma') \\ \boldsymbol{P}(\boldsymbol{r};\boldsymbol{r}') &= \boldsymbol{P}(\boldsymbol{r};\boldsymbol{r}'+\overline{\boldsymbol{W}}_m) \end{aligned} \tag{2.12}$$

### 2.3.2　电子密度

电子密度 $\rho(\boldsymbol{r})$ 是表征多电子系统性质的一个非常重要的物理量，这是空间坐标的一个简单函数，具有实数，非负，且在除原子核位置外的其他任何地方都具有有限值的性质，能如实描述系统的化学组成和几何构造。实际上，原子核位置 $\boldsymbol{R}_A$ 和原子序数 $Z_A$ 也可通过电子密度的 Kato 极点条件 $Z_A=-\overline{\rho'(\boldsymbol{R}_A)}/(2\rho(\boldsymbol{R}_A))$ 得到，其中 $\overline{\rho'(\boldsymbol{R}_A)}$ 是极点周围电子密度的平均斜率。因此电子密度包含了系统薛定谔方程中哈密顿量的所有信息，这也是密度泛函理论和 KS 方程的基础。Bader 的分子中原子的量子理论(QTAIM)为电子密度提供了一个很好的拓扑分析工具，根据电子密度和密度的梯度值等物理量可以提取系统的丰富化学性质。

非简并基态波函数和相应的电子密度与系统哈密顿量有相同的对称性。在空间群的所有对称操作下，晶体的电子密度具有不变性，即：

$$\{V/T_m+\boldsymbol{s}_V\}\rho(\boldsymbol{r})\equiv\rho\left(V^{-1}\boldsymbol{r}-T_m-\boldsymbol{s}_V\right)=\rho(\boldsymbol{r}) \tag{2.13}$$

这里使用了 Seitz 记号来表示对称操作，$V$ 是真或非真旋转的矩阵表示，$\boldsymbol{s}_V$ 是对应的分数平移，对于共形空间群，$\boldsymbol{s}_V=0$。所有的旋转构成了一个 $h$ 阶的点群。根据式(2.13)，电子密度的所有信息都包含在单胞中 $1/h$ 的不可约楔形部分，对电子密度在该部分的积分等于 $N_0/h$。

电子密度的三维傅里叶变换，可得到结构因子：

$$F(\kappa)=\int\rho(\boldsymbol{r})\exp(\mathrm{i}\kappa\cdot\boldsymbol{r})\mathrm{d}\boldsymbol{r} \tag{2.14}$$

从 $D$ 维直空间基矢 $\boldsymbol{a}_i$ 定义同样维数的倒空间基矢 $\boldsymbol{B}_j$，满足 $\boldsymbol{a}_i\cdot\boldsymbol{B}_j=2\pi\delta_{ij}$ $(i,j=1,\cdots,D)$，倒空间的任何点都可表示成“周期部分” $\kappa^{\parallel}=\sum_{i=1}^{D}\kappa_i\boldsymbol{B}_i$ 与“非周期性部分” $\kappa^{\perp}$ 之和。由于电子密度的对称性，结构因子具有如下性质：

(1) 由于电子密度的平移不变性，$F(k)$ 只有在倒格矢 $\boldsymbol{G}_{hkl}\equiv h\boldsymbol{B}_1+k\boldsymbol{B}_2+l\boldsymbol{B}_3$ ($h, k, l$ 为整数)上才不为 0，因此结构因子被定义成无穷个离散数据的集合：

$$F_{hkl}=\int_{\text{unit cell}}\rho(\boldsymbol{r})\exp\left(\mathrm{i}\boldsymbol{G}_{hkl}\cdot\boldsymbol{r}\right)\mathrm{d}\boldsymbol{r} \tag{2.15}$$

根据上式，当 $h, k, l=0$ 时，$F_{000}=N_0$，$N_0$ 为传统单胞中的电子数，这个量通常用于结构因子的归一化。

(2) 由于电子密度的转动不变性，有 $F(\boldsymbol{G})=\exp\left(-\mathrm{i}\boldsymbol{G}\cdot\boldsymbol{s}_V\right)F(V\boldsymbol{G})$，即结构因子转动操作会增加一个相因子。

(3) 由于具体空间群对称性，一些结构因子等于 0，即所谓的系统消光。

### 2.3.3　动量密度

电子动量密度 $\pi(\boldsymbol{p})$ 为研究电子密度性质提供了重要的补充信息。原点附近的 $\pi(\boldsymbol{p})$ 主要由慢的价电子贡献，在 $|\boldsymbol{p}|$ 大的地方，$\pi(\boldsymbol{p})$ 主要反映了芯电子的性质。

动量密度具有一些性质，如是实数，正的，归一化为单胞电子数 $N_0$ 和转动不变性，即对于晶体点群的所有操作，有 $\pi(\boldsymbol{p})=\pi(V\boldsymbol{p})$。

根据电子动量密度可直接获得系统单胞中基态电子的总动能期望值，即

$$\langle\hat{T}\rangle_0=\frac{1}{2}\int\pi(\boldsymbol{p})p^2\mathrm{d}\boldsymbol{p} \tag{2.16}$$

根据位力定理，这对式(2.2)的静电哈密顿量是适用的，可由动量密度计算出平衡构型的单胞总能：

$$\frac{1}{2}\int\pi(\boldsymbol{p})_{\left(\{\boldsymbol{R}\}=\left\{\boldsymbol{R}^{\mathrm{eq}}\right\}\right)}p^2\mathrm{d}\boldsymbol{p}=-E_0^{\mathrm{eq}} \tag{2.17}$$

式(2.17)来源于对所有坐标进行能量最小化的结果，不适用于体积不变的构型优化情况。类似于从电子密度通过傅里叶变换获得结构因子，从动量密度可定义倒形式因子(reciprocal form factor，RFF) $B(\boldsymbol{r})$ 和康普顿轮廓函数(Compton profile function，CPF) $J(\boldsymbol{q})$：

$$\begin{aligned}B(\boldsymbol{r})&=\int\pi(\boldsymbol{p})\exp(-\mathrm{i}\boldsymbol{p}\cdot\boldsymbol{r})\mathrm{d}\boldsymbol{p}=\frac{1}{W}\int P\left(\boldsymbol{r}';\boldsymbol{r}+\boldsymbol{r}'\right)\mathrm{d}\boldsymbol{r}'\\J(\boldsymbol{q})&=\int\pi(\boldsymbol{p})\delta\left(\frac{\boldsymbol{p}\cdot\boldsymbol{q}}{|\boldsymbol{q}|}-|\boldsymbol{q}|\right)\mathrm{d}\boldsymbol{p}\end{aligned} \tag{2.18}$$

归一化因子 $W$ 为单胞的个数，并且有 $B(0)=N_0$。CPF 是动量密度 $\pi(\boldsymbol{p})$ 在垂直于 $\boldsymbol{q}$ 方向平面的二维积分，人们对它感兴趣主要是是因为这个量与实验康普顿轮廓有关联，考虑定向康普顿轮廓：

$$\begin{aligned}J_{hkl}(q)&=J\left(q\boldsymbol{e}_{hkl}\right)\\\boldsymbol{e}_{hkl}&=\frac{h\boldsymbol{a}_1+k\boldsymbol{a}_2+l\boldsymbol{a}_3}{\left|h\boldsymbol{a}_1+k\boldsymbol{a}_2+l\boldsymbol{a}_3\right|}\end{aligned} \tag{2.19}$$

在冲激近似(impulse approximation)下，这个函数与康普顿散射实验中，散射光子沿 $\boldsymbol{e}_{hkl}$ 方向的动量损失分布成正比。定向倒形式因子 RFF [$B_{hkl}(r)=B(r\boldsymbol{e}_{hkl})$] 与相应的定向康普顿轮廓可通过一维傅里叶变换联系起来，即：

$$B_{hkl}(r)=\int J_{hkl}(q)\exp(-\mathrm{i}rq)\mathrm{d}q \tag{2.20}$$

由于分辨率的限制，实验定向康普顿轮廓可认为是理想康普顿轮廓与实验分辨率函数($w(q)$，通常是一个高斯函数)的卷积：

$$J_{hkl}^{\exp}(q)\approx\int J_{hkl}(q')w(q-q')\mathrm{d}q' \tag{2.21}$$

因此，根据卷积定理(两个函数卷积的傅里叶等于这两个函数分别求傅里叶后的乘积)，$B_{hkl}(r)$ 是 $J_{hkl}^{\exp}(q)$ 的傅里叶变换除以 $\overline{w}(r)$，$\overline{w}(r)$ 是 $w(q)$ 的傅里叶变换。

这样 RFF 便可以通过康普顿散射实验获得，通常 RFF 的精细结构不太受实验误差的影响，而且零点的测试精度较高。

在玻恩-卡曼条件下，计算的 RFF 满足循环超格子的平移周期性，即：

$$B(\boldsymbol{r}) = B\left(\boldsymbol{r} + \overline{\boldsymbol{W}}_m\right) \tag{2.22}$$

RFF 含有重要电子结构信息，如在直空间中的振荡性质，节点面的坐标以及极大值和极小值与系统的化学性质密切相关。

## 2.4　Hartree-Fock (HF)和 Kohn-Sham (KS)方法

### 2.4.1　基本理论框架

求解薛定谔方程(2.1)，经常使用两种方案，即 HF 和 KS 方案，它们都可以用于描述周期性体系，能获得密度矩阵和密度函数的信息。HF 和 KS 有许多相似的性质，在自旋非限制(UHF，UKS)情况下，两者都可获得 $N$ 个单电子函数，即非周期体系的分子自旋轨道(molecular spin-orbitals, MSO)和周期性体系的晶体自旋轨道(crystalline spin-orbitals，CSO) $\psi_j^{\mathrm{X}}(\boldsymbol{x}) = \phi_j^{\mathrm{X},\sigma}(\boldsymbol{r})\omega(\sigma)$，$\sigma$ 为 $\alpha$ 或 $\beta$ 自旋，满足方程：

$$\begin{aligned}\hat{h}^{\mathrm{X},\sigma}\phi_j^{\mathrm{X},\sigma}(\boldsymbol{r}) &= \left[-\frac{\nabla^2}{2} + \sum_A \frac{-Z_A}{\left|\boldsymbol{R}_A - \boldsymbol{r}\right|} + \int \frac{\rho^{\mathrm{X}}(\boldsymbol{r}')}{\left|\boldsymbol{r} - \boldsymbol{r}'\right|}\mathrm{d}\boldsymbol{r}' + \tilde{V}^{\mathrm{X},\sigma}\right]\phi_j^{\mathrm{X},\sigma}(\boldsymbol{r}) \\ &= \varepsilon_j^{\mathrm{X},\sigma}\phi_j^{\mathrm{X},\sigma}(\boldsymbol{r})\end{aligned} \tag{2.23}$$

其中有效哈密顿量 $\hat{h}^{\mathrm{X},\sigma}$ 作用在单独的 MSO 上，包含动能项，核吸引项，Hartree 算子(描述电子间的库仑排斥)以及一个矫正势算子 $\tilde{V}^{\mathrm{X},\sigma}$。矫正势算子在 HF 和 KS 两种情况下是不同的。

通过将 $N$ 个电子指定在 $N$ 个 MSO 上，这些轨道分别对应式(2.23)哈密顿量的最低能量本征值 $\varepsilon_j^{\mathrm{X},\sigma}$，并组成反对称积的形式，可以定义单 Slater 行列式 $N$ 电子波函数：

$$\Psi_0^{\mathrm{X}} = N^{-1/2}\sum_P (-1)^{sp}\hat{P}\left[\psi_1^{\mathrm{X}}(\boldsymbol{x}_1)\times\cdots\times\psi_N^{\mathrm{X}}(\boldsymbol{x}_N)\right] \equiv \left|\cdots j\cdots\right> \tag{2.24}$$

其中 $\hat{P}$ 是 $N$ 阶置换算子，作用在电子坐标上，$sp$ 是相应的奇偶性。

下面我们考虑一个无自旋系统，每个占据轨道 MSO 都成对出现，有相同的本征值，有相同的空间部分 $\phi_n^{\mathrm{X}}$，只是 $\alpha$ 和 $\beta$ 自旋不同，分别标记为 $n^\alpha$ 和 $n^\beta$，$n = 1, \cdots, N/2$。在这种情形下，哈密顿量中的自旋标记可以去掉，根据式(2.6)和式(2.8)的定义，位置密度矩阵和相应的电子密度可简化成：

$$P^{\mathrm{X}}(\boldsymbol{r};\boldsymbol{r}')=2\sum_{n=1}^{N/2}\phi_n^{\mathrm{X}}(\boldsymbol{r})\left(\phi_n^{\mathrm{X}}(\boldsymbol{r}')\right)^*$$
$$\rho^{\mathrm{X}}(\boldsymbol{r})=P^{X}(\boldsymbol{r};\boldsymbol{r})=2\sum_{n=1}^{N/2}\left|\phi_n^{\mathrm{X}}(\boldsymbol{r})\right|^2 \tag{2.25}$$

在 HF 理论框架下，$\tilde{V}^{\mathrm{HF}}$ 采用作用在函数 $\chi(\boldsymbol{r})$ 的交换算符 $\hat{V}_{\mathrm{exch}}$，定义如下：

$$\hat{V}_{\mathrm{exch}}\chi(\boldsymbol{r})=-\frac{1}{2}\int\frac{P^{\mathrm{HF}}(\boldsymbol{r};\boldsymbol{r}')\chi(\boldsymbol{r}')}{|\boldsymbol{r}-\boldsymbol{r}'|}\mathrm{d}\boldsymbol{r}' \tag{2.26}$$

相应的基态能量 $E_0^{\mathrm{HF}}$ 可写成：

$$\begin{aligned}E_0^{\mathrm{HF}}&\equiv\left\langle\Psi_0^{\mathrm{HF}}\middle|\hat{H}_{\mathrm{el}}\middle|\Psi_0^{\mathrm{HF}}\right\rangle\\&=-\int\left[\frac{\nabla^2}{2}P^{\mathrm{HF}}(\boldsymbol{r};\boldsymbol{r}')\right]_{(\boldsymbol{r}'=\boldsymbol{r})}\mathrm{d}\boldsymbol{r}-\sum_A Z_A\int\frac{\rho^{\mathrm{HF}}(\boldsymbol{r})}{|\boldsymbol{R}_A-\boldsymbol{r}|}\mathrm{d}\boldsymbol{r}\\&\quad+\frac{1}{2}\int\frac{\rho^{\mathrm{HF}}(\boldsymbol{r})\rho^{\mathrm{HF}}(\boldsymbol{r}')}{|\boldsymbol{r}-\boldsymbol{r}'|}\mathrm{d}\boldsymbol{r}\mathrm{d}\boldsymbol{r}'-\frac{1}{4}\int\frac{\left|P^{\mathrm{HF}}(\boldsymbol{r};\boldsymbol{r}')\right|^2}{|\boldsymbol{r}-\boldsymbol{r}'|}\mathrm{d}\boldsymbol{r}\mathrm{d}\boldsymbol{r}'\\&\quad+\frac{1}{2}\sum_{A,B=1}^{M}{}'\frac{Z_AZ_B}{r_{AB}}\geqslant E_0\end{aligned} \tag{2.27}$$

在 DFT 框架下的 KS 方程中，对于任意 N 电子体系的电子密度 $\rho(\boldsymbol{r})$，引入了两个一般化的泛函，交换关联相互作用 $\varepsilon_{\mathrm{xc}}(\boldsymbol{r};[\rho])$ 和交换关联势 $V_{\mathrm{xc}}(\boldsymbol{r};[\rho])$，后者可通过前者的泛函求导获得，即 $V_{\mathrm{xc}}=\delta\varepsilon_{\mathrm{xc}}/\delta\rho$。若在式(2.23)中使用 $V_{\mathrm{xc}}\left(\boldsymbol{r};[\rho]^{\mathrm{KS}}\right)$ 替代 $\tilde{V}^{\mathrm{KS}}$，则式(2.25)获得的电子密度 $\rho^{\mathrm{KS}}(\boldsymbol{r})$ 就是严格的基态电子密度 $\rho(\boldsymbol{r})$。根据占据 KS 轨道，使用 $\varepsilon_{\mathrm{xc}}(\boldsymbol{r};[\rho])$ 泛函可计算严格的基态能量：

$$\begin{aligned}E_0^{\mathrm{KS}}&=-\int\left[\frac{\nabla^2}{2}P^{\mathrm{KS}}(\boldsymbol{r};\boldsymbol{r}')\right]_{(\boldsymbol{r}'=\boldsymbol{r})}\mathrm{d}\boldsymbol{r}-\sum_A Z_A\int\frac{\rho(\boldsymbol{r})}{|\boldsymbol{R}_A-\boldsymbol{r}|}\mathrm{d}\boldsymbol{r}\\&\quad+\frac{1}{2}\int\frac{\rho(\boldsymbol{r})\rho(\boldsymbol{r}')}{|\boldsymbol{r}-\boldsymbol{r}'|}\mathrm{d}\boldsymbol{r}\mathrm{d}\boldsymbol{r}'+\int\rho(\boldsymbol{r})\varepsilon_{\mathrm{xc}}(\boldsymbol{r};[\rho])\mathrm{d}\boldsymbol{r}+\frac{1}{2}\sum_{A,B=1}^{M}{}'\frac{Z_AZ_B}{r_{AB}}=E_0\end{aligned} \tag{2.28}$$

在 HF 和 KS 两种处理方法中，方程(2.23)都必须通过自洽计算求解。因为 Hartree 和修正势是通过占据轨道上定义的。然而，HF 和 KS 之间存在两个重要区别：

(1) 在 HF 情况下，修正势[式(2.26)中的非局域算符]有严格的定义表达式。相反，KS 中局域交换-关联势 $V_{\mathrm{xc}}(\boldsymbol{r};[\rho])$ 和 $\varepsilon_{\mathrm{xc}}(\boldsymbol{r};[\rho])$ 不存在严格的定义式，但可以对这些泛函使用一些近似的表达式。

(2) 式(2.24)中定义的单行列式波函数$\Psi_0^{\mathrm{X}}$在 HF 和 KS 两种情况下有不同的含义，$\Psi_0^{\mathrm{HF}}$可看作后 HF 方法(post-HF methods)中真实基态波函数的零阶近似，在后 HF 方法中，引入了瞬时电子关联相互作用。而$\Psi_0^{\mathrm{KS}}$原则上只是从数学上描述了在有效势场中没有相互作用的电子的行为，其电子密度与真实情况相同，$\Psi_0^{\mathrm{KS}}$可以替代$\Psi_0$使用，如描述位置密度矩阵的非对角量时可使用$P^{\mathrm{KS}}(\boldsymbol{r};\boldsymbol{r}')\approx P(\boldsymbol{r};\boldsymbol{r}')$。

### 2.4.2　HF 与 KS 方程的周期性解

由于单电子哈密顿量$\hat{h}^{\mathrm{X}}$与空间群的所有对称操作对易，特别是纯平移子群的本征函数晶体轨道可根据群的不可约表示进行分类。这些晶体轨道可表示成含一个倒空间矢量$\boldsymbol{\kappa}$的 Bloch 函数$\phi_n^{\mathrm{X}}(\boldsymbol{r};\boldsymbol{\kappa})$并满足性质：

$$\phi_n^{\mathrm{X}}(\boldsymbol{r}+\boldsymbol{T}_m;\boldsymbol{\kappa})=\phi_n^{\mathrm{X}}(\boldsymbol{r};\boldsymbol{\kappa})\exp(\mathrm{i}\boldsymbol{\kappa}\cdot\boldsymbol{T}_m) \tag{2.29}$$

很显然，如果两个 Bloch 函数只在$\boldsymbol{\kappa}$上相差一个倒格矢$\boldsymbol{G}$，则它们属于同一个不可约表示。在所有等价的$\boldsymbol{\kappa}$中，可以选取一套离原点最近的倒空间，最小的这种空间称为第一布里渊区。同时晶体轨道也必须满足玻恩-卡曼条件，即$\left[\phi_n^{\mathrm{X}}(\boldsymbol{r}+\bar{\boldsymbol{W}}_m;\boldsymbol{\kappa})=\phi_n^{\mathrm{X}}(\boldsymbol{r};\boldsymbol{\kappa})\right]$，意味着$\exp(\mathrm{i}\boldsymbol{\kappa}\cdot\bar{\boldsymbol{W}}_m)=1$，或者换句话说，$\boldsymbol{\kappa}$必须属于 Monkhorst 格点：

$$\boldsymbol{\kappa}_h=\sum_{i=1}^{D}(h_i+s_i)\frac{\boldsymbol{B}_i}{w_i} \tag{2.30}$$

其中$h_i$为整数，$s_i=0$或 1/2。可以通过选取有限的$w_i$获得严格解，选取的$w_i$通常符合这样的惯例，即超格子矢量定义了与原始格子相同的布拉维格子，并且根据$s_i$的不同确定原点是否要偏移。于是$\boldsymbol{\kappa}_h$矢量形成了相对原始格子的一个收缩倒格子。$\boldsymbol{\kappa}_h$在第一布里渊区中的个数为$W=\prod_i w_i$，由于旋转对称性，如果两个$\boldsymbol{\kappa}_h$可通过一个点群操作联系起来，则相应的本征值是一样的，而且本征函数只差一个旋转相位。这些性质允许我们在求解薛定谔方程时只需考虑不可约布里渊区中的$\boldsymbol{\kappa}_h$。

由于系统的有效电子数$N=WN_0$，因此占据的轨道数为$WN_0/2$，即平均每个$\boldsymbol{\kappa}_h$点有$N_0/2$个电子，通过对本征能量从小到大进行排序，这样就可以定义费米能级(Fermi energy，$E_{\mathrm{F}}$)，即有$WN_0/2$个能量本征值严格满足条件$\varepsilon_n^{\mathrm{X}}(\boldsymbol{\kappa}_h)\leqslant E_{\mathrm{F}}$。据此可以将绝缘体(包括半导体)和金属区分开来。

对于绝缘体，在每个$\boldsymbol{\kappa}_h$有严格的$N_0/2$个能量本征值在$E_{\mathrm{F}}$之下，这些轨道形成了$N_0/2$个全占据的能带。这很容易扩展到自旋极化体系，在自旋极化体系中，不同自旋的占据能带数是不同的。

可通过酉变换矩阵 U 将占据晶体轨道转换到等价的 Wannier 函数(WF)：

$$\left\{\cdots,\left(n\boldsymbol{\kappa}_h\right),\cdots\right\}\overset{\mathrm{U}}{\longleftrightarrow}\left\{\cdots,\left[\ell\boldsymbol{T}_m\right],\cdots\right\}\left[\ell\boldsymbol{T}_m\right]\equiv w_\ell\left(\boldsymbol{r}-\boldsymbol{T}_m\right);\\ \ell=1,N_0/2\ ,\ 0\leqslant m_i<w_i \tag{2.31}$$

WFs$\left[\ell\boldsymbol{T}_m\right]$可以指定为普通$\boldsymbol{T}_m$单胞的实数局域函数，我们仅需要考虑$W$个非等效的单胞，即那些包含在超格子维格纳-塞茨原胞中的单胞。在这个参考原胞中总共有$N_0/2$个 Wannier 函数，其他的都可以通过平移来等价表示。由于它们是正交化的晶体轨道通过变换矩阵 U 的酉变换得到的，因此 Wannier 函数本身也构成了一个正交集。通过选取合适的 U 矩阵使这些函数符合最好的局域化特征，同时尽可能反映系统的旋转对称性。一个绝缘晶体的无自旋基态波函数$\psi_0^{\mathrm{X}}$可以写成自旋 Wannier 函数的反对称积的形式：

$$\psi_0^{\mathrm{X}}\overset{\mathrm{(i)}}{=}|\cdots\left[\ell\boldsymbol{T}_m\right]^\alpha\left[\ell\boldsymbol{T}_m\right]^\beta\cdots> \tag{2.32}$$

符号$\overset{\mathrm{(i)}}{=}$表示仅对无自旋的绝缘体有效。而对于金属，不同$\boldsymbol{\kappa}_h$的$E_{\mathrm{F}}$以下的本征值个数是不同的，一些带是部分占据，倒空间中将占据轨道与非占据轨道分开的界面称为金属的费米面。

### 2.4.3　晶态密度矩阵与密度函数的计算

HF 和 KS 的密度矩阵可表示成如下，其中$\bar{f}(\boldsymbol{p})$为$f(\boldsymbol{r})$的傅里叶变换：

$$\begin{aligned}
&\boldsymbol{P}^{\mathrm{X},\sigma}\left(\boldsymbol{r};\boldsymbol{r}'\right)=\sum_h\sum_n{}'\phi_n^{\mathrm{X},\sigma}\left(\boldsymbol{r};\boldsymbol{\kappa}_h\right)\left[\phi_n^{\mathrm{X},\sigma}\left(\boldsymbol{r}';\boldsymbol{\kappa}_h\right)\right]^*\\
&\boldsymbol{P}^{\mathrm{X}}\left(\boldsymbol{r};\boldsymbol{r}'\right)=\boldsymbol{P}^{\mathrm{X},\alpha}\left(\boldsymbol{r};\boldsymbol{r}'\right)+\boldsymbol{P}^{\mathrm{X},\beta}\left(\boldsymbol{r};\boldsymbol{r}'\right)\\
&\overline{\boldsymbol{P}}^{X,\sigma}\left(\boldsymbol{p};\boldsymbol{p}'\right)=\sum_h\sum_n{}'\overline{\phi}_n^{\mathrm{X},\sigma}\left(\boldsymbol{p};\boldsymbol{\kappa}_h\right)\left[\overline{\phi}_n^{\mathrm{X},\sigma}\left(\boldsymbol{p}';\boldsymbol{\kappa}_h\right)\right]^*\\
&\overline{\boldsymbol{P}}^{\mathrm{X}}\left(\boldsymbol{p};\boldsymbol{p}'\right)=\overline{\boldsymbol{P}}^{\mathrm{X},\alpha}\left(\boldsymbol{p};\boldsymbol{p}'\right)+\overline{\boldsymbol{P}}^{\mathrm{X},\beta}\left(\boldsymbol{p};\boldsymbol{p}'\right)
\end{aligned} \tag{2.33}$$

其中带撇′求和表示仅对占据的晶体自旋轨道($\varepsilon_n^{\mathrm{X},\sigma}\left(\boldsymbol{\kappa}_h\right)<E_{\mathrm{F}}$)起作用，$\overline{\phi}_n^{\mathrm{X},\sigma}$为晶体轨道的傅里叶变换。无自旋系统的密度矩阵可以简写成：

$$\begin{aligned}
&\boldsymbol{P}^{\mathrm{X}}\left(\boldsymbol{r};\boldsymbol{r}'\right)=2\sum_h\sum_n{}'\phi_n^{\mathrm{X}}\left(\boldsymbol{r};\boldsymbol{\kappa}_h\right)\left[\phi_n^{\mathrm{X}}\left(\boldsymbol{r}';\boldsymbol{\kappa}_h\right)\right]^*\overset{\mathrm{(i)}}{=}2\sum_{\ell,m}w_\ell^{\mathrm{X}}\left(\boldsymbol{r}-\boldsymbol{T}_m\right)w_\ell^{\mathrm{X}}\left(\boldsymbol{r}'-\boldsymbol{T}_m\right)\\
&\overline{\boldsymbol{P}}^{\mathrm{X}}\left(\boldsymbol{p};\boldsymbol{p}'\right)=\frac{2}{W}\sum_h\sum_n{}'\overline{\phi}_n^{\mathrm{X}}\left(\boldsymbol{p};\boldsymbol{\kappa}_h\right)\left[\overline{\phi}_n^{\mathrm{X}}\left(\boldsymbol{p}';\boldsymbol{\kappa}_h\right)\right]^*\overset{\mathrm{(i)}}{=}2\sum\overline{w}_\ell^{\mathrm{X}}(\boldsymbol{p})\overline{w}_\ell^{\mathrm{X}}\left(\boldsymbol{p}'\right)
\end{aligned} \tag{2.34}$$

有一点需要注意的是，前面已经提到，KS 电子密度及相应的结构因子是严格真实系统的，而 HF 电子密度与真实情况下的相比存在系统误差，比如会高估共价键键电荷密度。将式(2.34)代入式(2.18)，可获得 Wannier 函数表示的倒形式因子：

$$\begin{aligned} B^{\mathrm{X}}(\boldsymbol{r}) &\overset{(\mathrm{i})}{=} \frac{2}{W}\sum_{\ell,m}\int w_{\ell}^{\mathrm{X}}\left(\boldsymbol{r}'-\boldsymbol{T}_m\right)w_{\ell}^{\mathrm{X}}\left(\boldsymbol{r}'+\boldsymbol{r}-\boldsymbol{T}_m\right)\mathrm{d}\boldsymbol{r}' \\ &= 2\sum_{\ell}\int w_{\ell}^{\mathrm{X}}\left(\boldsymbol{r}'\right)w_{\ell}^{\mathrm{X}}\left(\boldsymbol{r}'+\boldsymbol{r}\right)\mathrm{d}\boldsymbol{r}' \end{aligned} \tag{2.35}$$

如果 $\boldsymbol{r}=\boldsymbol{T}_n\neq 0$，则上述积分为 0，因为属于不同单胞的两个 Wannier 函数的交叠积分为 0，这意味着绝缘体 $B^{\mathrm{X}}(\boldsymbol{r})$ 在所有非 0 的格点上都为 0。在康普顿散射实验中，这个条件可能会因为实验误差或基态波函数的单行列式表示不够准确而无法满足。

### 2.4.4 赝势

通常认为只有价电子才真正参与化合物分子和晶体的形成，而芯电子几乎不受影响，也就是说波函数可以近似描述成 $N_v$ 个价电子波函数 $\psi_v\left(\cdots,\boldsymbol{x}_n,\cdots\right)$ 与 $N_c$ 个核电子波函数 $\psi_c\left(\cdots,\boldsymbol{x}_m,\cdots\right)$ 的乘积，后者可描述成原子芯层电子波函数 $\Psi_c^A$ 的反对称积，$A$ 表示形成化合物的原子，$\psi_c^A$ 可通过孤立原子求解获得，只需要按化合物中原子坐标进行适当的移动即可使用。使用芯层和价层电子分离的处理方法，可将问题简化成只需要确定 $\psi_v^{\mathrm{X}}$，这样处理有几个优点：

(1) HF 和 KS 的计算量随系统电子数 $N$ 的增加而呈指数(一般来讲，$N^3$)增加，简化核电子的处理可以明显减少计算量。

(2) 全电子波函数在核附近存在突变，描述它们的平面波需要更高的截止能量。

(3) 在原子核附近，电子速度接近光速量级，相对论效应比较明显，特别是重原子，若采用非相对论哈密顿量描述核区域的电子密度将带来较大的误差。实际上，在 DFT 框架下，交换关联势 $V_{\mathrm{xc}}\left(\boldsymbol{r};[\rho]^{\mathrm{KS}}\right)$ 已经包含了这种效应。价电子与芯电子的分离允许对这两项采用不同的技术进行简单的相对论处理。

在 HF 和 KS 框架中最简单和最流行的一种做法是将式(2.23)中的核库仑势 $A\left(-Z_A/\left|\boldsymbol{R}_A-\boldsymbol{r}\right|\right)$ 用一个非局域的算符 $\hat{V}_{\mathrm{ps}}^{\mathrm{X},A}$ 替代，称为 $A$ 原子的赝势，根据改造后的方程求解，可获得赝轨道和赝本征值。剩下的处理过程则不变，只有最低的 $N_v$ 个赝轨道被占据。一般来讲，赝势可以从孤立原子的薛定谔方程的解生成，孤立原子芯电子包含了相对论修正，经常以基态原子作为参考。产生赝势的基本步骤包括将真实的原子价轨道用一组赝轨道替代，在 $r$ 大于一个合适选择的匹配半径 $r_c$ 的区域(价层)赝轨道与真实价轨道相同，但在芯层区域($r<r_c$)比真实价轨道更加平滑，最简单的一种处理是赝轨道没有节点，且满足模守恒条件，即在芯层区

域电荷与参考原子的一致。固定本征能量为真实的价层本征值，反向求解 KS 方程，得到的有效势称为模守恒赝势。如果不增加赝轨道的模守恒条件，则得到的就是超软赝势。

赝势有许多种，按局域程度的不同可分为局域、半局域和非局域赝势，按处理成核芯的电子层的不同可分为大核心和小核心赝势，以及按参数优化规则的不同分成其他不同种类的赝势等。尽管赝势有许多优点，但在计算密度函数时，使用赝势存在严重的缺陷，因为赝价电子轨道与芯层真实轨道并不正交，得到的赝价电子密度与芯层电子密度之和并不是真实的电子密度，采用赝势计算出的动量密度也是如此。因此需要使用一些特别的技术来重构全电子波函数的电子密度，比如投影缀加波方法(projector augmented waves，PAW)。在 PAW 方法中，通过使芯层内赝轨道与全电子轨道在原子基轨道上的投影相同，在赝轨道上缀加一个赝轨道与全电子轨道的差额部分获得全电子级别的波函数。

### 2.4.5　基组

如前所述，HF 和 KS 方案都是求解有效自洽势场下的单粒子薛定谔方程，有效势场在 HF 中是 Hartree 和交换势，在 KS 中是 Hartree 和交换-关联势。KS 问题比较简单，因为有效势仅依赖于电子密度，而在 HF 中，它依赖于密度矩阵 $\boldsymbol{P}(\boldsymbol{r},\boldsymbol{r}')$，可以通过自洽迭代求解：首先猜一个合适的初始有效势，计算单粒子轨道，然后根据轨道重新计算有效势，如此循环，直至收敛。在实际计算中，轨道要使用合适的基组展开。在周期性体系中，比较方便的是使用 Bloch 函数 $f_\mu(\boldsymbol{r};\boldsymbol{\kappa})$ 基组，这样可以把确定晶体轨道 $\phi_n^{\mathrm{X}}(\boldsymbol{r};\boldsymbol{\kappa})$ 的问题简化成仅包含某个 $\boldsymbol{\kappa}$ 点的久期方程求解问题。基组的选择非常重要，大多数计算使用平面波或原子基函数作为基组。

平面波在固体物理中是传统的选择，反映了晶体中价电子和导带电子的非局域性。平面波能组成一个无穷的完备基组：

$$f_{\boldsymbol{G}}(\boldsymbol{r};\boldsymbol{\kappa})=\frac{1}{\sqrt{\Omega}}\exp[\mathrm{i}(\boldsymbol{\kappa}+\boldsymbol{G})\cdot\boldsymbol{r}] \tag{2.36}$$

其中 $\Omega$ 是玻恩-卡曼盒子的体积，$\boldsymbol{G}$ 是倒格子矢量，式(2.29)的布洛赫(Bloch)条件是满足的，因为 $\boldsymbol{G}\cdot\boldsymbol{T}_m=2n\pi$， $n$ 是整数。通过只考虑动能 $(\boldsymbol{\kappa}+\boldsymbol{G})^2/2$ 在一个能量阈值 $E_{\mathrm{c}}$ 下的平面波可获得一个有限的平面波基组。

平面波有一些优点：

(1) 数值计算方便，正交，允许使用快速傅里叶变换加快计算过程。

(2) 平面波可形成一个无偏的基组，它们不依赖于化合物中的原子类型和坐标，因此它们没有基组不完备导致的力计算误差或基组重叠导致的能量误差。

(3) 可以方便地通过变化截止能量一个参数来评估收敛。

然而，平面波方法也有一些严重的不足，最明显的不足就是无法处理芯电子的电子态。标准的方法就是引入赝势，但在计算密度函数时，比较好的方法是使用 PAW 技术，该技术可以使用较小的平面波基组下计算“真实”的全电子密度。

量化计算中经常使用原子轨道 $\chi_\mu(\boldsymbol{r})$ 来构造基组，因为这反映了物质的原子构造本质。在周期性体系中，可使用原子轨道的布洛赫和：

$$f_\mu(\boldsymbol{r};\boldsymbol{\kappa}) = \frac{1}{\sqrt{W}}\sum_T \exp[\mathrm{i}\boldsymbol{\kappa}\cdot\boldsymbol{T}]\chi_\mu(\boldsymbol{r}-\boldsymbol{T}) \tag{2.37}$$

## 参考文献


[1] Pisani C, Dovesi R, Erba A, Giannozzi P. Electron densities and related properties from the *ab-initio* simulation of crystalline solids//Gatti C, Macchi P, Eds. Modern Charge-Density Analysis. Berlin: Springer, 2012: 79-132.

[2] 黄明宝. 量子化学教程. 北京: 科学出版社, 2015.

[3] Levine I N. Quantum Chemistry. 7th Edition. New York: Pearson Education, 2014.

# 第 3 章　电子结构的拓扑指标与性质

## 3.1　引　言

我们注意到一些事实，拥有相同官能团或结构单元的不同化合物具有类似的物化性质与功能，说明这些官能团和功能基元在不同结构和化合物中具有某些相对独立的电子结构特征，不易被周围的化学环境所影响，导致具有这些电子结构特征的结构也具有相应的性质。这种功能基元在不同结构中的可移植性和可加性是基于功能基元的材料设计的基础。因此有必要按一定的规则将一个分子或不对称单元的电子密度划分成原子和化学键贡献的叠加，这对理解分子和化合物性质的起源是十分重要的。

化学中的许多经典概念，如原子电荷、化学键、共价性、离子性、共振结构、键能、芳香性等很难从多电子波函数中得到，也很难有明确的定义。随着可获得的波函数的精确度的提高，一些比较模糊的化学概念也就慢慢不再使用了。但是随着人们可以对电子密度进行复杂的定量分析后，一些模糊的化学概念又开始有了新的比较严格的定义。一个比较大的进展是 Hohenberg 和 Kohn 的密度泛函理论和 Bader 及其合作者的“分子中原子的量子理论(quantum theory of atoms in molecules，QTAIM)”[1,2]为从电子密度分析中严格定义化学成键相关的概念铺平了道路。而且由于电子密度是可以通过散射实验获得的，这让电子密度的拓扑分析有了更广阔的应用。

基于实空间标量函数的拓扑分析技术可将电子密度对应的三维实空间划分成不同的独立区域，这增进了我们对化学直觉的深层次理解。然而，不是所有的标量都可以直接从电子密度中获得，如电子局域密度函数。如果没有严格的普适能量或电子排斥作用相关的密度泛函为基础，许多实际的概念不可避免地建立在比电子密度复杂得多的物理量上。

本章讲述的大多数概念都依赖于无法单纯从电子密度中获得的量子力学对象，如基于对密度矩阵的操作，但这并不意味着这些方法与实验脱钩，因为可以通过合适的近似使这些复杂的量变得只依赖于电子密度，或者直接使用实验电子波函数进行分析。实际上，从后面的第 6 章可以看出，密度矩阵也是可以通过实验确定的。所谓的电子结构拓扑分析一般包含了从电子密度本身或单电子或双电子密度矩阵中获得的一些标量和矢量衍生函数性质。

本章首先讲述 QTAIM 理论的一些基本内容[3]，这是如何对精修出的电子结构进行实际拓扑分析的基础。然后介绍用于化学相互作用分析的源函数、电子局域函数和约化密度梯度函数方法。之后讲述三维空间划分的两种方案[4]：①将空间划分成各种原子区域，这种划分是粗粒化的；②将空间划分成无数小的可变尺寸的单元，这些单元拥有某个不变的量子力学性质。

本章最后也对分子间相互作用能进行介绍[5]。分子间相互作用能是电子密度的一个重要性质。分子型化合物中，结构单元、分子或离子之间的作用力主要来源于它们之间的经典静电力。经典静电力是分子晶体结合能的主要部分，各向异性静电力对形成最终的晶体结构起着非常重要的作用。实验电子密度测试方面的进展为定性和定量研究分子作用力提供了新的途径。

## 3.2　分子中的拓扑原子分析

### 3.2.1　电子密度的拓扑描述

分子中的电子密度分布主要受原子核吸引力的影响，而原子核占据了电子密度极大值位置，因此可以将某个原子核周围的空间按一定的边界条件划分给这个原子，原子边界上的电子密度体现了周围各个原子核吸引力的一种平衡。

电子密度图中存在一类特殊点，在该处电子密度梯度 $\nabla\rho$ (电子密度的一阶导数)为 0，这类特殊点称为“临界点(critical point，CP)”，即：

$$\nabla\boldsymbol{\rho} = \boldsymbol{i}\frac{\mathrm{d}\rho}{\mathrm{d}x} + \boldsymbol{j}\frac{\mathrm{d}\rho}{\mathrm{d}y} + \boldsymbol{k}\frac{\mathrm{d}\rho}{\mathrm{d}z} \tag{3.1}$$

$\nabla\boldsymbol{\rho}$ 在临界点和无穷远处时为 0，在其他地方一般不为 0。

电子密度 $\rho(\boldsymbol{r})$ 是三维空间 $\boldsymbol{r}$ 的一个标量函数，其梯度 $\nabla\boldsymbol{\rho}$ 是一个矢量，代表三维空间中 $\rho(\boldsymbol{r})$ 的值在不同位置变化时，增加速度最大的那个方向。电子密度梯度的模 $|\nabla\boldsymbol{\rho}|$ 代表这个方向的 $\rho(\boldsymbol{r})$ 的变化速度。原子核位置是一类临界点，称为原子核临界点(nuclear critical point，NCP)。

电子密度的临界点可能是电子密度极大值点、极小值点或鞍点，在这三种情况下，其 $\nabla\boldsymbol{\rho}$ 都为 0。要想进一步区分它们，需借助电子密度的二阶导数 $\nabla\nabla\boldsymbol{\rho}$ 。$\nabla\nabla\boldsymbol{\rho}$ 是一个二阶张量，有 9 个分量，可写成 3×3 的矩阵形式，称为“Hessian 矩阵”。在某个临界点 $\boldsymbol{r}_\mathrm{c}$ ，Hessian 矩阵定义为：

$$\boldsymbol{H}(\boldsymbol{r}_c)=\begin{pmatrix} \dfrac{\partial^2\rho}{\partial x^2} & \dfrac{\partial^2\rho}{\partial x\partial y} & \dfrac{\partial^2\rho}{\partial x\partial z} \\ \dfrac{\partial^2\rho}{\partial y\partial x} & \dfrac{\partial^2\rho}{\partial y^2} & \dfrac{\partial^2\rho}{\partial y\partial z} \\ \dfrac{\partial^2\rho}{\partial z\partial x} & \dfrac{\partial^2\rho}{\partial z\partial y} & \dfrac{\partial^2\rho}{\partial z^2} \end{pmatrix}_{\boldsymbol{r}=\boldsymbol{r}_c} \tag{3.2}$$

由于 Hessian 矩阵的各个分量是实数，且是一个对称矩阵，根据矩阵理论，Hessian 矩阵可对角化。Hessian 矩阵的对角化过程等价于对 $\boldsymbol{r}$ 坐标系进行旋转操作，通过旋转矩阵 $\boldsymbol{U}$ 可将 $\boldsymbol{r}(x,y,z)$ 旋转到新坐标系 $\boldsymbol{r}'=\boldsymbol{rU}$，$\boldsymbol{r}'(x',y',z')$ 的三个坐标轴为 $\boldsymbol{r}_c$ 处的主曲率轴。$\boldsymbol{U}$ 满足特征值方程组 $\boldsymbol{H}\boldsymbol{u}_i=\lambda_i\boldsymbol{u}_i\,(i=1，2，3)$，$\boldsymbol{u}_i$ 为 $\boldsymbol{U}$ 的三个特征矢量，$\lambda_i$ 为特征值。通过正交变换可将 $\boldsymbol{H}$ 变换成一个对角阵形式 $\boldsymbol{\Lambda}$，即：

$$\boldsymbol{U}^{-1}\boldsymbol{HU}=\boldsymbol{\Lambda}=\begin{pmatrix} \dfrac{\partial^2\rho}{\partial x'^2} & 0 & 0 \\ 0 & \dfrac{\partial^2\rho}{\partial y'^2} & 0 \\ 0 & 0 & \dfrac{\partial^2\rho}{\partial z'^2} \end{pmatrix}_{\boldsymbol{r}'=\boldsymbol{r}_c}=\begin{pmatrix} \lambda_1 & 0 & 0 \\ 0 & \lambda_2 & 0 \\ 0 & 0 & \lambda_3 \end{pmatrix} \tag{3.3}$$

其中 $\lambda_1$，$\lambda_2$，$\lambda_3$ 分别为 $\boldsymbol{r}_c$ 处三根主曲率轴 $x'$，$y'$，$z'$ 上的电子密度曲率。

Hessian 矩阵具有正交变换后其迹(主对角线上的元素之和)保持不变的特性。Hessian 矩阵的迹可定义为电子密度的拉普拉斯量，当 $x=x', y=y', z=z'$ 时，拉普拉斯量为三个主曲率之和，即：

$$\nabla^2\rho(\boldsymbol{r})=\nabla\cdot\nabla\rho(\boldsymbol{r})=\frac{\partial^2\rho(\boldsymbol{r})}{\partial x^2}+\frac{\partial^2\rho(\boldsymbol{r})}{\partial y^2}+\frac{\partial^2\rho(\boldsymbol{r})}{\partial z^2}=\lambda_1+\lambda_2+\lambda_3 \tag{3.4}$$

根据临界点处三个主曲率 $\lambda_1$，$\lambda_2$，$\lambda_3$ 的秩($\omega$)和正负符号($\sigma$)的不同，可对临界点进行分类。分类标准通常写成($\omega, \sigma$)形式，$\omega$ 为非零主曲率的个数，如 $\lambda_1\neq 0, \lambda_2\neq 0, \lambda_3=0$，则 $\omega=2$；$\sigma$ 为主曲率正负号个数之和，正号记为 1，负号为−1，如 $\lambda_1>0, \lambda_2>0, \lambda_3<0$，则 $\sigma=1+1-1=1$。如果某个临界点的 $\omega<3$，则物理上是不稳定的，原子核微小位移产生的扰动就足以让这个临界点消失，因此，$\omega<3$ 很少在平衡态体系的电子密度图中出现。这里我们只考虑 $\omega=3$ 的情况。根据 $\sigma$ 的不同，稳定的电子密度临界点可分为四种类型(表 3-1)。

表 3-1　稳定电子密度临界点的四种类型

| (ω, σ) | 主曲率特征 | 电子密度 ρ 的特征 | 对应的结构类型 | 临界点符号 |
|---|---|---|---|---|
| (3, −3) | 3 个负主曲率 | 局域极大值点 | 原子核临界点 | NCP(nuclear critical point) |
| (3, −1) | 2 个负主曲率 | 在两个主曲率轴确定的平面上是极大值，在垂直于该平面的第三根主轴方向是极小值 | 键临界点(第三根主轴与键方向平行) | BCP(bond critical point) |
| (3, +1) | 2 个正主曲率 | 在两个主曲率轴确定的平面上是极小值，在垂直于该平面的第三根主轴方向是极大值 | 环临界点(第三根主轴与环面垂直) | RCP(ring critical point) |
| (3, +3) | 3 个正主曲率 | 局域极小值点 | 笼临界点 | CCP(cage critical point) |

同一分子或晶体结构中可能存在不同类型的临界点，这些临界点的数目($n$)可构成一个特征集$\{n_{NCP}, n_{BCP}, n_{RCP}, n_{CCP}\}$，对于孤立的分子和无限扩展的结构满足不同的严格拓扑关系式，即：$n_{NCP}-n_{BCP}+n_{RCP}-n_{CCP}$ 对于孤立的分子为 1(Poincaré-Hopf 关系式)，对于无限扩展的晶体结构为 0(Morse 方程)。

在进行电子密度拓扑分析时，经常要通过计算搜索找出结构中的各种临界点。上述拓扑关系式是判断搜索到的临界点是否完整的一个依据，如果关系式不成立，说明搜索过程中漏掉了某些临界点或已找到的临界点有些是有问题的。如果关系式成立，并不能说明搜索到的临界点特征集一定是完整的，因为如果 $n_{NCP}$ 和 $n_{BCP}$ 同时多找了一个，或同时漏掉了一个，关系式也是成立的。$n_{RCP}$ 和 $n_{CCP}$ 也一样。但是，在实际电子结构分析中，上述拓扑关系式是一个特征集自洽和完整的一个有用证据。

几个原子形成一个环时，环中心经常会出现一个 RCP。但几个环围成一个封闭的空间时，CCP 就会出现。键路径(bond path)是有化学键相互作用的两个原子的原子核间电子密度最大值点形成的连线。分子拓扑图是临界点和键路径形成的集合。需要注意的是，这里的分子拓扑图不同于其他由原子和化学键(成键原子间直线连接的线段)所画的图，虽然看起来差不多，但两者有根本区别，前者是基于分子中电子密度拓扑特征的图，后者只是用于展示几何特征的分子模型图。

### 3.2.2　梯度矢量场与拓扑原子

电子密度图中，密度极大值的地方为原子核，以原子核为中心，可将整个电子密度图划分成一个个独立的属于某个特定原子的区域 $\Omega$，该区域称为拓扑原子或原子盆。在原子边界 $S(\Omega)$ 上的任意位置矢量 $\boldsymbol{r}$，其电荷密度梯度 $\nabla\rho(\boldsymbol{r})$ 满足条件：

$$\nabla\rho(\boldsymbol{r})\cdot\boldsymbol{n}(\boldsymbol{r})=0 \tag{3.5}$$

其中 $\boldsymbol{r}$ 为位置矢量，$\boldsymbol{n}(\boldsymbol{r})$ 为曲面 $S(\Omega)$ 的单位法向量。

根据上述定义，原子边界可认为是电子密度梯度矢量场的零流面，即没有任何密度梯度矢量相交。属于某个原子的梯度场线的一端都聚集到这个原子的原子核，就好像梯度场线被吸引到原子核上一样，因此原子核也称为核吸引子。与某个原子核相连的所有梯度场线覆盖的区域称为一个原子的盆。分子中的原子可定义为原子核与对应的盆的集合。每个原子盆被一个或多个零流面包围。零流面可能伸向无穷远处，但随着零流面远离原子核，零流面附近的电子密度会逐渐减小，一般以一个较小的电子密度值作为截止值，这样做就不至于出现一个拓扑原子的体积是无穷大的情况。

在一些金属和半导体材料的电子密度图中，除了原子核位置，其他地方也可能出现电子密度极大值，这些地方称为非核吸引子(non-nuclear attractors)。在电子密度拓扑分析角度上，非核吸引子与核吸引子是不可区分的。与核吸引子一样，非核吸引子也可关联一个盆，被电子密度梯度场线覆盖，并由零流面包围。在这个意义上，非核吸引子也被称为赝原子。赝原子可与其他原子或赝原子形成化学键，即共享同一个零流面，键临界点和键路径。非核吸引子及其盆在表征金属键上有重要意义，并受到理论学家的关注。

有那么一些梯度场线，从无穷远处出发，终止于键临界点。零流面是判断原子成键的一个特征指标，只可能出现在两个成键的原子之间。

### 3.2.3 键路径与分子拓扑图

原子之间除了零流面，还存在一个拓扑特征，原子间电子密度的最大值点可连接成一根曲线段，称为键路径。键路径是所有化学成键的一个通用指标，比如共价键、离子键、氢键、π-π 堆积、范德瓦耳斯作用等。键路径上沿键路径方向电子密度最小的那个点是键临界点，并且在这个点，键路径与成键原子共用的零流面相交。

把成键的原子通过键路径连接起来，形成的图称为分子的电子密度拓扑图，简称分子拓扑图，这与成键原子通过直线连接起来形成的分子几何图不同，分子拓扑图能唯一标识分子的电子密度拓扑特征，键路径上键临界点的位置能反映成键原子周围电子密度的变化。一个分子在光、电等外场作用下其电子密度较容易发生变化，而原子核位置却比较稳定，其分子拓扑图会有相应的改变，但分子几何图几乎一样。

分子中，每一处电子密度的不同会导致该处的静电势能密度也不同，电子密度越大的地方势能密度越负。分子的势能密度图中，成键原子间势能密度的最负的点可连接成一根曲线段，称为位力路径。把成键的原子通过位力路径连接起来，形成的图称为位力图。与分子拓扑图一样，位力图也能唯一标识分子的电子密度拓扑特征。

分子中的拓扑原子是指可形成化学键的，并且原子核之间通过单根键路径和位力路径连接，并且两个原子核共享一个临界点和一个原子间的零流面。分子的电子密度分成拓扑原子有个好处是可以将分子的性质划分成原子的贡献叠加。

### 3.2.4 拉普拉斯量

拉普拉斯量是电子密度对空间坐标的二阶导数，它的符号决定了分子中某个位置的电子密度相对其领域内的电子密度而言处于电子空乏或富集状态。当 $\nabla^2\rho(\boldsymbol{r})>0$ 时，$\boldsymbol{r}$ 处的电子密度比周围的平均电子密度小，即 $\boldsymbol{r}$ 处的局域范围是一个电子空乏区；反之，当 $\nabla^2\rho(\boldsymbol{r})<0$ 时，$\boldsymbol{r}$ 处的电子密度比周围的平均电子密度大，即 $\boldsymbol{r}$ 处的局域范围是一个电子富集区；根据路易斯的酸碱电子理论：凡能接受电子对的物质(分子、离子或原子团)都称为酸，凡能给出电子对的物质(分子、离子或原子团)都称为碱。电子富集区表现为路易斯碱(电子供体)，电子空乏区表现为路易斯酸(电子受体)。

拉普拉斯量能展示孤立原子上的电子密度的壳层结构，原子外层有个价层电子富集区(valence shell charge concentration，VSCC)。当形成化学键时，VSCC 的球对称性将会被打破。化学反应对应于路易斯碱的 VSCC 电子云和路易斯酸电子空乏区的结合。

形成共价键时，键电荷富集在两个原子之间。除了键电荷，孤对电子也对应非成键的电荷富集区。这些说明电子密度的拉普拉斯量与局域电子有对应关系。

### 3.2.5 拓扑化学键性质

从无穷远处出发并终止于键临界点上的梯度迹线确定了零流面 $\nabla\rho(\boldsymbol{r})=0$。成键的两个原子之间都有一个 BCP，即这两个原子由一根键路径连接并共享原子间的零流面。除了终止于 BCP 和用于定义原子分界面的那些迹线之外，还有一对从 BCP 出发的迹线分别指向成键的两个原子，这对迹线定义了键路径。化学键性质就是通过 BCP 处电子密度和能量密度来定义和分类的。

#### 3.2.5.1 键临界点上的电子密度

键级(bond order, BO)可以用来衡量化学键的强度，它是 BCP 点电子密度($\rho_\mathrm{b}$)的函数，定义为 $\mathrm{BO}=\exp\left[\mathrm{A}\left(\rho_\mathrm{b}-\mathrm{B}\right)\right]$，其中 A，B 是与成键原子有关的常数。一般来讲，对于电子共享成键(如共价键)，$\rho_\mathrm{b}>0.2\ \mathrm{a.u.}$；对于闭壳层相互作用(如离

子键、范德瓦耳斯力、氢键、双氢键、H—H 键等)，$\rho_b < 0.1$ a.u.。$\rho_b$ 已经被证实在一些类型的化学键中与键长和键结合能有关。

#### 3.2.5.2 键半径与键路径长度

若原子 A 与 B 成键，且存在 BCP，从 A 到 BCP 的长度称为 A 原子的键半径 $r_b(A)$。如果键路径刚好与 A—B 键轴重合，则 A，B 原子的键半径之和就等于键长。但是，很多情况下，键路径是弯曲的，或者说产生了化学应变，键路径长度就会超过键长。

#### 3.2.5.3 BCP 电子密度的拉普拉斯量

BCP 处的拉普拉斯量 $\nabla^2\rho_b$ 是临界点处三个主轴方向电子密度曲率之和，垂直于键路径的两个方向的曲率 $\lambda_1$ 和 $\lambda_2$ 为负(通常规定 $|\lambda_1|>|\lambda_2|$)，第三个曲率 $\lambda_3$ 沿着键路径方向，且为正，即 $\lambda_3>0$。负曲率($\lambda_1$ 和 $\lambda_2$)描绘了电子密度在键路径上的聚集程度，正曲率($\lambda_3$)描绘了电子密度在两原子界面处的空乏和分别在两原子盆区的聚集程度。在共价键中两个负的曲率占主导，因此，$\nabla^2\rho_b<0$，比如对于典型的 C—H 键；$\nabla^2\rho_b=-1.1$。与之相反的是，对于闭壳层成键，如离子键、氢键或范德瓦耳斯相互作用，原子键相互作用主要表现为两原子接触区域的电子密度空乏，因此 $\nabla^2\rho_b>0$。如 N — (H···O) ═ C 氢键，$\nabla^2\rho_b=+0.03$ a.u.。在强的极性键(如 C—X，X=O，N，F)中，与电子共享化学键类似，两原子之间的电子密度有明显的聚集，但是这类键的拉普拉斯量可正可负。

#### 3.2.5.4 椭圆率

椭圆率($\varepsilon$)描绘了电子密度在包含键路径平面内的择优聚集的程度，椭圆率定义为：

$$\varepsilon=\frac{\lambda_1}{\lambda_2}-1 \qquad (|\lambda_1|\geqslant|\lambda_2|) \tag{3.6}$$

如果 $\lambda_1=\lambda_2$，则 $\varepsilon=0$，这种情况下键是轴对称的，如乙烷中的 C—C 单键和乙炔中的 C≡C 三键。因此，椭圆率可衡量化学键 π 成键行为的程度，对于双键，椭圆率达到最大值。从双键到三键，椭圆率随键级的变化趋势反过来，即随键级的增加椭圆率降低，因为在 BO=3 时，键又重新具有轴对称性(两个垂直平面内的π键和一个轴对称的σ键)。苯中芳香键的椭圆率计算值为 0.23，乙烯中的 C═C 双键的椭圆率计算值为 0.45。

### 3.2.5.5　键临界点的能量密度

计算能量密度需要单电子密度矩阵的全部信息，不仅仅只是对角元的电子密度。能量密度包括势能、动能和总能，这些能量指标可用于描绘化学键的力学性质。势能密度$V(\boldsymbol{r})$，也就是位力场，即多粒子系统中在$\boldsymbol{r}$处一个电子感受到的平均有效势场。空间中任何一点的位力场总是负的，在全空间的积分即为分子的总势能。位力定理的局域化表述描述了位力场、动能密度与拉普拉斯量的关系：

$$\left(\frac{\hbar^2}{4m}\right)\nabla^2\rho(\boldsymbol{r}) = 2G(\boldsymbol{r}) + \mathcal{V}(\boldsymbol{r}) \tag{3.7}$$

其中：

$$G(\boldsymbol{r}) = \frac{\hbar^2}{2m}N\int \mathrm{d}\tau'\ \nabla\Psi^* \cdot \nabla\Psi \tag{3.8}$$

其中$G(\boldsymbol{r})$是梯度动能密度，$\Psi$是反对称多电子波函数。由于$G(\boldsymbol{r})>0$和$\mathcal{V}(\boldsymbol{r})<0$总成立，将局域位力定理应用在 BCP，这样局域势能的降低会导致$\nabla^2\rho_\mathrm{b}<0$，相反，局域动能的增加会导致$\nabla^2\rho_\mathrm{b}>0$。Abramov 提供了一个直接根据电子密度$\rho(\boldsymbol{r})$计算$G(\boldsymbol{r})$的近似表达式(单位：a.u.)[6]：

$$G(\boldsymbol{r}) = \frac{3}{10}(3\pi^2)^{2/3}\rho(\boldsymbol{r})^{5/3} + \frac{1}{6}\nabla^2\rho(\boldsymbol{r}) \tag{3.9}$$

为了让动能密度和势能密度在同样的尺度上进行对比，不同于势能与动能的位力比 2∶1，Cremer 和 Kraka 将 BCP 处电子总电子能量密度($H_\mathrm{b}$)定义为[7]：

$$H_\mathrm{b} = G_\mathrm{b} + \mathcal{V}_\mathrm{b} \tag{3.10}$$

$H_\mathrm{b}$在全空间中的积分为电子总能。对于共享电子成键，$H_\mathrm{b}$为负，它的幅度反映了相互作用的共价性。

根据 BCP 处的电子密度$\rho_\mathrm{b}$，拉普拉斯量$\nabla^2\rho_\mathrm{b}$，垂直于键路径方向的最大负电子密度曲率与沿着键路径方向的电子密度曲率之比$|\lambda_1|/\lambda_3$，总电子能量密度$H_\mathrm{b}$，动能密度与电子密度之比$G_\mathrm{b}/\rho_\mathrm{b}$可将化学键相互作用整体上分成闭壳层相互作用(closed-shell atomic interactions，如离子键)，共享相互作用(shared interactions，如共价键)以及过渡相互作用(intermediated interactions)，它们分别具有如下特征[8]：

闭壳层相互作用：$\rho_\mathrm{b}<0.3\ \mathrm{e\ Å^{-1}}$；$\nabla^2\rho_\mathrm{b}>0$，$|\lambda_1|/\lambda_3<0.25$；$H_\mathrm{b}>0$和$G_\mathrm{b}/\rho_\mathrm{b}>1$；

共享相互作用：$\rho_\mathrm{b}>1.0\ \mathrm{eÅ^{-1}}$；$\nabla^2\rho_\mathrm{b}<0$，$|\lambda_1|/\lambda_3>1$；$H_\mathrm{b}<0$和$G_\mathrm{b}/\rho_\mathrm{b}<1$；

过渡相互作用：$0.3<\rho_\mathrm{b}<1.0\ \mathrm{eÅ^{-1}}$；$\nabla^2\rho_\mathrm{b}>0$，$|\lambda_1|/\lambda_3>0.2$；$H_\mathrm{b}<0$和

$G_b / \rho_b > 1$。

实际上，材料或化合物中的化学键类型是多样的，而且不同化学键类型之间的过渡也很平缓，很难通过化学键拓扑特征进行统一划分，相关讨论可参考文献[9]。

#### 3.2.5.6 离域指数与键级

两个原子间共享的电子对的数目通常称为键级。QTAIM 提供了一种计算共享电子对数目的计算方法，即通过对两个原子盆区交换密度的积分获得。原则上这个性质也可以归为“拓扑原子性质”。$A$ 原子盆区电子与 $B$ 盆区电子的交换幅度称为两原子的离域指数 $\delta(A, B)$，对于闭壳层系统可定义为：

$$\delta(A, B) = 2\left|F^{\alpha}(A, B)\right| + 2\left|F^{\beta}(A, B)\right| \tag{3.11}$$

其中费米关联 $F^{\sigma}(A, B)$ 定义为：

$$\begin{aligned} F^{\sigma}(A, B) &= -\sum_i \sum_j \int_A \mathrm{d}\boldsymbol{r}_1 \int_B \mathrm{d}\boldsymbol{r}_2 \left\{\phi_i^*(\boldsymbol{r}_1)\phi_j(\boldsymbol{r}_1)\phi_j^*(\boldsymbol{r}_2)\phi_i(\boldsymbol{r}_2)\right\} \\ &= -\sum_i \sum_j S_{ij}(A) S_{ji}(B) \end{aligned} \tag{3.12}$$

其中 $S_{ij}(\Omega) = S_{ji}(\Omega)$ 是两个自旋轨道在 $\Omega$ 区域的重叠积分，$\sigma$ 表示自旋 $\alpha$ 或 $\beta$。

如果方程(3.12)的积分只在 $A$ 原子盆区进行，这将得到 $A$ 区域电子的总费米关联：

$$F^{\sigma}(A, A) = \int_A \mathrm{d}\boldsymbol{r}_1 \int_A \mathrm{d}\boldsymbol{r}_2 \rho^{\sigma}(\boldsymbol{r}_1) h^{\sigma}(\boldsymbol{r}_1, \boldsymbol{r}_2) \tag{3.13}$$

其极限值是负的 $A$ 原子 $\sigma$ 自旋电荷 $-N^{\sigma}(A)$，即这么多数目的 $\sigma$ 电子完全局域在这个原子，因为所有其他的 $\sigma$ 自旋电子都排斥在 $A$ 之外。换句话说，如果达到了这个极限值，$A$ 中的所有电子将不与 $A$ 外的电子产生交换作用。所以局域指数 $\lambda(A)$ 定义为：

$$\lambda(A, A) = \left|F^{\alpha}(A, A)\right| + \left|F^{\beta}(A, A)\right| \tag{3.14}$$

在离子性系统中，总局域性的极限可以达到 $\geqslant 95\%$。可以发现 $\left|F^{\alpha}(A, A)\right| < N^{\sigma}(A)$ 显示了 $A$ 区域中的电子经常在一定程度上与 $A$ 原子边界外的电子发生交换，即它们是离域化的。

由于 Fermi 关联考虑了所有电子，局域指数与离域指数的一半就是分子的总电子数。这也提供了一种计算局域在原子盆区和离域在原子盆区之间的电子数的方法：

$$N(A)=\lambda(A)+\frac{1}{2}\sum_{B\neq A}\delta(A,B) \tag{3.15}$$

值得一提的是，不管是成键原子间，还是非成键原子间，都可以计算离域指数。对于成键原子，离域指数可用于衡量这两原子间共享的电子对数(键级)。由于 $\rho_b$ 与键级密切相关，Matta 等人在两者之间建立了一个校准关系式[10]：

$$\delta(A,B)=\exp\left[A(\rho_b-B)\right] \tag{3.16}$$

方程(3.16)可用于根据理论计算的离域指数来校准实验 $\rho_b$。拟合出的方程可用于估算隐含在全密度矩阵中的电子共享信息。而这无法从常规 X 射线衍实验获得的 $\rho_b$ 中得到。

### 3.2.6 拓扑原子性质

作用在一个原子盆区 $\Omega$ 的性质算符 $O(\Omega)$ 的平均值可表示为：

$$O(\Omega)=\langle\hat{O}\rangle_{\Omega}=\frac{N}{2}\int_{\Omega}\mathrm{d}\boldsymbol{r}\int\mathrm{d}\tau'\left[\Psi^{*}\hat{O}\ \Psi+\left(\hat{O}\Psi\right)^{*}\Psi\right] \tag{3.17}$$

这里 $\hat{O}$ 是一个单电子算符或一些单电子算符之和。

#### 3.2.6.1 原子电荷

分子中一个原子的总电子数可通过设置方程(3.17)中 $\hat{O}=1$ 计算得到：

$$N(\Omega)=\int_{\Omega}\rho(\boldsymbol{r})\,\mathrm{d}\boldsymbol{r} \tag{3.18}$$

电子数也可通过 $\alpha$ 和 $\beta$ 自旋子系统中电子数期望值之和求得：

$$N(\Omega)=\sum_{i}\left[\langle\psi_i(\boldsymbol{r})|\psi_i(\boldsymbol{r})\rangle_{\Omega}^{\alpha}+\langle\psi_i(\boldsymbol{r})|\psi_i(\boldsymbol{r})\rangle_{\Omega}^{\beta}\right] \tag{3.19}$$

其中：

$$\langle\psi_i(\boldsymbol{r})|\psi_i(\boldsymbol{r})\rangle_{\Omega}^{\sigma}=\int_{\Omega}\psi_i^{\sigma*}(\boldsymbol{r})\psi_i^{\sigma}(\boldsymbol{r})\mathrm{d}\boldsymbol{r}\equiv S_{ii}^{\sigma}(\Omega) \tag{3.20}$$

$\sigma$ 指的是 $\alpha$ 或 $\beta$ 自旋，$S_{ii}^{\sigma}(\Omega)$ 是原子重叠矩阵的第 $i$ 个对角元。
将原子的电子数减去核电荷数 $Z_{\Omega}$，即可得到原子电荷 $q(\Omega)$：

$$q(\Omega)=Z_{\Omega}-N(\Omega) \tag{3.21}$$

#### 3.2.6.2 原子体积

原子体积是分子中原子周围的零流面和分子外部一个很低的等密度面(如果

原子盆区延伸至无穷远处)包围区域的体积。原则上一个分子延伸至无穷远处，实际上常使用 $\rho(\boldsymbol{r})=0.001$ a.u. 的等密度面作为原子的边界，这个等密度面很好地包含了气体分子的实验范德瓦耳斯体积和分子中大于 99%的电子布居。

3.2.6.3 原子动能

动能算符至少有两个形式，分别用来计算原子两种平均原子动能，一种是薛定谔动能：

$$K(\Omega)=-\frac{\hbar^2}{4m}N\int_{\Omega}\mathrm{d}\boldsymbol{r}\int\mathrm{d}\tau'\left[\Psi\nabla^2\Psi^*+\Psi^*\nabla^2\Psi\right] \tag{3.22}$$

另一种是梯度动能：

$$G(\Omega)=\frac{\hbar^2}{2m}N\int_{\Omega}\mathrm{d}\boldsymbol{r}\int\mathrm{d}\tau'\nabla_i\Psi^*\cdot\nabla_i\Psi \tag{3.23}$$

这里的 $\tau'$ 包含空间和自旋坐标。

对于一个全系统或被合适定义的系统，式(3.22)和式(3.23)得到的动能值相同，即 $K(\Omega)=G(\Omega)=T(\Omega)$。但是分子中一个特定原子的 $K(\Omega)$ 和 $G(\Omega)$ 可能不同，之间存在一个小的但不为 0 的误差，这是数值积分精度导致的，而拉普拉斯量可作为原子积分精度的一个判据。

3.2.6.4 拉普拉斯量

拉普拉斯量量纲为电子数×(长度)$^{-5}$。由于零流面边界条件，原子拉普拉斯量为电子密度拉普拉斯量在一个原子盆区的积分，一般为 0，这从如下推导可看出：

$$\begin{aligned}L(\Omega)&=K(\Omega)-G(\Omega)\\&=-\frac{\hbar^2}{4m}\int_{\Omega}\mathrm{d}\boldsymbol{r}\left[\nabla^2\rho(\boldsymbol{r})\right]\\&=-\frac{\hbar^2}{4m}\int_{\Omega}\mathrm{d}S(\Omega,\boldsymbol{r})\nabla\rho(\boldsymbol{r})\cdot\boldsymbol{n}(\boldsymbol{r})=0\end{aligned} \tag{3.24}$$

上式仅适用于一个全系统或者被零流面包围的系统。

拉普拉斯量接近 0 的程度经常被看成是原子数字积分的准确性指标，与 0 的偏差即积分误差。$L(\Omega)\leqslant$ ca. $1.0\times10^{-3}$ a.u. 对于周期表上第二和第三行原子，以及 $L(\Omega)\leqslant$ ca. $1.0\times10^{-4}$ a.u. 对于氢原子是可接受的。

#### 3.2.6.5　原子总能

将一个分子的总能划分成一个个原子能量之和并不是一个简单的问题，但已经被 Bader 解决。动能密度可以写成：

$$K(\boldsymbol{r})=-\frac{\hbar^2}{4m}N\int \mathrm{d}\tau'\left[\Psi\nabla^2\Psi^*+\Psi^*\nabla^2\Psi\right] \tag{3.25}$$

与方程(3.8)比较可得：

$$K(\boldsymbol{r})=G(\boldsymbol{r})-\frac{\hbar^2}{4m}\nabla^2\rho(\boldsymbol{r}) \tag{3.26}$$

将上式在$\omega$体积内进行积分，得到的$K(\boldsymbol{r})$和$G(\boldsymbol{r})$的值往往会不同，原因是拉普拉斯量在$\omega$体积内的积分不总是为 0。动能只有当拉普拉斯量的积分为 0 时才能很好地定义，即这个积分是在整个系统或被零流面包围的原子盆区进行。方程(3.26)在$\omega$上的积分可获得：

$$K(\omega)=G(\omega)-\frac{\hbar^2}{4m}N\int_{\omega}\mathrm{d}\boldsymbol{r}\ \nabla\cdot\nabla\rho \tag{3.27}$$

根据高斯散度定理(物理量在控制面上的面积分，等于该物理量的散度在控制面围成的控制体积内的体积分，即$\iint_S \rho\boldsymbol{v}\cdot\hat{\boldsymbol{n}}\,\mathrm{d}S=\iiint_V \nabla\cdot(\rho\boldsymbol{v})\mathrm{d}V$)，方程(3.27)可转换成一个面积分：

$$K(\omega)=G(\omega)-\frac{\hbar^2}{4m}N\int_{\omega}\mathrm{d}S(\omega,\boldsymbol{r})\nabla\rho\cdot\boldsymbol{n}(\boldsymbol{r}) \tag{3.28}$$

很显然，上式右边第二项只有在被零流面包围的系统或整个无限空间系统(拉普拉斯量在整个系统无限空间的积分 0)才为 0。因此整个系统或者合适的子系统中动能才有确定的值，在这样的系统中，有$K(\Omega)=G(\Omega)=T(\Omega)$。由于在$\Omega$空间拉普拉斯量的积分为 0，方程(3.7)的位力定理应用在单个原子上，于是有原子位力定理：

$$-2T(\Omega)=\mathcal{V}(\Omega) \tag{3.29}$$

其中$\mathcal{V}(\Omega)$是原子位力。

原子的电子能量可表示成：

$$E_{\mathrm{e}}(\Omega)=T(\Omega)+\mathcal{V}(\Omega) \tag{3.30}$$

对于处于平衡态的系统，没有 Hellmann-Feynman 力在核上，因此位力为分子的平均势能，即$\mathcal{V}=V$，在这个条件下，方程(3.29)变成了：

$$-2T(\Omega)=V(\Omega) \tag{3.31}$$

其中$V(\Omega)$是原子$\Omega$的势能，方程(3.30)变成：

$$E(\Omega)=E_{\mathrm{e}}(\Omega)=T(\Omega)+V(\Omega)=-T(\Omega)=\frac{1}{2}V(\Omega) \tag{3.32}$$

这里$E(\Omega)$是原子$\Omega$的总能。因此平衡态分子中一个原子的总能可以通过位力定理在原子上的应用获得，各个原子能量之和自然就是整个分子的能量，原子能量的可加性可以表述成：

$$E_{\mathrm{total}}=\sum_{\Omega}E(\Omega) \tag{3.33}$$

分别计算原子能量，然后相加获得分子的能量，这个与直接计算整个分子的能量相比，往往会有差别，一般如果不超过 1 kcal/mol，就认为积分计算是准确的。

上述讨论基于一个假设，就是计算的分子波函数严格符合位力定理，即分子位力比$-V/T=2$严格成立。在实际应用过程中，真实值往往会与这个值有小的偏离。可能的原因有基组的截断效应，核上的残余力，有限的收敛精度等。

#### 3.2.6.6 原子偶极矩

原子偶极矩也称为第一原子静电矩(first atomic electrostatic moment)，原子偶极矩是电子位置矢量在原子空间的平均值，它是一个三维矢量，定义为：

$$\boldsymbol{\mu}(\Omega)=\begin{pmatrix}\mu_x\\ \mu_y\\ \mu_z\end{pmatrix}=\begin{pmatrix}-e\int_{\Omega}x\rho(\boldsymbol{r})\mathrm{d}\boldsymbol{r}\\ -e\int_{\Omega}y\rho(\boldsymbol{r})\mathrm{d}\boldsymbol{r}\\ -e\int_{\Omega}z\rho(\boldsymbol{r})\mathrm{d}\boldsymbol{r}\end{pmatrix}\equiv-e\int_{\Omega}\boldsymbol{r}_{\Omega}\rho(\boldsymbol{r})\mathrm{d}\boldsymbol{r} \tag{3.34}$$

$$|\boldsymbol{\mu}(\Omega)|=\sqrt{{\mu_x}^2+{\mu_y}^2+{\mu_z}^2} \tag{3.35}$$

其中$|\boldsymbol{\mu}(\Omega)|$是偶极矩的模，矢量$\boldsymbol{r}_{\Omega}$的原点在原子$\Omega$的核位置，即$\boldsymbol{r}_{\Omega}=\boldsymbol{r}-\boldsymbol{R}_{\Omega}$，$\boldsymbol{r}$为电子坐标，$\boldsymbol{R}_{\Omega}$是原子$\Omega$的核坐标。第一静电矩描述了电荷密度的可极化性，也就是偏离球对称性。

#### 3.2.6.7 原子四极矩

原子四极矩张量也称为第二原子静电矩(second atomic electrostatic moment)，它是一个无迹(主对角线之和为 0)对称张量，定义为：

$$
\boldsymbol{Q}(\Omega)=\begin{pmatrix} Q_{xx} & Q_{xy} & Q_{xz} \\ Q_{yx} & Q_{yy} & Q_{yz} \\ Q_{zx} & Q_{zy} & Q_{zz} \end{pmatrix}
$$

$$
=-\frac{e}{2}\begin{pmatrix} \int_{\Omega}\left(3x_{\Omega}^{2}-r_{\Omega}^{2}\right)\rho(\boldsymbol{r})\mathrm{d}\boldsymbol{r} & 3\int_{\Omega}x_{\Omega}y_{\Omega}\rho(\boldsymbol{r})\mathrm{d}\boldsymbol{r} & 3\int_{\Omega}x_{\Omega}z_{\Omega}\rho(\boldsymbol{r})\mathrm{d}\boldsymbol{r} \\ 3\int_{\Omega}y_{\Omega}x_{\Omega}\rho(\boldsymbol{r})\mathrm{d}\boldsymbol{r} & \int_{\Omega}\left(3y_{\Omega}^{2}-r_{\Omega}^{2}\right)\rho(\boldsymbol{r})\mathrm{d}\boldsymbol{r} & \int_{\Omega}y_{\Omega}z_{\Omega}\rho(\boldsymbol{r})\mathrm{d}\boldsymbol{r} \\ 3\int_{\Omega}z_{\Omega}x_{\Omega}\rho(\boldsymbol{r})\mathrm{d}\boldsymbol{r} & \int_{\Omega}z_{\Omega}y_{\Omega}\rho(\boldsymbol{r})\mathrm{d}\boldsymbol{r} & \int_{\Omega}\left(3z_{\Omega}^{2}-r_{\Omega}^{2}\right)\rho(\boldsymbol{r})\mathrm{d}\boldsymbol{r} \end{pmatrix}
\tag{3.36}
$$

与原子偶极矩一样，原子四极矩的原点也在原子核上。如果原子的电子密度存在球对称性，则 $\int_{\Omega}x_{\Omega}^{2}\rho(\boldsymbol{r})\mathrm{d}\boldsymbol{r}=\int_{\Omega}y_{\Omega}^{2}\rho(\boldsymbol{r})\mathrm{d}\boldsymbol{r}=\int_{\Omega}z_{\Omega}^{2}\rho(\boldsymbol{r})\mathrm{d}\boldsymbol{r}=\frac{1}{3}\int_{\Omega}\boldsymbol{r}_{\Omega}^{2}\rho(\boldsymbol{r})\mathrm{d}\boldsymbol{r}$，并且 $Q_{xx}=Q_{yy}=Q_{zz}=0$。因此，四极矩也是另一种描述原子电子密度偏离球对称性的量。比如，如果对角元小于 0，则电子密度沿轴向聚集。通过对原始坐标系进行旋转，总可以找到一个合适的坐标系，使四极矩张量 $\boldsymbol{Q}(\Omega)$ 对角化成一个对角矩阵 $\mathbb{Q}(\Omega)$：

$$
\mathbb{Q}(\Omega)=\begin{pmatrix} \mathbb{Q}_{x'x'} & 0 & 0 \\ 0 & \mathbb{Q}_{y'y'} & 0 \\ 0 & 0 & \mathbb{Q}_{z'z'} \end{pmatrix}
\tag{3.37}
$$

其中 $\mathbb{Q}_{x'x'}$，$\mathbb{Q}_{y'y'}$ 和 $\mathbb{Q}_{z'z'}$ 是四极矩的主值，分别对应 $x'$，$y'$ 和 $z'$ 三根主轴，如果电子密度分布存在对称轴的话，主轴也是对称轴。

方程(3.36)张量或其对角化张量的无迹性质是由于 $\boldsymbol{r}_{\Omega}^{2}=x_{\Omega}^{2}+y_{\Omega}^{2}+z_{\Omega}^{2}$ 在任何坐标系中都成立，因此 $Q_{xx}+Q_{yy}+Q_{zz}=\mathbb{Q}_{xx}+\mathbb{Q}_{yy}+\mathbb{Q}_{zz}=0$。在原始坐标系统下，$\boldsymbol{Q}(\Omega)$ 只存在 5 个独立的矩阵元，其对角化矩阵 $\mathbb{Q}(\Omega)$ 中只存在两个独立的矩阵元。四极矩的模可定义为：

$$
|\boldsymbol{Q}|=\sqrt{\frac{2}{3}(Q_{xx}^{2}+Q_{yy}^{2}+Q_{zz}^{2})}=\sqrt{\frac{2}{3}(\mathbb{Q}_{xx}^{2}+\mathbb{Q}_{yy}^{2}+\mathbb{Q}_{zz}^{2})}
\tag{3.38}
$$

#### 3.2.6.8　原子信息熵

坐标空间电子密度 $\rho(\boldsymbol{r})$ 的香农信息熵(Shannon information entropy) $S_{r}$ 定

义为[11]：

$$S_r = -\int \rho(\boldsymbol{r}) \ln \rho(\boldsymbol{r}) \mathrm{d}\boldsymbol{r} \tag{3.39}$$

相应地，动量空间中电子密度的信息熵 $S_p$ 可定义为：

$$S_p = -\int \gamma(\boldsymbol{p}) \ln \gamma(\boldsymbol{p}) \mathrm{d}\boldsymbol{p} \tag{3.40}$$

其中 $\gamma(\boldsymbol{p})$ 为动量密度，将 $S_r$ 或 $S_p$ 的积分在原子盆区进行即可获得原子信息熵，这度量了坐标或动量空间中原子盆区电子密度分布信息的不确定度。一个局域的电子密度分布意味着一个小的信息熵。根据海森堡不确定性原理，坐标空间中电子密度的比较局域的分布对应动量空间中电子密度的比较离域的分布。

## 3.3 化学相互作用分析

### 3.3.1 源函数

Bader 和 Gatti 最早提出源函数(source function)概念[12]，源函数可将分子中任意一点的电子密度等价地表示成各个原子贡献之和。据此我们可以想象，分子中一个原子的电子密度不仅仅取决于这个原子本身,也取决于该分子中的其他原子。因此源函数可用于分析一些典型位置(如键临界点)的电子密度性质。分析键路径上的每个点对键临界点的源函数贡献，可看出哪些地方对键临界点电荷的聚集或消散起作用。源函数的局域形式(局域源)可进一步表示成电子动能密度和势能密度的贡献之和，从而揭示键相互作用的指纹信息。源函数对于研究一些功能基团的可移植性很有帮助，比如碳氢链端基 C—H 键的键临界点的特征电子密度要求碳氢链上的其他原子的贡献保持常数，而与该碳氢链的长度无关。另外，源函数也可用于对氢键进行分类。

Bader 和 Gatti 指出，对于一个边界在无穷远处的封闭系统，原子盆区 $\Omega$ 中任意一点 $\boldsymbol{r}$ 处的电子密度可表示成：

$$\rho(\boldsymbol{r}) = \int \mathrm{LS}(\boldsymbol{r},\boldsymbol{r}')\mathrm{d}\boldsymbol{r}' = \int_{\Omega} \mathrm{LS}(\boldsymbol{r},\boldsymbol{r}')\mathrm{d}\boldsymbol{r}' + \sum_{\Omega' \neq \Omega} \int_{\Omega'} \mathrm{LS}(\boldsymbol{r},\boldsymbol{r}')\mathrm{d}\boldsymbol{r}' \tag{3.41}$$

方程右边是对 $\boldsymbol{r}$ 处电子密度有贡献的局域源 $\mathrm{LS}(\boldsymbol{r},\boldsymbol{r}')$ 在全空间的积分，可以分解为盆区 $\Omega$ 和系统中其他盆区 $\Omega'$ 的贡献之和。局域源可定义为：

$$\mathrm{LS}(\boldsymbol{r},\boldsymbol{r}') = -(1/4\pi)\nabla^2 \rho(\boldsymbol{r}') / |\boldsymbol{r}-\boldsymbol{r}'| \tag{3.42}$$

其中格林函数 $(4\pi|\boldsymbol{r}-\boldsymbol{r}'|)^{-1}$ 可看成是源 $\nabla^2\rho(\boldsymbol{r}')$ 对 $\rho(\boldsymbol{r})$ 的影响函数(influence function)，拉普拉斯量 $\nabla^2\rho(\boldsymbol{r}')$ 的影响与源 $\boldsymbol{r}'$ 和 $\boldsymbol{r}$ 之间的距离有关。将局域源在盆

区 $\Omega$ 的积分定义为源函数 $S(\boldsymbol{r},\Omega)$，即：

$$\int_{\Omega} \mathrm{LS}(\boldsymbol{r},\boldsymbol{r}')\mathrm{d}\boldsymbol{r}' \equiv S(\boldsymbol{r},\Omega) \tag{3.43}$$

于是，一个原子内 $\boldsymbol{r}$ 处的电子密度可写成是这个原子的源函数和系统中其他原子的源函数之和：

$$\rho(\boldsymbol{r}) = S(\boldsymbol{r},\Omega) + \sum_{\Omega'\neq\Omega} S(\boldsymbol{r},\Omega') \tag{3.44}$$

因此，源函数可描述一个原子或系统中其他原子对任意点电子密度的重要程度。

另外，拉普拉斯量也出现在位力定理的局域表达式中：

$$\nabla^2\rho(\boldsymbol{r}) = (4m/\hbar^2)[2G(\boldsymbol{r}) + V(\boldsymbol{r})] \tag{3.45}$$

因此，局域源与电子动能密度 $G$ 和电子势能密度 $V$(或称位力)有关，局域源也可写成：

$$\mathrm{LS}(\boldsymbol{r},\boldsymbol{r}') = -(m/\pi\hbar^2)[2G(\boldsymbol{r}) + V(\boldsymbol{r})]/|\boldsymbol{r}-\boldsymbol{r}'| \tag{3.46}$$

因此，可将局域源表示成局域电子动能贡献 LG 和局域电子动能贡献 LV 之和：

$$\begin{aligned} \mathrm{LS}(\boldsymbol{r},\boldsymbol{r}') &= \mathrm{LG}(\boldsymbol{r},\boldsymbol{r}') + \mathrm{LV}(\boldsymbol{r},\boldsymbol{r}') \\ \mathrm{LG}(\boldsymbol{r},\boldsymbol{r}') &= -(m/\pi\hbar^2)2G(\boldsymbol{r})/|\boldsymbol{r}-\boldsymbol{r}'| \\ \mathrm{LV}(\boldsymbol{r},\boldsymbol{r}') &= -(m/\pi\hbar^2)2V(\boldsymbol{r})/|\boldsymbol{r}-\boldsymbol{r}'| \end{aligned} \tag{3.47}$$

由于 $G$ 总是正值，LG 对 $\boldsymbol{r}$ 处电子密度的贡献总为负；与之相反，由于 $V$ 总是负值，LV 对 $\boldsymbol{r}$ 处电子密度的贡献总为正。因此系统中电子聚集区 $\left(\nabla^2\rho(\boldsymbol{r})<0\right)$，也就是电子势能占主导的地方是 $\boldsymbol{r}'$ 处电子密度的源区，与之相反，系统中电子空乏区 $\left(\nabla^2\rho(\boldsymbol{r})<0\right)$，也就是电子动能占主导的地方是 $\boldsymbol{r}'$ 处电子密度的消散区[13]。

### 3.3.2　电子局域函数

电子局域函数(electron localization function，ELF)最早由 Becke 和 Edgecombe 提出[14]，在化学键分析方面有广泛应用[15]。费米洞是理解电子局域化行为的一个关键概念，它是泡利排斥原理的必然结果。很显然，假定电子之间只存在库仑排斥作用，则任意一对电子不可能同时出现在一个确定的空间区域中。我们可以这样理解电子的局域化行为，电子对的局域化意味着有较高的概率发现在一个确定的区域内同时存在两个相反自旋的电子，并且这对电子与该区域外的电子发生交换的概率是比较低的。空间中的一个电子，它的运动与其相应的费米洞的运动是联系在一起的。对于一个确定位置的电子，与之对应的费米洞是一个分布函数，可以用来描述在空间中一个位置找到另一个相同自旋电子的概率的降低程度，这种概率的降低程度是由于泡利排斥原理导致的。费米洞依赖于关联电子的位置$\boldsymbol{r}_1$和另外一个电子的位置$\boldsymbol{r}_2$，对于一个给定的自旋，费米洞的对角量$(\boldsymbol{r}_1=\boldsymbol{r}_2)$应该等于这个位置给定自旋的总密度，也就是说，这个位置找到另一个相同自旋的电子的概率为 0。对于一个固定在位置$\boldsymbol{r}_1$的参考电子，费米洞在$\boldsymbol{r}_2$上的积分即为排斥的另一个同自旋电子。因此费米洞描述了电子的反局域化行为，电子只能在对应的费米洞附近运动，也就是说，费米洞在哪里，电子就被局域在哪里。比如，原子核附近的一个确定自旋的电子，原子核对这个电子有很强的吸引势，电子很难越过这个势垒出去，它的费米洞就强烈地局域在这个区域。假定费米洞所在区域的任何地方其值都达到了最大值，即给定自旋的总密度，那么同样自旋的电子就完全排斥在这个区域之外。另一自旋的电子如果恰好在这个区域，也会有同样的结果。因此，不同自旋的电子对被限制在这样一个特别的区域中运动，而其他电子，不管其自旋如何，都会被排斥在外。由于电子间的库仑排斥作用与这种效应刚好相反，因此电子的局域化程度不可能达到最高。值得一提的是，费米洞效应不是在不同自旋的电子之间产生一种吸引力，而是在电子对与其他电子之间产生一个额外的附加排斥力[16]。一般而言，这种说法对于内层 $1s^2$ 电子对而言是合适的，对于任何系统的芯层电子也可以这样认为。

在电子关联效应的研究中，很早就有人注意到由于泡利排斥原理，同自旋电子的运动比反自旋电子的运动表现得更加强烈地关联在一起。因此，分别研究同自旋和反自旋的电子对密度也许更方便一些。电子对密度$\rho_2^{\sigma\sigma'}(\boldsymbol{r}_1,\boldsymbol{r}_2)$给出了在$\boldsymbol{r}_1$处发现一个$\sigma$自旋的电子，并同时在$\boldsymbol{r}_2$处发现另一个$\sigma'$自旋的电子的概率。由于电子-电子相互作用只依赖于电子间的距离，并与取向角无关，因此可以方便地将坐标系变换为$\boldsymbol{r}=1/2(\boldsymbol{r}_1+\boldsymbol{r}_2)$和$\boldsymbol{s}=\boldsymbol{r}_1-\boldsymbol{r}_2$。使用这个新坐标系的一个好处是电子相互作用依赖的变量数由 6 个($\boldsymbol{r}_1$和$\boldsymbol{r}_2$)变为 4 个($\boldsymbol{r}$ 和 $s$)，因此只需要研究球平均的电子对密度$\rho_{2,\mathrm{av}}^{\sigma\sigma'}(\boldsymbol{r}_1,s)$即可，其定义为：

$$\rho_{2,\mathrm{av}}^{\sigma\sigma'}(\boldsymbol{r}_1,s)=\frac{1}{4\pi}\int\rho_2^{\sigma\sigma'}(\boldsymbol{r}_1,s)\mathrm{d}\Omega_s \tag{3.48}$$

其中的积分在$\boldsymbol{s}$矢量的角度上的进行。

Becke 和 Edgecombe 倾向于对同自旋的电子使用条件电子对密度，描述了在$\boldsymbol{r}_1$处已经有一个电子的条件下，在$\boldsymbol{r}_2$处发现同自旋电子的概率，由下式给出：

$$P^{\sigma\sigma}(\boldsymbol{r},s)=\frac{\rho_{2,\mathrm{av}}^{\sigma\sigma'}(\boldsymbol{r},s)}{\rho_\sigma(\boldsymbol{r})} \tag{3.49}$$

其中$\rho_\sigma(\boldsymbol{r})$为自旋为$\sigma$的电子密度，在 Kohn-Sham 近似下，可表示为：

$$\rho_\sigma(\boldsymbol{r})=\sum_i^{\sigma}\phi_i(\boldsymbol{r})^2 \tag{3.50}$$

其中$\{\phi_i\}$为 Kohn-Sham 轨道集，求和在所有自旋为$\sigma$的占据轨道上进行。

将球平均的条件电子对密度在$s=0$的领域内进行泰勒展开，可获得$\boldsymbol{r}_2$处的电子在靠近$\boldsymbol{r}_1$处的短程行为，泰勒展开后的主要项为：

$$P^{\sigma\sigma}(\boldsymbol{r},s)=\frac{1}{3}\left(t_\sigma-\frac{1}{4}\frac{(\nabla\rho_\sigma)^2}{\rho_\sigma}\right)s^2+\cdots \tag{3.51}$$

其中$t_\sigma$为动能密度，总为正，定义为：

$$t_\sigma=\sum_i^\sigma(\nabla\phi_i)^2 \tag{3.52}$$

泰勒展开式(3.51)包含了所有的电子的局域化信息，在$\boldsymbol{r}$处发现第二个电子的概率越小，说明参考电子越局域，因此电子的局域化程度直接与式(3.51)右侧括号里的量有关，可定义非负量$D_\sigma$：

$$D_\sigma=t_\sigma-\frac{1}{4}\frac{(\nabla\rho_\sigma)^2}{\rho_\sigma} \tag{3.53}$$

因此，在$D_\sigma$值比较小的区域中发现局域化电子或电子对的概率是比较高的。但是，在其他一些地方，$D_\sigma$可能会非常高，为方便起见，Becke 和 Edgecombe 提出了两个额外的归一化规则，参考均匀电子气的动能密度$D_\sigma^0=(3/5)(6\pi^2)^{2/3}\rho^{5/3}$，将函数的值限定在 0 到 1 之间，并给出了 ELF$(\eta)$的定义：

$$\eta=(1+\chi_\sigma^2)^{-1} \tag{3.54}$$

其中：

$$\chi_\sigma=D_\sigma/D_\sigma^0 \tag{3.55}$$

这样一来，ELF 满足条件$0\leqslant \text{ELF}\leqslant 1$。在 ELF 接近 1 的地方，电子局域化的概率较高，ELF 接近 0.5 的地方则对应均匀电子气行为。

从式(3.52)至式(3.55)可看出，为计算 ELF，需要获得体系的波函数，这对于实验电子结构分析是不方便的，因为大多数情况下比较难获得实验电子波函数。对于闭壳层体系，将 ELF 的定义式(3.54)进行改写，并省掉自旋符号$\sigma$，如下式：

$$\eta=[1+(D_\text{P}/D_0)^2]^{-1} \tag{3.56}$$

其中，$D_\text{P}$为泡利动能：

$$D_\text{P}=t(\boldsymbol{r})-\frac{1}{8}\frac{|\nabla\rho(\boldsymbol{r})|^2}{\rho(\boldsymbol{r})} \tag{3.57}$$

其中，$t(\boldsymbol{r})$为动能密度，与式(3.52)相比，增加了 1/2 因子：

$$t(\boldsymbol{r})=\frac{1}{2}\sum_i(\nabla\phi_i)^2 \tag{3.58}$$

$D_0$ 为均匀电子气的动能密度：

$$D_0 = \frac{3}{10}(3\pi^2)^{2/3}\rho(\boldsymbol{r})^{5/3} \tag{3.59}$$

在计算 ELF 的过程中，为避免使用到单电子波函数，可在 Kirzhnits 近似下，将式(3.58)使用动能密度的二阶梯度展开进行替代[17]：

$$t(\boldsymbol{r}) = \frac{3}{10}(3\pi^2)^{2/3}\rho(\boldsymbol{r})^{5/3} + \frac{1}{72}\frac{\left|\nabla\rho(\boldsymbol{r})\right|^2}{\rho(\boldsymbol{r})} + \frac{1}{6}\nabla^2\rho(\boldsymbol{r}) \tag{3.60}$$

于是：

$$D_{\mathrm{P}} = \frac{3}{10}(3\pi^2)^{2/3}\rho(\boldsymbol{r})^{5/3} - \frac{1}{9}\frac{\left|\nabla\rho(\boldsymbol{r})\right|^2}{\rho(\boldsymbol{r})} + \frac{1}{6}\nabla^2\rho(\boldsymbol{r}) \tag{3.61}$$

这样，就可直接根据电子密度及其各种导数值计算出 ELF。根据电子密度计算 ELF，除了上式，还有其他近似方法[18]。

### 3.3.3　约化密度梯度函数

为研究化学与生物领域广泛存在的非共价相互作用，如范德瓦耳斯力、氢键和分子间的空间排斥力等，Erin R. Johnson 等提出了一个基于电子密度及其梯度的无量纲量，约化密度梯度函数(reduced density gradient，RDG)$s$，用于描述体系电子偏移均匀电子气的特征[19]，定义如下：

$$s = \frac{1}{2(3\pi^2)^{1/3}}\frac{\left|\nabla\rho\right|}{\rho^{4/3}} \tag{3.62}$$

在远离分子的区域，$s$ 值非常大，而在共价或非共价相互作用区域，其值非常小。根据 $s$ 随 $\rho$ 的变化图，可确定弱相互作用区域。由于共价键存在一个 $\rho$ 较大，但 $\nabla\rho$ 为 0 的鞍点，因此在 $\rho$-$s$ 图中，共价键的一个特征是在 $\rho$ 较大的地方，存在一个 $s = 0$ 的区域。对于非共价相互作用，则在 $\rho$-$s$ 图中存在一个或多个 $\rho$ 很小，$\nabla\rho$ 也很小的区域。

## 3.4　密度矩阵的粗粒化与能量划分

这里讲述的所有操作都是基于相应的物理量在三维空间中的划分，而且划分方法要尽量独立于计算的精确度和波函数形式。一般来讲，空间划分要么可以产生相应的对象供后续分析，要么可以产生新的物理量分布，用于进一步划分。我们主要考虑两种划分方案：①将空间划分成各种原子区域，这种划分是粗粒化的，也称为相互作用量子原子法(Interacting quantum atoms，IQA)[20]；②将空间划分成无数个小的可变尺寸的单元，这些单元拥有某个不变量子力学性质。

本节讲述第一种划分方案。

### 3.4.1　密度矩阵在实空间中的划分

为化学对象 $A$ (如原子等)赋予一个权重函数 $w_A(\boldsymbol{r})$，使对于空间中的每个点各个对象 $A$ 的权重之和都为 1，即：

$$\sum_A w_A(\boldsymbol{r}) = 1(\boldsymbol{r}) \tag{3.63}$$

这个条件非常具有普适性，因为它统一了模糊划分和严格划分两种方案。模糊划分可使用连续的权重函数来描述，而在严格划分方案中，$w_A(\boldsymbol{r}\in\Omega_A)=1$，$w_A(\boldsymbol{r}\notin\Omega_A)=0$。后者包含了基于标量场拓扑分析的所有划分方法，如 QTAIM 和电子局域函数(electron localization function，ELF)划分法；而前者则包含了任何模糊划分法，如 Stockholder 或 Hirshfeld 原子划分法[21]，Li 和 Parr 的最小自能原子法[22]，Becke 分解法[23]等。

单位划分法可用于分解密度矩阵。我们考虑一阶非对角密度矩阵 $\gamma^{(1)}(\boldsymbol{r}';\boldsymbol{r})$，并假设对于任意子系统 $A$ 有：

$$\left.\frac{\hat{T}\gamma^{(1)}(\boldsymbol{r}';\boldsymbol{r})}{\gamma^{(1)}(\boldsymbol{r}';\boldsymbol{r})}\right|_{\boldsymbol{r}'\to\boldsymbol{r}} = \left.\frac{\hat{T}\gamma_A^{(1)}(\boldsymbol{r}';\boldsymbol{r})}{\gamma_A^{(1)}(\boldsymbol{r}';\boldsymbol{r})}\right|_{\boldsymbol{r}'\to\boldsymbol{r}} \tag{3.64}$$

其中 $\hat{T}$ 为动能算符，即每个电子的动能密度不依赖于我们是否把这个电子作为整个系统还是子系统 $A$ 的一部分。于是：

$$\gamma_A^{(1)}(\boldsymbol{r}';\boldsymbol{r}) = w_A(\boldsymbol{r}')\gamma^{(1)}(\boldsymbol{r}';\boldsymbol{r}) \tag{3.65}$$

或者：

$$\gamma^{(1)}(\boldsymbol{r}';\boldsymbol{r}) = \sum_A \gamma_A^{(1)}(\boldsymbol{r}';\boldsymbol{r}) = 1(\boldsymbol{r}')\gamma^{(1)}(\boldsymbol{r}';\boldsymbol{r}) \tag{3.66}$$

通过上式可获得我们常见的密度划分 $\rho(\boldsymbol{r}) = \sum_A \rho_A(\boldsymbol{r})$。类似地，双电子密度矩阵 $\gamma_{AB}^2(\boldsymbol{r}_1',\boldsymbol{r}_2';\boldsymbol{r}_1,\boldsymbol{r}_2)$ 可写成：

$$\gamma_{AB}^{(2)}(\boldsymbol{r}_1',\boldsymbol{r}_2';\boldsymbol{r}_1,\boldsymbol{r}_2) = w_A(\boldsymbol{r}_1')w_B(\boldsymbol{r}_2')\gamma^{(2)}(\boldsymbol{r}_1',\boldsymbol{r}_2';\boldsymbol{r}_1,\boldsymbol{r}_2) \tag{3.67}$$

可通过对所有原子对 $A$ 和 $B$ 上的密度矩阵求和获得整个系统的密度矩阵：

$$\begin{aligned}\gamma^{(2)}(\boldsymbol{r}_1',\boldsymbol{r}_2';\boldsymbol{r}_1,\boldsymbol{r}_2) &= \sum_A\sum_B \gamma_{AB}^{(2)}(\boldsymbol{r}_1',\boldsymbol{r}_2';\boldsymbol{r}_1,\boldsymbol{r}_2) \\ &= 1(\boldsymbol{r}_1')1(\boldsymbol{r}_2')\gamma^{(2)}(\boldsymbol{r}_1',\boldsymbol{r}_2';\boldsymbol{r}_1,\boldsymbol{r}_2)\end{aligned} \tag{3.68}$$

密度矩阵的对角线分解 $\gamma^{(2)}(\boldsymbol{r}_1,\boldsymbol{r}_2)=\sum_A\sum_B\gamma_{AB}^{(2)}(\boldsymbol{r}_1,\boldsymbol{r}_2)$ 允许将总电子排斥能写成单原子区域( $A=B$ )和双原子原子区域( $A\neq B$ )贡献之和。这个想法可以立即推广到 $p$ 阶密度矩阵：

$$\gamma^{(p)}\left(\boldsymbol{r}_1',\cdots,\boldsymbol{r}_p';\boldsymbol{r}_1,\cdots,\boldsymbol{r}_p\right)=1(\boldsymbol{r}_1')\cdots1\left(\boldsymbol{r}_p'\right)\gamma^{(p)}\left(\boldsymbol{r}_1',\cdots,\boldsymbol{r}_p';\boldsymbol{r}_1,\cdots,\boldsymbol{r}_p\right) \tag{3.69}$$

其中：

$$1(\boldsymbol{r}_1')\cdots1\left(\boldsymbol{r}_p'\right)=\sum_A\cdots\sum_P w_A(\boldsymbol{r}_1')\cdots w_P\left(\boldsymbol{r}_p'\right) \tag{3.70}$$

因此，有：

$$\gamma^{(p)}\left(\boldsymbol{r}_1',\cdots,\boldsymbol{r}_p';\boldsymbol{r}_1,\cdots,\boldsymbol{r}_p\right)=\sum_A\cdots\sum_P\gamma_{A\cdots P}^{(p)}\left(\boldsymbol{r}_1',\cdots,\boldsymbol{r}_p';\boldsymbol{r}_1,\cdots,\boldsymbol{r}_p\right) \tag{3.71}$$

其中：

$$\gamma_{A\cdots P}^{(p)}\left(\boldsymbol{r}_1',\cdots,\boldsymbol{r}_p';\boldsymbol{r}_1,\cdots,\boldsymbol{r}_p\right)=w_A(\boldsymbol{r}_1')\cdots w_P\left(\boldsymbol{r}_p'\right)\gamma^{(p)}\left(\boldsymbol{r}_1',\cdots,\boldsymbol{r}_p';\boldsymbol{r}_1,\cdots,\boldsymbol{r}_p\right) \tag{3.72}$$

需要注意的是，上述三个方程中 $A,\cdots,P$ 原子分别对应坐标 $\boldsymbol{r}_1,\cdots,\boldsymbol{r}_p$ 。

可通过区域加权平均获得粗粒化密度矩阵(coarse-grained density matrices，CGDM)[24]。考虑一个波函数为 $\Psi$ 的 $N$ 电子系统，通过单位划分成 $m$ 个部分。我们定义一个电子 $j$ 在区域 $\Omega_k$ 的一个粗粒化或区域平均为 $N\int\mathrm{d}\boldsymbol{r}_j w_k\left(\boldsymbol{r}_j\right)\Psi^*\Psi$ ，这个定义式是 $\boldsymbol{r}_1,\cdots,\boldsymbol{r}_{j-1},\ \boldsymbol{r}_{j+1},\cdots,\ \boldsymbol{r}_N$ 的函数，因子 $N$ 考虑了 $N$ 电子系统的所有情况。类似地，对于双电子的情况，区域 $\Omega_k$ 的 $j$ 电子和 $\Omega_k$ 区域的 $l$ 电子的一个粗粒化定义为 $N(N-1)\int\mathrm{d}\boldsymbol{r}_j\mathrm{d}\boldsymbol{r}_l w_k\left(\boldsymbol{r}_j\right)w_k'\left(\boldsymbol{r}_l\right)\Psi^*\Psi\left(k\neq k'\right)$ 或者 $\dfrac{N(N-1)}{2}\int\mathrm{d}\boldsymbol{r}_j\mathrm{d}\boldsymbol{r}_l w_k\left(\boldsymbol{r}_j\right)w_k'\left(\boldsymbol{r}_l\right)\Psi^*\Psi\left(k=k'\right)$，这个式子是除了 $j$ 和 $l$ 外所有电子坐标的函数。依此类推，我们可以定义 $c_1$ 个电子在 $\Omega_1$ ，$c_2$ 个电子在 $\Omega_2$ ，…，$c_m$ 个电子在 $\Omega_m$ 区域的粗粒化过程。被粗粒化的电子数小于等于 $N$，$c_1+\cdots+c_m=\mathcal{N}\leqslant N$，剩下的电子数 $i=N-\mathcal{N}\geqslant0$ 称为自由或非粗粒化的电子。不失一般性，我们可以视从 1 到 $i$ 为自由电子，从 $i+1$ 到 $i+c_1$ 视为在 $\Omega_1$ 上粗粒化的电子等。一个粗粒 $C$ 可以理解为一个 $\mathcal{N}$ 粗粒化电子的分解，并表示为一个有序集 $C=\left(c_1,\cdots,c_m\right)$。如果全部的 $N$ 个电子也如此分解，则称为实空间的一个共振结构 $S$ 。考虑电子的不可区分性，我们可以定义一个与 $C$ 对应的 $i$ 阶粗粒化密度矩阵：

$$\gamma^{(i)}\left(\boldsymbol{r}_1,\cdots,\boldsymbol{r}_i\right)[C]=I_C\int\mathrm{d}\boldsymbol{r}_{i+1}\cdots\mathrm{d}\boldsymbol{r}_N w_C\Psi^*\Psi \tag{3.73}$$

其中 $I_C=N!/(i!c_1!\cdots c_m!)=\begin{pmatrix}N\\i\end{pmatrix}\mathcal{N}!/(c_1!\cdots c_m!)$ 修正了所有等价的电子排列情况。$w_C=w_C\left(\boldsymbol{r}_{i+1},\cdots,\boldsymbol{r}_N\right)$ 代表了 $\mathcal{N}$ 个权重因子的乘积，即从 $i+1$ 到 $i+c_1$ 的电子使用权

重 $w_1$，从 $i+c_1+1$ 到 $i+c_1+c_2$ 的电子使用权重 $w_2$ 等等直到所有粗粒化的电子都使用了合适的权重。式(3.73)一些特殊的例子是量化中熟知的研究对象，如当 $\mathcal{N}=0$ 和 $i=N$ 时 $\gamma^{(N)}(\boldsymbol{r}_1,\cdots,\boldsymbol{r}_N)[]=\Psi^*\Psi$，[]表示没有电子被粗粒化，当 $\mathcal{N}=N$, $i=0$, $m=1$ 时为 $\gamma^{(0)}()[C]$，表示波函数的归一化：

$$\gamma^{(0)}()[C;m=1]=\int \mathrm{d}\boldsymbol{r}_1\cdots\mathrm{d}\boldsymbol{r}_N\Psi^*\Psi=1 \tag{3.74}$$

()表示没有电子是自由的，当 $\mathcal{N}=N-1$ 并且 $m=1$ 时，$\gamma^{(i)}(\boldsymbol{r}_1,\cdots,\boldsymbol{r}_i)[C;m=1]$ 为 $\gamma^{(i)}(\boldsymbol{r}_1,\cdots,\boldsymbol{r}_i)$，即 $i$ 阶密度矩阵的对角元。使用性质：

$$\begin{aligned}1(\boldsymbol{r}_{i+1})\cdots1(\boldsymbol{r}_{i+\mathcal{N}})&=\sum_{A_1}\cdots\sum_{A_{\mathcal{N}}}w_{A_1}(\boldsymbol{r}_{i+1})\cdots w_{A_{\mathcal{N}}}(\boldsymbol{r}_{i+\mathcal{N}})\\&=\sum_{\{C\}}\frac{\mathcal{N}!}{c_1!\cdots c_m!}w_C=\binom{i}{N}\sum_{\{C\}}I_C w_C\end{aligned} \tag{3.75}$$

求和符号下的 $\{C\}$ 表示满足 $c_1+\cdots+c_m=\mathcal{N}$ 的所有可能性。

任何传统的 $i$ 阶密度矩阵对角元都可以通过对所有可能的 $\mathcal{N}$ 电子粗粒化集 $\{C\}$ 的粗粒化密度矩阵求和获得：

$$\gamma^{(i)}(\boldsymbol{r}_1,\cdots,\boldsymbol{r}_i)=\binom{N}{i}\int \mathrm{d}\boldsymbol{r}_{i+1}\cdots\mathrm{d}\boldsymbol{r}_N\Psi^*\Psi=\sum_{\{C\}}\gamma^{(i)}(\boldsymbol{r}_1,\cdots,\boldsymbol{r}_i)[C] \tag{3.76}$$

粗粒化密度矩阵提供了一个对任意相关量子力学期望值的基于区域的分解途径。对于一个给定的共振结构 $S=(n_1,\cdots,n_m)$，在 $\Omega_1$ 中找到 $n_1$ 个电子并在 $\Omega_2$ 中找到 $n_2$ 个电子，…，在 $\Omega_m$ 中找到 $n_m$ 个电子的概率是 $p(S)=p(n_1,\cdots,n_m)=\gamma^{(0)}()[S]$。

当 $i=0$ 时，式(3.54)为：

$$\gamma^{(0)}()=\int \mathrm{d}\boldsymbol{r}_1\cdots\mathrm{d}\boldsymbol{r}_N\Psi^*\Psi=\sum_{\{S\}}\gamma^{(0)}()[S]=\sum_{\{S\}}p(S)=1 \tag{3.77}$$

上式是合理的，因为所有共振结构的概率和必须为 1。

如果我们仅对 $m$ 中的 $k$ 个区域 $(\alpha,\cdots,\kappa)$，$k<m$ 感兴趣，我们可以考虑一个包含 $k+1$ 个区域的子系统，最后一个区域的权重函数满足 $w_\omega=1-\sum_{i=1}^{k}w_i$。这种情况下在区域 $\alpha,\cdots,\kappa$ 中分别发现 $n_\alpha,\cdots,n_\kappa$ (满足 $\mathcal{N}=n_\alpha+\cdots+n_\kappa\leqslant N$)个电子的概率为 $p(n_\alpha,\cdots,n_\kappa)=p(n_\alpha,\cdots,n_\kappa,(N-\mathcal{N})_\omega)$。

我们可以根据粗粒化的对象构造条件密度矩阵：

$$\gamma_A^{(1)}(\boldsymbol{r}_1\,|\,S)=w_A(\boldsymbol{r}_1)\frac{\gamma^{(1)}(\boldsymbol{r}_1)[C]}{p(S)} \tag{3.78}$$

该式描述了在共振结构 $S$ 的条件下在 $A$ 区域中找到一个电子的概率，$C$ 即是在 $S$ 中从 $A$ 区域去掉一个电子形成的粗粒化集，满足 $n_A = c_A + 1$。$S$ 结构中 $A$ 区域的电子数为 $\int \mathrm{d}\boldsymbol{r}_1 \gamma_A^{(1)}(\boldsymbol{r}_1 \mid S) = n_A$。

### 3.4.2 能量划分

当确定了一个粗粒化方案，分子的任何可观测值便可以分解为各个区域贡献之和。这可以在区域层次上进行操作，单粒子观测量可分解成区域贡献的累加，双粒子观测量则可以以区域对之和的形式。也可以在共振结构层次上进行更细致的分解。在区域层次上，在库仑哈密顿假设和 Born-Oppenheimer 近似下，电子能量用一阶和二阶密度矩阵表示可写成：

$$
\begin{aligned}
E_{\mathrm{e}} &= \int \mathrm{d}\boldsymbol{r}_1 \left( \hat{t} - \sum_{\alpha} \frac{Z_\alpha}{r_{1\alpha}} \right) 1(\boldsymbol{r}_1') \gamma^{(1)}(\boldsymbol{r}_1'; \boldsymbol{r}_1) \\
&\quad + \frac{1}{2} \int \mathrm{d}\boldsymbol{r}_1 \mathrm{d}\boldsymbol{r}_2 \frac{1}{r_{12}} 1(\boldsymbol{r}_1) 1(\boldsymbol{r}_2) \gamma^{(2)}(\boldsymbol{r}_1, \boldsymbol{r}_2)
\end{aligned} \tag{3.79}
$$

这里动能和电子-核势能变成了单区域贡献之和，电子排斥能则是双区域(或盆区)项之和，利用方程(3.63)，有：

$$
E_{\mathrm{e}} = \sum_A (T^A + \sum_\alpha V_{\mathrm{en}}^{A\alpha}) + \sum_A V_{\mathrm{ee}}^{AA} + \sum_{A>B} V_{\mathrm{ee}}^{AB} \tag{3.80}
$$

我们使用一个简单的记号 $T^A = T(\Omega_A)$ 为原子的动能，$V_{\mathrm{en}}^{A\alpha}$ 为 $A$ 原子的电子与核 $\alpha$ 之间的相互作用能，注意任何单位分解中 $V_{\mathrm{en}}$ 和 $V_{\mathrm{ee}}$ 项都有明确的定义，但只有 QTAIM 划分有明确的区域动能。在实际应用中，经常使用一个特别的单电子动能算符形式 $\hat{t} = \hat{g} = (1/4)\nabla \cdot \nabla'$。当单位划分是全原子划分，即每个区域 $A$ 都对应一个确定的核 $\alpha$，则分子的总能可写成原子内和原子间相互作用项之和：

$$
E = \sum_A (T^A + V_{\mathrm{en}}^{AA} + V_{\mathrm{ee}}^{AA}) + \sum_{A>B} (V_{\mathrm{en}}^{AB} + V_{\mathrm{en}}^{BA} + V_{\mathrm{ee}}^{AB} + V_{\mathrm{nn}}^{AB}) \tag{3.81}
$$

这里增加了标准的核排斥能 $V_{\mathrm{nn}}^{AB} = Z_A Z_B / R_{AB}$。

从这里可以看出，原子相互作用能分解法把占主要贡献的原子内贡献和仅有微弱贡献的原子间相互作用项分开了。现定义原子 $A$ 的自能：

$$
E_{\mathrm{self}}^A = T^A + V_{\mathrm{en}}^{AA} + V_{\mathrm{ee}}^{AA} \tag{3.82}
$$

如果相互作用项完全消失，则自能就是真空中的原子能量。定义 $A$ 和 $B$ 之间的相互作用能：

$$
E_{\mathrm{int}}^{AB} = V_{\mathrm{en}}^{AB} + V_{\mathrm{en}}^{BA} + V_{\mathrm{ee}}^{AB} + V_{\mathrm{nn}}^{AB} \tag{3.83}
$$

于是有：

$$E = \sum_{A} E_{\text{self}}^{A} + \sum_{A>B} E_{\text{int}}^{AB} \tag{3.84}$$

在这个意义上，原子(或区域)表现得跟实空间常规物理系统一样，自能包括单粒子能量贡献和内部粒子之间的相互作用，相互作用能包括所有的双粒子相互作用(两粒子属于两个不同的系统)。因此，如果一个区域包含几个原子，这几个原子组成一个原子组，则总能可表示成原子组自能和组间相互作用能的贡献之和。

IQA 划分中的所有项都有一个明确的物理意义，尽管化学上可能并不一定需要。我们都知道，化学键可以用共价性和离子性进行理解，而不是通过电子-核吸引或电子-电子排斥相互作用。IQA 可以将前者和后者有效的分开。二阶密度矩阵总是可以写成经典(或库仑)和非经典(或交换-关联)项之和：

$$\gamma^{(2)}(\boldsymbol{r}_1,\boldsymbol{r}_2) = \rho_2(\boldsymbol{r}_1,\boldsymbol{r}_2) = \rho(\boldsymbol{r}_1)\rho(\boldsymbol{r}_2) + \gamma_{\text{xc}}^{(2)}(\boldsymbol{r}_1,\boldsymbol{r}_2) \tag{3.85}$$

将该式代入式(3.57)，$A$ 和 $B$ 区域间电子排斥可以写成库仑相互作用 $V_{\text{C}}^{AB}$ 与交换-关联相互作用 $V_{\text{xc}}^{AB}$ 之和：

$$V_{\text{ee}}^{AB} = V_{\text{C}}^{AB} + V_{\text{xc}}^{AB} \tag{3.86}$$

考虑所有经典相互作用项，$V_{\text{en}}$，$V_{\text{nn}}$ 和 $V_{\text{c}}$，则经典相互作用能 $V_{\text{cl}}^{AB}$ 为：

$$V_{\text{cl}}^{AB} = V_{\text{C}}^{AB} + V_{\text{en}}^{AB} + V_{\text{en}}^{BA} + V_{\text{nn}}^{AB} \tag{3.87}$$

对于电中性原子，这些项中的许多项都相互抵消了，总相互作用能大约能因此降低一个数量级，两个原子(或区域)间相互作用能包括经典部分 $V_{\text{cl}}^{AB}$ 和非经典部分 $V_{\text{xc}}^{AB}$：

$$E_{\text{int}}^{AB} = V_{\text{cl}}^{AB} + V_{\text{xc}}^{AB} \tag{3.88}$$

我们将知道，它们与 $AB$ 化学相互作用的离子性和共价性有关。通常，自能 $E_{\text{self}}^{A}$ 本身的值意义不大，我们更关注的是它与参考态能量 $E_0^A$ 之差，这里可定义原子差分能量：

$$E_{\text{def}}^{A} = E_{\text{self}}^{A} - E_0^{A} \tag{3.89}$$

这是能量抵消的第二个来源，因此原子差分能量和相互作用能都进入了化学意义上的能量尺度。原子差分能量总是为正，原子间相互作用能总是为负，我们可定义结合能 $E_{\text{bind}}$ 为原子差分能量和相互作用能的平衡：

$$E_{\text{bind}} = \sum_{A} E_{\text{def}}^{A} + \sum_{A>B} E_{\text{int}}^{AB} \tag{3.90}$$

这非常接近传统的化学图像，原子必须提升到高的能态去使原子之间产生相互作用(化学反应并成键)，原子差分总能($E_{\mathrm{def}}=\sum_A E_{\mathrm{def}}^A$)与结合能比总能$E$和原子参考能($E_0^A$)都低几个数量级。

能量分解也可在共振结构层次上进行，我们为每个电子坐标引入一个单位分解，则：

$$E_{\mathrm{e}}=\sum_{\{S\}}\int \mathrm{d}\boldsymbol{r}_1\cdots\int \mathrm{d}\boldsymbol{r}_N w_S \Psi^* \hat{H}_{\mathrm{e}}\Psi \tag{3.91}$$

$w_S$为$S$共振结构$N$个权重函数的乘积。$S$中含$m$个区域，即$S=(n_A,\cdots,n_M)$，根据电子置换的对称性，式(3.91)求和的$m^N$个项中包含$n_S=N!/(n_A!n_B!\cdots n_M!)$组相同的项，我们可定义每个共振结构的能量贡献为$\langle H_{\mathrm{e}}\rangle_S$，于是$E_{\mathrm{e}}=\sum_{\{S\}}\langle H_{\mathrm{e}}\rangle_S$。

使用粗粒化密度矩阵，$\langle H_{\mathrm{e}}\rangle_S$可写成：

$$\begin{aligned}\langle H_{\mathrm{e}}\rangle_S&=\sum_A\int \mathrm{d}\boldsymbol{r}w_A(\boldsymbol{r}')\hat{h}\gamma^{(1)}(\boldsymbol{r}';\boldsymbol{r})[C_A]\\&\quad+\sum_{A,B}\int \mathrm{d}\boldsymbol{r}_1\int \mathrm{d}\boldsymbol{r}_2 w_A(\boldsymbol{r}_1)w_B(\boldsymbol{r}_2)r_{12}^{-1}\gamma^{(2)}(\boldsymbol{r}_1,\boldsymbol{r}_2)[C_{AB}]\end{aligned} \tag{3.92}$$

其中$\hat{h}$是单电子哈密顿量，$C_A$和$C_{AB}$是$S$的粗粒化对象，$C_A$中一个电子对应原子$A$，$C_{AB}$中两个电子分别对应原子$A$和$B$。

考虑上述的所有方程，任何共振结构的能量都可写成IAQ形式：

$$\begin{aligned}\langle H_{\mathrm{e}}\rangle_S&=\sum_A\{T^A(S)+V_{\mathrm{ee}}^{AA}(S)+V_{\mathrm{en}}^{AA}(S)\}\\&\quad+\sum_{A>B}\{V_{\mathrm{ee}}^{AB}(S)+V_{\mathrm{en}}^{AB}(S)+V_{\mathrm{en}}^{BA}(S)\}\end{aligned} \tag{3.93}$$

如果定义发现共振结构$S$概率为$p(S)$，属于$S$的原子间排斥能为$V_{\mathrm{nn}}^{AB}(S)=p(S)Z_AZ_B/R_{AB}$，则：

$$V_{\mathrm{int}}^{AB}(S)=V_{\mathrm{ee}}^{AB}(S)+V_{\mathrm{en}}^{AB}(S)+V_{\mathrm{en}}^{BA}(S)+V_{\mathrm{nn}}^{AB}(S) \tag{3.94}$$

进一步，可以为每个共振结构建立归一化的能量贡献，如考虑一个量$A(S)$，它的归一化值是$A(S)=A(S)/p(S)$。系统总能可写成归一化共振结构能量的加权平均：

$$E=\sum_{\{S\}}p(S)\tilde{E}(S) \tag{3.95}$$

其中归一化共振结构能量：

$$\tilde{E}(S)=\sum_A\tilde{E}_{\mathrm{self}}^A(S)+\sum_{A>B}\tilde{E}_{\mathrm{int}}^{AB}(S) \tag{3.96}$$

很显然，每个共振结构的相互作用能可进一步分解为经典和非经典项。因此，一个单位分解可以将一个平衡系统的能量描述成共振结构能量的系综平均。

### 3.4.3　电子布居统计

一个很好的起点是从推广的单行列式布居分析开始，基于 HF 一阶密度矩阵的等幂性，即 $Tr(\boldsymbol{PS})^i = N$，这里 $\boldsymbol{P}$ 是用自旋轨道表示的 SCF 电子密度(以自旋轨道基表示的键级矩阵)，$\boldsymbol{S}$ 是重叠矩阵，$i$ 为任意的正整数，这个表达式将 $N$ 电子系统 $i$ 阶划分为 $i$ 重求和：

$$N^{(i)} = \sum_{\underbrace{\alpha,\beta,\cdots,l}_{i}} (PS)_{\alpha\beta}(PS)_{\beta\gamma}\cdots(PS)_{il} \tag{3.97}$$

采用类 Mulliken 的方法将 $\alpha,\cdots,l$ 下标的原始集合归类，将电子布居贡献分解为单，双，⋯，和 $i$ 中心项：

$$N^{(i)} = \sum_{A} N_A^{(i)} + \sum_{A>B} N_{AB}^{(i)} + \cdots + \sum_{A>B>\cdots>I} N_{AB\cdots I}^{(i)} \tag{3.98}$$

其中 $N_A^{(i)}$ 称为 $i$ 阶局域指数，$N_{AB\cdots K}^{(i)}$ 是 $i$ 阶，$k$ 中心离域指数。$N_A^{(1)}$ 为 $A$ 中心的 Mulliken 布居，$N_{AB}^{(2)}$ 为 Wiberg 键级。多中心离域指数为多中心键提供了丰富描述方式。对于单行列式波函数，式(3.75)可写成：

$$N^{(i)} = \int \mathrm{d}\boldsymbol{r}_1 \int \mathrm{d}\boldsymbol{r}_2 \cdots \int \mathrm{d}\boldsymbol{r}_i \gamma^{(1)}(\boldsymbol{r}_1;\boldsymbol{r}_2)\gamma^{(1)}(\boldsymbol{r}_2;\boldsymbol{r}_3)\cdots\gamma^{(1)}(\boldsymbol{r}_i;\boldsymbol{r}_1) \tag{3.99}$$

对于单行列式波函数，实际上，$i>3$ 时式(3.77)中存在一些非等价的电子置换，所以正确的形式必须包含所有这些非等价项的平均，即：

$$N^{(i)} = \frac{1}{i!}\sum_{P} \hat{P} \int \mathrm{d}\boldsymbol{r}_1 \cdots \mathrm{d}\boldsymbol{r}_i \gamma^{(1)}(\boldsymbol{r}_1;\boldsymbol{r}_2)\gamma^{(1)}(\boldsymbol{r}_2;\boldsymbol{r}_3)\cdots\gamma^{(1)}(\boldsymbol{r}_i;\boldsymbol{r}_1) \tag{3.100}$$

其中 $\hat{P}$ 是作用在电子坐标上的置换算符，这个形式是普适性的，但只适用于单行列式波函数。将其推广到全关联波函数，这里用到广义密度矩阵的推广，比如，对于一个单行列式波函数，$\gamma^{(1)}(\boldsymbol{r}_1;\boldsymbol{r}_2)\gamma^{(1)}(\boldsymbol{r}_2;\boldsymbol{r}_1) = \rho(\boldsymbol{r}_1)\rho(\boldsymbol{r}_2) - \gamma^{(2)}(\boldsymbol{r}_1;\boldsymbol{r}_2) = -\gamma_{\mathrm{xc}}^{(2)}(\boldsymbol{r}_1,\boldsymbol{r}_2)$，这称为二阶密度矩阵的不可约成分，类似地：

$$\begin{aligned}\gamma_{\mathrm{irr}}^{(3)}(1,2,3) = {} & \gamma^{(1)}(1)\gamma^{(1)}(2)\gamma^{(1)}(3) - \frac{1}{2}\gamma^{(1)}(1)\gamma^{(2)}(2,3) - \frac{1}{2}\gamma^{(1)}(2)\gamma^{(2)}(1,3) \\ & - \frac{1}{2}\gamma^{(1)}(3)\gamma^{(2)}(1,2) + \frac{1}{2}\gamma^{(3)}(1,2,3)\end{aligned} \tag{3.101}$$

这里使用到了电子坐标的简单记号，注意右侧只出现了密度矩阵的对角项。式(3.76)可表示成 $\gamma_{\mathrm{irr}}^{(i)}$ 不可约成分的 $i$ 重积分形式：

$$N^{(i)} = \int d\boldsymbol{r}_1 \cdots d\boldsymbol{r}_i 1(\boldsymbol{r}_1)\cdots 1(\boldsymbol{r}_i)\gamma_{\text{irr}}^{(i)}(\boldsymbol{r}_1,\cdots,\boldsymbol{r}_i) \tag{3.102}$$

$A$ 原子的电子数算符 $\hat{n}_A$ 可表示为：

$$\hat{n}_A = \int d\boldsymbol{r} w_A(\boldsymbol{r})\sum_i^N \delta(\boldsymbol{r}-\boldsymbol{r}_i) \tag{3.103}$$

在式(3.102)中设置 $i=2$，则式(3.98)中的 $N_{AB}^{(2)}$ 就是 $-2\langle(\hat{n}_A-\overline{n}_A)(\hat{n}_B-\overline{n}_B)\rangle$，这衡量了 $A$ 和 $B$ 电子数分布的协方差。标准的两中心离域指数 $N_{AB}^{(2)}$ 通常可写成 $\delta(\Omega_A,\Omega_B)$ 或 $\delta^{AB}$，可理解为 $A$，$B$ 原子的共享电子对。也有：

$$N_{AB\cdots I}^{(i)} \equiv i(-1)^{i-1}\langle(\hat{n}_A-\overline{n}_A)(\hat{n}_B-\overline{n}_B)\cdots(\hat{n}_I-\overline{n}_I)\rangle \tag{3.104}$$

因此多中心键与电子布居涨落的多中心回路有关。需要注意的是，如果要获得 $i>2$ 时的多中心指数，需要计算完整的波函数或高阶密度矩阵，这比常规的能量计算要复杂得多，而且其中电子关联可能扮演非常重要的角色。

基于一个单位划分中所有可能的共振结构 $S$ 的概率 $p(S)$，可获得电子布居分布函数(electron population distribution function，EDF)，通过布居涨落关系，可获得任意局域和离域指标，如：

$$\begin{gathered}
\hat{n}_A = \overline{n}_A = N_A^{(1)} \\
\overline{n}_A - \langle(\hat{n}_A-\overline{n}_A)^2\rangle = \lambda^A = N_A^{(2)} \\
-2\langle(\hat{n}_A-\overline{n}_A)(\hat{n}_B-\overline{n}_B)\rangle = \delta^{AB} = N_{AB}^{(2)}
\end{gathered} \tag{3.105}$$

其中 $\lambda(\Omega_A)=\lambda^A$ 是标准局域指标，据此有：

$$\begin{aligned}
N_A^{(1)} &= \sum_{n_A=0}^N n_A p(n_A) \\
N_A^{(2)} &= N_A^{(1)} - \sum_{n_A=0}^N (n_A-\overline{n}_A)^2 p(n_A) \\
N_{AB}^{(2)} &= -2\sum_{n_A,n_B=0}^N (n_A-\overline{n}_A)(n_B-\overline{n}_B)p(n_A,n_B)
\end{aligned} \tag{3.106}$$

## 3.5　限制空间划分

上一节我们讨论了，将一个系统划分为一个个独立的空间区域，区域的延伸与原子之间的距离差不多(粗粒化分解)。这里介绍另一种空间划分法，该划分法产生大量的极小区域，可以选择一个性质，在每个区域都计算这个量，这样就获得了这个性质的一个高密度分布。这些这种方法产生的独立的区域不是为了展示一些化学相关的量，而是产生的新的分布便于对系统进一步分解为一些有意义的部分。

### 3.5.1　$\omega$-限制空间划分

为了更好地了解一个系统，可以通过考察具有等量特定属性的样本具有的特定性质，如具有相同质量、体积或速度的样本，然后比较它们的性质。这种方法也可用于连续分布，样本量和性质都可以通过积分函数来确定。特别地，对于坐标 $\boldsymbol{a}_i$ 附近的体积为 $V_i$ 的区域 $\mu_i$ 样本，通过采用一个控制函数在这个区域的积分达到一个固定的值 $\omega$ 来确定这个区域的延伸程度，这个规则给划分空间带来了很大的自由度。因此我们要求描述系统的取样区域尽可能的局域，样本体积内的坐标不能偏移中心 $\boldsymbol{a}_i$ 太远，即样本区域应该尽可能紧凑。显然，在这些条件下，单个取样是一个围绕某个位置的球形区域，在这个区域中，控制函数的积分得到一个值 $\omega$。但是这里我们采用的是另一个划分途径。

与单独探测不同位置的方案不同，这种划分法让我们将整个系统划分为非常多的样本，它们形成一个紧凑的非重叠的且占据整个空间的集合，每个样本区域都满足 $\omega$ 的限制条件，所有样本体积之和即为系统的体积。对于这种划分，不可能所有的区域都是球形。每个区域都采用与相邻区域可达到最紧凑效果的形式。尽管样本形状自由度减少了(由于需要达到紧凑)，但对于任意的限制条件 $\omega$ 仍然有无穷种划分方法。这与之前的由标量场梯度决定的单一划分方案不同。

这种紧致空间划分显著依赖于控制函数 $f_{\mathrm{c}}(\boldsymbol{r})$。这个划分也依赖于控制函数在整个系统的积分值 $F_{\mathrm{c}}=\int f_{\mathrm{c}}(\boldsymbol{r})\mathrm{d}\boldsymbol{r}$，关于划分区域的数量和可允许的 $\omega$ 存在着如下一般规律：

(1) $F_{\mathrm{c}}=\pm\infty$ 时，对于任意的实数 $\omega$，都有无限个区域 $\mu_i$。

(2) $F_{\mathrm{c}}=0$ 时，只有 $\omega=0$ 是被允许的，因为 $F_{\mathrm{c}}=\kappa\omega$，$\kappa$ 为区域的总数目。划分的紧致区域 $\mu_i$ 的数目无法确定，因为它可以是整个系统，或任意包围正区域(控制函数为正)和负区域(控制函数为负)的区域。

(3) $F_{\mathrm{c}}\neq 0$ 时，对于任意不为 0 的 $\omega$，都有有限个 $(\kappa=F_{\mathrm{c}}/\omega)$ 紧致区域 $\mu_i$。

对于第一种情况的相对简单的情形，控制函数为非 0 常数，即 $f_{\mathrm{c}}\equiv\xi$，所有的紧致区域 $\mu_i$ 都有相同的体积 $V_i=\omega/\xi$ 和类似的样本形状。如果控制函数不是常数，则系统中紧致区域的密度是变化的。

对于第二种情况，$F_{\mathrm{c}}=0$，控制函数在整个系统的积分为 0，这不同于 $f_{\mathrm{c}}\equiv 0$ 的情况，比如标量场的拉普拉斯量。因此整个系统空间划分成了不同的原子盆区，拉普拉斯量在每个原子盆区的积分都为 0。前面也提到，这些条件不足以限制整个系统进行单一的划分，因为还有其他的可能划分法使控制函数积分也为 0。

最有意思的是控制函数在整个区域的积分为非 0 值，特别是控制函数在系统体积内不改变符号，因为这使得样本区域内不存在控制函数值的相互抵消以满足$\omega$-限制条件。样本区域的数目可以唯一确定，并且样本的局域性质可用$\omega$进行标度，这个标度可以按区域体积与$\omega$的比值进行。对于平滑控制函数和非常小的$\omega$，样本区域$\mu_i$的中心位置$\boldsymbol{a}_i$有较小偏移时，样本体积$V_i$也将几乎保存不变。也就是说，即使空间划分导致的样本区域的形状和体积不唯一的，对于足够小的$\omega$，样本区域的密度在满足$\omega$条件的所有可能的划分方案中也近似不变。因此，$\omega$-限制空间划分($\omega$-restricted space partitioning，$\omega$RSP)可定义为将系统空间划分为精致非重叠区域使控制函数在每个区域积分值都为一固定值$\omega$的一种方法。对于足够小的$\omega$，$\omega$RSP 区域也会非常小，这些区域称为微区。控制函数在微区上的积分可以安全地使用第一个非 0 泰勒展开项替代。

我们将$\omega$RSP 思想应用在这样的场合，使用电子密度$\rho_1(\boldsymbol{r})$作为控制函数，控制函数在整个分子区域的积分为电子总数$N$，如果系统分解为非重叠区域$\mu_i$，每个区域包含固定的电荷：

$$q = \int_{\mu_i} \rho_1(\boldsymbol{r})\mathrm{d}\boldsymbol{r} = \omega \tag{3.107}$$

那么将有$\kappa = N/q$个这样的区域。如果$\omega$足够小，每个$V_i$体积的微区中电荷为$q \approx \rho_1(\boldsymbol{a}_i)V_i$，所以微区体积反比于密度，即$V_i \approx q/\rho_1(\boldsymbol{a}_i)$，这个反比相关适用于$\omega$限制下的任意归一化为$F_\mathrm{c} = \int f_\mathrm{c}(\boldsymbol{r})\mathrm{d}\boldsymbol{r}$的正值控制函数：

$$V_i \approx \omega / f_\mathrm{c}(\boldsymbol{a}_i);\quad F_\mathrm{c} = \kappa\omega \tag{3.108}$$

即使对于$f_\mathrm{c}(\boldsymbol{a}_i) = 0$，微区体积$V_i$也是严格定义的，可能需要使用到高阶的泰勒展开来近似。对于$n$个坐标的控制函数$f_\mathrm{c}(\boldsymbol{r}_1,\cdots,\boldsymbol{r}_n)$，也可以进行$\omega$-限制空间划分，对于每个微区，有：

$$\omega = \int_{\mu_i} \mathrm{d}\boldsymbol{r}_1 \cdots \int_{\mu_i} f_\mathrm{c}(\boldsymbol{r}_1,\cdots,\boldsymbol{r}_n)\mathrm{d}\boldsymbol{r}_n \tag{3.109}$$

这里所有的坐标都限制在微区$\mu_i$中，产生了固定值$\omega$。与单坐标的情况不同，微区的数目$\kappa$不能简单地根据控制函数归一化到$F_\mathrm{c}$进行推断。例如，使用对密度分布函数$\rho_2(\boldsymbol{r}_1,\boldsymbol{r}_2)$作为控制函数进行空间划分，并固定每个微区的积分为$D$个电子对。对于任意的区域$\Omega$：

$$D = \iint_{\Omega} \rho_2(\boldsymbol{r}_1,\boldsymbol{r}_2)\mathrm{d}\boldsymbol{r}_1\mathrm{d}\boldsymbol{r}_2 \tag{3.110}$$

这里$D$是一个正值。对于一个给定的$\omega$，微区数目$\kappa$满足$\kappa\omega \leqslant N(N-1)/2$。这主要基于一个事实，所有微区电子对总数不能超过系统的总电子对数。对于足够小

的 $\omega$ 限制，微区 $\mu_i$ 的体积 $V_i$ 使用 $\omega$ 进行标度，实际的反比表达式可以通过控制函数在微区中心 $\boldsymbol{a}_i$ 进行泰勒展开获得。

### 3.5.2 限制电子布居分析

在$\omega$-限制空间划分产生的每个微区上，都可以评估另一个函数 $f_s$，即所谓的取样性质函数。微区取样背后的想法是这样的，作用在波函数 $\Psi$ 的一个算符 $\hat{A}$ 的期望值可表示成全空间的积分：

$$\left\langle \hat{A} \right\rangle = \int \Psi^* \hat{A} \Psi \mathrm{d}V \tag{3.111}$$

如果 $\hat{A}$ 是单粒子算符，上式可简化(不考虑自旋)为：

$$\left\langle \hat{A} \right\rangle = \int \hat{A}\gamma^{(1)}(\boldsymbol{r}';\boldsymbol{r})\mathrm{d}\boldsymbol{r} = \sum_{i=1}^{K} \int_{\mu_i} \hat{A}\gamma^{(1)}(\boldsymbol{r}';\boldsymbol{r})\mathrm{d}\boldsymbol{r} \tag{3.112}$$

在这种情况下，所有微区 $\mu_i$ 取样值 $f_s(\boldsymbol{r}) = \hat{A}\gamma^{(1)}(\boldsymbol{r}';\boldsymbol{r})\big|_{r'\to r}$ 的和即为算符期望值。对于双粒子算符 $f_s(\boldsymbol{r}_1,\boldsymbol{r}_2) = \hat{A}\gamma^{(2)}(\boldsymbol{r}_1',\boldsymbol{r}_2';\boldsymbol{r}_1,\boldsymbol{r}_2)\big|_{r'\to r}$，对取样性质的积分之和只会得到期望值的一部分。在微区上取样性质的积分会获得一个系统的分立值 $\{\zeta_i\}$ 形成的分布。这个样本分布和取样值本身都强烈依赖于决定空间划分的控制函数 $f_c$ 和取样性质函数 $f_s$。

以下是两个特殊例子：

(1) $f_c \equiv f_s$：控制函数和取样性质函数相同，此时 $f_s$ 的取样只会得到一个固定的值$\omega$，即结果是常数分布。取样值的密度会在系统的不同位置而不同，这与划分的微区密度一样，在高 $f_c$ 值的地方取样密度小。

(2) $f_c$ 为常数：所有微区有相同的体积，并与 $\omega$ 成正比。当 $\omega$ 足够小，$\{\zeta_i\}$ 离散分布将模拟取样性质 $f_s$，并且均匀地分布在整个系统中。

一个取样性质的例子是一阶密度矩阵 $\gamma^{(1)}(\boldsymbol{r}';\boldsymbol{r})$ 的对角元，即电子密度 $\rho_1(\boldsymbol{r})$，该电子密度已通过整个系统的积分为 $N$ 个电子进行归一化。$\rho_1(\boldsymbol{r})$ 在微区 $\mu_i$ 上的积分产生了一个电荷布居分布，满足 $\sum q_i = N$。另一个例子是二阶密度矩阵 $\gamma^{(2)}(\boldsymbol{r}_1',\boldsymbol{r}_2';\boldsymbol{r}_1,\boldsymbol{r}_2)$ 的对角元，即电子对密度 $\rho_2(\boldsymbol{r}_1,\boldsymbol{r}_2)$ 作为取样函数，$\rho_2(\boldsymbol{r}_1,\boldsymbol{r}_2)$ 在整个系统的积分为总电子对数 $N(N-1)/2$。$\rho_2(\boldsymbol{r}_1,\boldsymbol{r}_2)$ 在所有微区的单独积分产生一个电子对布居分布 $\{D_i\}$。显然，所有微区电子对数之和并不是系统总电子对数，因为还需要加上不同微区的电子对布居 $D_{ij}$。实际的电子布居 $\{q_i\}$ 和电子对布居 $\{D_i\}$ 强烈依赖于控制函数。$n$ 阶电子密度 $\rho_n(\boldsymbol{r}_1,\cdots,\boldsymbol{r}_n)$ 在$\omega$RSP 微区上的积分值产生的离散分布称为$\omega$-限制布居。

### 3.5.3 准连续分布

性质函数 $f_s$ 在微区 $\mu_i$ 的取样产生了 $\{\zeta_i\}$ 的离散分布。对于合适的控制函数，样本密度(单位体积内的样本数)随着 $\omega$ 的减小而增大。很明显，此时单独的取样性质 $\zeta_i$ 会减小。这在一些情形下不太方便，特别是当所有样本的和趋近于 0。因此需要提取那么不受 $\omega$ 影响的信息。这可以通过合适标度样本值来实现，标度仅取决于 $\omega$，并且在 $\omega\to 0$ 的极限下样本分布收敛于一个单一函数。这个标度可通过分析积分值 $\zeta_i$ 的行为得到。对 $m$ 个坐标的控制函数 $f_c(\boldsymbol{r}_1,\cdots,\boldsymbol{r}_m)$ 在微区中心 $\boldsymbol{a}_i$ 处进行泰勒展开。在微区 $\mu_i$ 内，$\omega$ 限制的积分可写成：

$$\omega=\int_{\mu_i}\mathrm{d}\boldsymbol{r}_1\cdots\int_{\mu_i}f_c(\boldsymbol{r}_1,\cdots,\boldsymbol{r}_m)\mathrm{d}\boldsymbol{r}_m=t_c(\boldsymbol{a}_i)V_i^{\vartheta_c}+\varepsilon_c(\boldsymbol{a}_i) \tag{3.113}$$

其中 $t_c$ 和 $\vartheta_c$ 分别为控制函数泰勒展开后确定的函数和参数，$V_i$ 为微区 $\mu_i$ 的体积，注意 $t_c(\boldsymbol{a}_i)$ 是 $\boldsymbol{a}_i$ 处的值，而 $\vartheta_c$ 对整个分布都适用。$\varepsilon_c(\boldsymbol{a}_i)$ 为泰勒展开的高阶修正项，当微区体积变得很小时，$\varepsilon_c(\boldsymbol{a}_i)$ 逐渐可以忽略。体积 $V_i$ 可表示为：

$$V_i=\left[\frac{\omega-\varepsilon_c(\boldsymbol{a}_i)}{t_c(\boldsymbol{a}_i)}\right]^{1/\vartheta_c} \tag{3.114}$$

相同的处理流程也可应用在对 $n$ 个坐标的性质函数 $f_s(\boldsymbol{r}_1,\cdots,\boldsymbol{r}_n)$ 进行取样，取样值 $\zeta_i$：

$$\zeta_i=\int_{\mu_i}\mathrm{d}\boldsymbol{r}_1\cdots\int_{\mu_i}f_s(\boldsymbol{r}_1,\cdots,\boldsymbol{r}_n)\mathrm{d}\boldsymbol{r}_n=t_s(\boldsymbol{a}_i)V_i^{\vartheta_c}+\varepsilon_s(\boldsymbol{a}_i) \tag{3.115}$$

将式(3.92)的体积 $V_i$ 代入，有：

$$\zeta_i=t_s(\boldsymbol{a}_i)\left[\frac{\omega-\varepsilon_c(\boldsymbol{a}_i)}{t_c(\boldsymbol{a}_i)}\right]^{\vartheta_s/\vartheta_c}+\varepsilon_s(\boldsymbol{a}_i)=t_s(\boldsymbol{a}_i)\left[\frac{\omega}{t_c(\boldsymbol{a}_i)}\right]^{\vartheta_s/\vartheta_c}+\varepsilon(\boldsymbol{a}_i) \tag{3.116}$$

这里所有的修正项都集中在 $\varepsilon(\boldsymbol{a}_i)$。我们重新标度 $\{\zeta_i\}$ 为 $\{\zeta_i/\omega^{\vartheta_s/\vartheta_c}\}$，则随着 $\omega$ 的减小，在 $\omega\to 0$ 极限下，重新标度后的离散分布值将为 $\{t_s(\boldsymbol{a}_i)/t_c(\boldsymbol{a}_i)^{\vartheta_s/\vartheta_c}\}$，即：

$$\lim_{\omega\to 0}\left\{\zeta_i/\omega^{\vartheta_s/\vartheta_c}\right\}=t_s(\boldsymbol{r})\left[\frac{1}{t_c(\boldsymbol{r})}\right]^{\vartheta_s/\vartheta_c}=t_s(\boldsymbol{r})\tilde{V}^{\vartheta_s}(\boldsymbol{r}) \tag{3.117}$$

其中 $\tilde{V}(\boldsymbol{r})$ 是重新标度后的微区体积的极限，称为体积函数。注意对于一个非 0 的 $\omega$ 限制，$\{\zeta_i/\omega^{\vartheta_s/\vartheta_c}\}$ 集是一个离散函数分布，但其极限是一个连续函数，称为准连续分布。

### 3.5.4 电子局域指标

$N$ 电子系统的化学键信息包含在 $N$ 阶密度矩阵 $\boldsymbol{\Gamma}^{(N)}$ 中。由于能量由单粒子和双粒子算符确定，因此可以假定二阶密度矩阵含有化学键的主要信息。若使用电子密度 $\rho_1(\boldsymbol{r})$ 和电子对密度 $\rho_2(\boldsymbol{r}_1,\boldsymbol{r}_2)$ 分别作为控制函数和取样函数，则得到的 $\omega$ 限制布居可看成是形成固定电子对密度的电荷分布($D$ 限制分布)，或固定电子密度的电子对布居($q$ 限制布居)。

如果使用 $q$ 限制布居，则每个微区有相同的电荷 $q=\omega$。通过电子对密度取样实际上揭示了与 $q^2$ 的差，电子对密度的积分可写成：

$$\frac{1}{2}\iint_{\mu_i}\rho_1(\boldsymbol{r}_1)\rho_1(\boldsymbol{r}_2)\left[1+f_{\mathrm{xc}}(\boldsymbol{r}_1,\boldsymbol{r}_2)\right]\mathrm{d}\boldsymbol{r}_1\mathrm{d}\boldsymbol{r}_2=\frac{1}{2}\left[q^2+F_i\right] \tag{3.118}$$

其中 $f_{\mathrm{xc}}(\boldsymbol{r}_1,\boldsymbol{r}_2)$ 为关联因子，$F_i$ 可看成微区 $\mu_i$ 中电子运动关联的一个体现。

由于电子密度是单粒子性质，在微区中的积分可通过 Taylor 展开，并使用相同的步径而不管是使用总密度 $\rho_1(\boldsymbol{r})$ 还是自旋密度 $\rho_1^{\sigma}(\boldsymbol{r})$ ($\sigma=\alpha$ 或 $\beta$)。但是电子对密度却不是这样，电子对密度是双粒子性质。由于泡利原则，$\rho_2^{\sigma\sigma}(\boldsymbol{r},\boldsymbol{r})=0$，而 $\rho_2^{\alpha\beta}(\boldsymbol{r},\boldsymbol{r})\neq 0$。这些性质不仅控制了 Taylor 展开的首个非 0 项，也显示了对于足够小的微区具有相反自旋的对子对占主导。相同自旋电子对信息只有不考虑相反自旋电子对时才可分析。微区中的电荷和电子对布居可通过电子在同一位置的拒绝分享相关联，因此 $D$ 限制和 $q$ 限制布居可以体现电子的局域性。

电子局域指标是分别以电子密度和电子对密度作为控制函数和取样函数的无穷小 $\omega$-限制空间划分并重新标度后得到的分布。若电子密度为控制函数，则得到的是电子对布居(ELI-q，$\Upsilon_{\mathrm{q}}$)。若电子对密度为控制函数，则得到的电子密度布居(ELI-D，$\Upsilon_{\mathrm{D}}$)。$\Upsilon_{\mathrm{D}}^{\alpha}$ 表示在 $\alpha\alpha$ 电子对密度限制的微区 $\mu$ 中对 $\alpha$ 自旋密度的取样：

$$\begin{gathered}\Upsilon_{\mathrm{D}}^{\alpha}(\mu)=\frac{1}{\omega^{3/8}}\int_{\mu}\rho_1^{\alpha}(\boldsymbol{r})\mathrm{d}\boldsymbol{r}\\ \omega=\iint_{\mu_i}\rho_2^{\alpha\alpha}(\boldsymbol{r}_1,\boldsymbol{r}_2)\mathrm{d}\boldsymbol{r}_1\mathrm{d}\boldsymbol{r}_2=\text{常数}\end{gathered} \tag{3.119}$$

其中 $\omega$ 上 3/8 的指数是重新标度后产生的。

#### 3.5.4.1　同自旋电子对

同自旋电子对密度 $\rho_2^{\sigma\sigma}(\boldsymbol{r}_1,\boldsymbol{r}_2)$ 可用于 $\omega$RSP 微区中的取样或 $\omega$ 限制，在两种情况下，相应微区 $\mu_i$ 中的积分都要被计算，需要使用微区中心 $\boldsymbol{a}_i$ 处的泰勒展开方法，由于泡利规则和尖点(cusp)条件，只需保留二次展开项：

$$D_i^{\sigma\sigma}\approx\frac{1}{2}\int_{\mu}\mathrm{d}\boldsymbol{r}_1\int(\boldsymbol{s}_2\cdot\nabla_{\boldsymbol{r}_2})^2\rho_2^{\sigma\sigma}(\boldsymbol{r}_1,\boldsymbol{r}_2)\big|_{\boldsymbol{r}\to\boldsymbol{a}}\mathrm{d}\boldsymbol{r}_2 \tag{3.120}$$

其中 $\boldsymbol{s}_2=\boldsymbol{r}_2-\boldsymbol{a}$，对 $\boldsymbol{r}_2$ 进行展开后，$\boldsymbol{r}_1$ 和 $\boldsymbol{r}_2$ 都要设置为 $\boldsymbol{a}$。注意式(3.120)只保留了二阶泰勒展开项，$D_i^{\sigma\sigma}$ 在 $\boldsymbol{a}$ 处的 0 阶项为 0，另外由于 cusp 条件，$D_i^{\sigma\sigma}$ 的一阶导数与其本身成正比，因此一阶泰勒展开项也为 0[25,26]。

将 $\rho_2^{\sigma\sigma}(\boldsymbol{r}_1,\boldsymbol{r}_2)$ 使用 Slater 行列式展开，有：

$$\rho_2^{\sigma\sigma}(\boldsymbol{r}_1,\boldsymbol{r}_2)=\frac{1}{2}\sum_{i<j}^{\sigma}\sum_{k<l}^{\sigma}P_{ij,kl}\left|\phi_i(\boldsymbol{r}_1)\phi_j(\boldsymbol{r}_2)\right\|\phi_k(\boldsymbol{r}_1)\phi_l(\boldsymbol{r}_2)\right| \tag{3.121}$$

将其代入式(3.102)，积分后，微区 $\mu_i$ 的电子对布居：

$$D_i^{\sigma\sigma}\approx\frac{1}{12}V_i^{8/3}g^{\sigma}(\boldsymbol{a}_i) \tag{3.122}$$

其中 $V_i$ 是微区 $\mu_i$ 的体积，$g^{\sigma}(\boldsymbol{a}_i)$ 是微区中心的 Fermi 洞曲率：

$$\begin{aligned}g^{\sigma}(\boldsymbol{a}_i)=&\sum_{i<j}^{\sigma}\sum_{k<l}^{\sigma}P_{ij,kl}[\phi_i(\boldsymbol{a}_i)\nabla\phi_j(\boldsymbol{a}_i)-\phi_j(\boldsymbol{a}_i)\nabla\phi_i(\boldsymbol{a}_i)]\\&\times[\phi_k(\boldsymbol{a}_i)\nabla\phi_l(\boldsymbol{a}_i)-\phi_l(\boldsymbol{a}_i)\nabla\phi_k(\boldsymbol{a}_i)]\end{aligned} \tag{3.123}$$

如果 $\omega$RSP 通过一个无穷小的 $\omega=D^{\sigma\sigma}$ 控制，即固定同自旋电子对布居，则根据式(3.122)，微区 $\mu_i$ 的体积 $V_i$ 可表示成：

$$\begin{aligned}V_i&\approx\left[\frac{12\omega}{g^{\sigma}(\boldsymbol{a}_i)}\right]^{3/8}\\ \tilde{V}_{\mathrm{D}}(\boldsymbol{r})&=\lim_{\omega\to0}\left\{\frac{1}{\omega^{3/8}}V_i\right\}=\left[\frac{12}{g^{\sigma}(\boldsymbol{r})}\right]^{3/8}\end{aligned} \tag{3.124}$$

这里 $\tilde{V}_{\mathrm{D}}(\boldsymbol{r})$ 是重新标度后微区的体积取极限后的电子对体积函数。在这样的微区 $\mu_i$ 对 $\sigma$ 自旋的电子密度取样，可获得 ELI-D：

$$\Upsilon_{\mathrm{D}}^{\sigma}(\mu_i)=\frac{1}{\omega^{3/8}}\int_{\mu}\rho_1^{\sigma}(\boldsymbol{r})\mathrm{d}\boldsymbol{r}=\Upsilon_{\mathrm{D}}^{\sigma}(\boldsymbol{a}_i)\approx\frac{1}{\omega^{3/8}}\rho_1^{\sigma}(\boldsymbol{a}_i)V_i \tag{3.125}$$

重新标度后，有：

$$\tilde{\Upsilon}_{\mathrm{D}}^{\sigma}(\boldsymbol{r})=\lim_{\omega\to0}\{\Upsilon_{\mathrm{D}}^{\sigma}(\mu_i)\}=\rho_1^{\sigma}(\boldsymbol{r})\tilde{V}_{\mathrm{D}}(\boldsymbol{r}) \tag{3.126}$$

由于标度因子 $\omega^{3/8}$ 来源于泰勒展开，因此严格的 ELI-D 将依赖于 $\omega$ 的选择，然而重新标度操作展示了 ELI-D 分布的极限行为。

#### 3.5.4.2 单重态和三重态电子对

在自旋极化情况下，两个同自旋的 ELI-D 都要分析。将二阶密度矩阵 $\gamma^{(2)}(\boldsymbol{r}_1',$

$\boldsymbol{r}_2';\boldsymbol{r}_1,\boldsymbol{r}_2)$ 通过组合形成对称和反对称的组合：

$$\begin{aligned}\gamma^{(s)}(\boldsymbol{r}_1',\boldsymbol{r}_2';\boldsymbol{r}_1,\boldsymbol{r}_2)=\frac{1}{2}\left[\gamma^{(2)}(\boldsymbol{r}_1',\boldsymbol{r}_2';\boldsymbol{r}_1,\boldsymbol{r}_2)+\gamma^{(2)}(\boldsymbol{r}_1',\boldsymbol{r}_2';\boldsymbol{r}_2,\boldsymbol{r}_1)\right]\\ \gamma^{(t)}(\boldsymbol{r}_1',\boldsymbol{r}_2';\boldsymbol{r}_1,\boldsymbol{r}_2)=\frac{1}{2}\left[\gamma^{(2)}(\boldsymbol{r}_1',\boldsymbol{r}_2';\boldsymbol{r}_1,\boldsymbol{r}_2)-\gamma^{(2)}(\boldsymbol{r}_1',\boldsymbol{r}_2';\boldsymbol{r}_2,\boldsymbol{r}_1)\right]\end{aligned} \tag{3.127}$$

这些矩阵的对角元分别是单重态电子对密度 $\rho_2^{(s)}(\boldsymbol{r}_1,\boldsymbol{r}_2)$ 和三重态电子对密度 $\rho_2^{(t)}(\boldsymbol{r}_1,\boldsymbol{r}_2)$，将这些密度在特定区域进行积分可获得这些区域的单重态电子对数 $D^{(\mathrm{s})}$ 和三重态电子对数 $D^{(\mathrm{t})}$。同自旋电子对仅对三重态贡献，而反自旋电子对对单重态和三重态都有贡献。对电子对密度 $\rho_2^{(\mathrm{s})}(\boldsymbol{r}_1,\boldsymbol{r}_2)$ 和 $\rho_2^{(\mathrm{t})}(\boldsymbol{r}_1,\boldsymbol{r}_2)$ 进行操作可获得分别贡献单，三重态的电子密度 $\rho_1^{(\mathrm{s})}(\boldsymbol{r})$ 和 $\rho_1^{(\mathrm{t})}(\boldsymbol{r})$。

通过将 $\rho_1^{(\mathrm{t})}(\boldsymbol{r})$ 在固定三重态电子对数( $\omega=D^{(\mathrm{t})}$ )的 $\omega$RSP 划分的微区 $\mu_i$ 上进行积分，可获得三重态电子密度分布 $\{q_i^{(\mathrm{t})}\}$，经过重新标度可得到三重态耦合电子的电子局域指标 ELI-D( $\Upsilon_{\mathrm{D}}^{(\mathrm{t})}$ )，

对其取极限后，有

$$\tilde{\Upsilon}_{\mathrm{D}}^{(\mathrm{t})}(\boldsymbol{r})=\lim_{\omega\to 0}\left\{\Upsilon_{\mathrm{D}}^{(\mathrm{t})}(\mu_i)\right\}=\rho_1^{(\mathrm{t})}(\boldsymbol{r})\tilde{V}_{\mathrm{D}^{(\mathrm{t})}}(\boldsymbol{r}) \tag{3.128}$$

类似于同自旋电子对的情况，这里电子对体积函数 $\tilde{V}_{\mathrm{D}^{(\mathrm{t})}}$ 也可通过三重态电子密度和费米洞曲率计算得到。对于单行列式闭壳层波函数有 $\Upsilon_{\mathrm{D}}^{(\mathrm{t})}\propto\Upsilon_{\mathrm{D}}^{\alpha}$。对于单重态耦合情况，在 $\omega$RSP 划分中固定单重态耦合电子数( $\omega=q^{(\mathrm{s})}$ )，即 $q$ 限制划分，在这个选择下，高的 ELI 的值对应高的单重态电子对布居。在微区对 $\rho_2^{(\mathrm{s})}(\boldsymbol{r}_1,\boldsymbol{r}_2)$ 进行积分可得到类单重态电子对布居分布 $\{D_i^{(\mathrm{s})}\}$，重新标度后，产生单重态耦合电子的电子局域指标 ELI-q( $\Upsilon_{\mathrm{q}}^{(\mathrm{s})}$ )，标度因子的指数可以通过在微区 $\mu_i$ 中心 $\boldsymbol{a}_i$ 进行泰勒展开操作获得。单重态电子对密度包含反自旋电子对密度，即展开后 $\rho_2^{(\mathrm{s})}(\boldsymbol{r},\boldsymbol{r})$ 占主导，单重态电子对密度可近似表示为：

$$D_i^{(\mathrm{s})}\approx\rho_2^{(\mathrm{s})}(\boldsymbol{a}_i,\boldsymbol{a}_i)V_i^2\approx\rho_2^{(\mathrm{s})}(\boldsymbol{a}_i,\boldsymbol{a}_i)\left[\frac{\omega}{\rho_1^{(\mathrm{s})}(\boldsymbol{a}_i)}\right]^2 \tag{3.129}$$

微区体积可近似为 $V_i\approx q^{(\mathrm{s})}/\rho_1^{(\mathrm{s})}$，使用 $\omega^2$ 对 $\Upsilon_{\mathrm{q}}^{(\mathrm{s})}$ 重新标度后，取极限，有：

$$\tilde{\Upsilon}_{\mathrm{q}}^{(\mathrm{s})}(\boldsymbol{r})=\lim_{\omega\to 0}\left\{\Upsilon_{\mathrm{q}}^{(\mathrm{s})}(\mu_i)\right\}=\frac{1}{2}\left[\frac{N+2}{N-1}\right]^2\frac{\rho_2^{(\mathrm{s})}(\boldsymbol{r},\boldsymbol{r})}{\left[\rho_1^{(\mathrm{s})}(\boldsymbol{r})\right]^2} \tag{3.130}$$

其中 $N$ 为总电子数。

关于关联波函数的电子局域指标，前面两节的表达式几乎不变，只需将关联密度矩阵代入即可。同自旋和三重态耦合 ELI-D 分布的拓扑原则上由费米相关决定，即其特征在 HF 层次就已经体现出来。有研究显示库仑相关对 ELI-D 有较小的影响，其对电子对体积的影响要比对电子密度的影响大。库仑关联对分子整体的 ELI-D 指标影响并不明显，除非是关联起主要作用的一些体系，如 $F_2$ 分子。

如果使用关联波函数，$\Upsilon_{\mathrm{q}}^{(\mathrm{s})}$ 会上升。由于反自旋电子的运动关联，反自旋电子对数会明显偏离两个自旋成分的简单乘积。$\Upsilon_{\mathrm{q}}^{(\mathrm{s})}$ 反映了在固定单重态耦合电子数的情况下形成了多少个单重态电子对，这种关联对 $\Upsilon_{\mathrm{q}}^{(\mathrm{s})}$ 减小的程度取决于系统中微区的位置和有多少关联被考虑了。

3.5.4.3　动量空间的电子局域指标

ELI 的推导过程是基于实空间中的$\omega$-限制划分，如果使用动量空间的密度矩阵，这些推导也同样适合动量空间。动量空间同样可以划分为许多微区，这些微区有相同的电子或电子对布居，并使用电子动量 $\boldsymbol{P}$ 对微区进行取样。由于动量空间中，电子的费米和库仑关联行为与位置表象是相同的，即同自旋电子对密度在动量一样时会为 0 和反自旋会有一个非 0 极点，另外标度因子也与实空间中的一样。动量空间中，同自旋的 ELI-D 重新标度后取极限可定义为：

$$\tilde{\Upsilon}_{\mathrm{D}}^{\sigma}(\boldsymbol{p})=\lim_{\omega\to 0}\left\{\Upsilon_{\mathrm{D}}^{\sigma}(\mu_i)\right\}=\pi_1^{\sigma}(\boldsymbol{p})\tilde{V}_{\mathrm{D}}(\boldsymbol{p}) \tag{3.131}$$

这里 $\pi_1^{\sigma}(\boldsymbol{p})$ 是 $\sigma$ 自旋动量密度，$\tilde{V}_{\mathrm{D}}$ 是动量电子对体积。类似地也可根据实空间的计算方式计算动量空间中三重态耦合电子的 ELI-D。

ELI-D 是电子密度在微区中的积分分布，电子密度形式上可以分解为电子密度的任意组成部分，ELI-D 也可以写成这些组成部分的贡献之和。基于轨道密度，ELI-D 可写成：

$$\Upsilon_{\mathrm{D}}(\mu)=\frac{1}{\omega^{3/8}}\int_{\mu_i}\pi(\boldsymbol{p})\mathrm{d}\boldsymbol{p}=\frac{1}{\omega^{3/8}}\int_{\mu_i}\sum_k\pi_k(\boldsymbol{p})\mathrm{d}\boldsymbol{p}=\sum_k\Upsilon_{\mathrm{D}}(\mu_i\,|\,\phi_k) \tag{3.132}$$

动量密度来自于所有轨道 $\phi_k$ 的贡献和，即 $\pi=\sum_k\pi_k$ 。$\Upsilon_{\mathrm{D}}(\mu_i|\phi_k)$ 称为部分 ELI-D。

## 3.6　分子间相互作用能

### 3.6.1　实验电子密度的相互作用能

分子型化合物中，结构单元，分子或离子之间的作用力主要来源于它们之间的经典静电力。经典静电力是分子晶体结合能的主要部分，各向异性静电力对形成的最终晶体结构起着非常重要的作用。实验电子密度测试方面的进展为定性和定量研究分子作用力提供了新的途径。

从量子力学的观点，分子 $A$，$B$，$C$ 等之间的相互作用能定义为化合物 $E_{ABC\cdots}$ 能量与单体能量 $E_A$，$E_B$，$E_C$，…总和的差：

$$E_{\text{int}}(\boldsymbol{R}) = E_{ABC\cdots}(\boldsymbol{R}) - \left[E_A + E_B + E_C + \cdots\right] \tag{3.133}$$

一般总是假定单体内部结构是不变的。对于具有固定结构的单体，相互作用仅取决于这些单体间的相对位置和取向。这种说法也假定电子与核运动的耦合被忽略，即符合 Born-Oppenheimer 近似。方程式(3.133)中的总能来源于固定原子核和单体结构的电子薛定谔方程的解。

分子间相互作用能可使用差分方法或微扰方法获得。在差分方法中，如式(3.111)所示，$E_{\text{int}}(\boldsymbol{R})$ 可通过化合物能量与各单体总能的相减获得。一般严格的相互作用能会比相减的能量项小 4～7 个数量级，而对于多电子系统，第一性计算总能的误差往往比分子相互作用能大得多，因此差分方法的可靠度依赖于各个能量项误差在相减过程中到底有多少相互抵消了。另外，这个方法也无法给出相互作用的任何物理本质。

一种有效的方法是微扰理论方法，在该方法中，相互作用能是直接计算出来的，而不是通过总能相减获得。微扰方法将总能分解为一个个有明确物理意义的项，如静电、诱导、色散和交换排斥相互作用能。在微扰方法中，静电相互作用能 $E_{\text{es}}$ 代表了没有微扰的单体电荷密度 $\rho_{\text{tot}}^A(\boldsymbol{r})$ 和 $\rho_{\text{tot}}^B(\boldsymbol{r})$ 之间的库仑相互作用：

$$E_{\text{es}}^{AB}(\boldsymbol{R}) = \int_A\int_B \frac{\rho_{\text{tot}}^A(\boldsymbol{r}_1)\rho_{\text{tot}}^B(\boldsymbol{r}_2)}{|\boldsymbol{r}_1 - \boldsymbol{r}_2|}\mathrm{d}\boldsymbol{r}_1\mathrm{d}\boldsymbol{r}_2 \tag{3.134}$$

单体 $A$，$B$ 的电子密度包括原子核和电子两方面的贡献：

$$\rho_{\text{tot}}^A(\boldsymbol{r}_1) = \sum_{i\in A} Z_i\delta(\boldsymbol{r}_1 - \boldsymbol{R}_i) - \rho_{\text{elec}}^A(\boldsymbol{r}_1) \tag{3.135}$$

等式右边第一项为原子核 $i$ 在位置 $\boldsymbol{R}_i$ 的正电荷，$\rho_{\text{elec}}^A(\boldsymbol{r})$ 是电子密度。

诱导能，有时候称为极化能，总是相互吸引，来源于一个分子在其他无微扰分子产生的静电场中导致的极化。色散能，也总是相互吸引，来源于无微扰分子电子密度的涨落导致的瞬时关联。交换-排斥能来源于泡利规则，同自旋的电子在重叠区域会相互排斥，也存在相互吸引的交换能。

由于现在的实验技术能获得定量的电子密度信息，因此从实验数据中定量估算相互作用能也是可能的。使用最多的实验电子密度模型是 Stewart 提出的赝原子模型，即将电子密度以原子中心进行球谐函数展开：

$$\rho_i(\boldsymbol{r}) = \sum_{\ell=0}^{\ell_{\max}} \sum_{m=0}^{\ell} \sum_{p} P_{\ell mp} N_{\ell mp} \rho_\ell(r) \mathcal{Y}_{\ell mp}(\theta,\phi) \tag{3.136}$$

其中 $\rho_\ell(r)$ 是径向函数，$P_{\ell mp}$ 是电子布居参数，$N_{\ell mp}$ 是归一化因子，$\mathcal{Y}_{\ell mp}(\theta,\phi)$ 是实球谐函数，即通常所说的多极矩，当 $m$ 不为 0 时，$p$ 可正可负。

晶体的电子密度可写成赝原子电子密度的叠加：

$$\rho_{\text{elec}}^{A}(\boldsymbol{r}) = \sum_i \rho_i(\boldsymbol{r} - \boldsymbol{R}_i) \tag{3.137}$$

其中 $\boldsymbol{R}_i$ 代表原子 $i$ 在单胞中的位置。

在赝原子模型的众多变体中，使用最广的是 Hansen-Coppens 多极模型，在多极模型中，赝原子电子密度定义为：

$$\begin{aligned}\rho_i(\boldsymbol{r}) = {} & P_{\text{c}} \rho_{\text{core}}(\boldsymbol{r}) + P_{\text{v}} \kappa^3 \rho_{\text{valence}}(\kappa \boldsymbol{r}) \\ & + \sum_{\ell=0}^{\ell_{\max}} \kappa'^3 R_\ell(\kappa' \zeta r) \sum_{m=0}^{m=\ell} \sum_p P_{\ell mp} d_{\ell mp}(\theta,\phi)\end{aligned} \tag{3.138}$$

其中 $\rho_{\text{core}}(\boldsymbol{r})$ 和 $\rho_{\text{valence}}(\boldsymbol{r})$ 分别为自由原子芯层和价层的球形对称电子密度，都已使用一个电子的全积分值进行归一化。$R_\ell(\kappa'\zeta r)$ 是 Slater 类型的径向函数，$d_{\ell mp}(\theta,\phi)$ 是密度归一化后的球谐函数。价电子布居参数 $P_{\text{v}}$ 和 $P_{\ell mp}$ 以及无量纲参数 $\kappa$ 和 $\kappa'$ 用于精修实验数据，芯电子布居参数 $P_{\text{c}}$ 在精修过程中通常固定不变。

实验获得的晶体电子密度应该要反映所有多体相互效应，如极化、电荷转移、电子关联和相对论效应。研究显示，高精修衍射实验和严格的多极精修获得的实验电子密度能观测到由于分子间相互作用导致的电子密度微扰。为计算分子间相互作用能，晶体的电子密度被分成若干个分子的电子密度之和，这种分法必须假定分子在形成晶体过程中保持它们本身是不变的。在使用多极模型过程中，分子密度通常可通过组成该分子的原子电子密度叠加获得，这个过程仅当各个赝原子密度间不能有重叠才有效。Abramov 指出实验基组的重叠误差可通过精修过程中将 $\kappa'$ 固定为晶体理论结构因子获得的 $\kappa'$ 来大幅度减少。

### 3.6.2 静电相互作用的赝原子表示

#### 3.6.2.1 多极展开近似

实际应用时，严格式(3.134)由于是一个 6 维积分，不太适合静电能的计算。一个能避开繁杂积分计算的方法是通过多极矩展开对式(3.134)进行近似，即对 $|\boldsymbol{r}_1 - \boldsymbol{r}_2|^{-1}$ 进行 Taylor 展开，如果展开操作使用直角坐标系，静电相互作用能可写成 Buckingham 无迹多极矩形式：

$$
\begin{aligned}
E_{\text{esMM}}(\boldsymbol{R}) = & Tq^A q^B + T_\alpha\left(\mu_\alpha^A q^B - q^A \mu_\alpha^B\right) \\
& + T_{\alpha\beta}\left(\frac{1}{3}\Theta_{\alpha\beta}^A q^B + \frac{1}{3} q^A \Theta_{\alpha\beta}^B - \mu_\alpha^A \mu_\beta^B\right) \\
& + T_{\alpha\beta\gamma}\left(\frac{1}{15} q^A \Omega_{\alpha\beta\gamma}^B - \frac{1}{15}\Omega_{\alpha\beta\gamma}^A q^B - \frac{1}{3}\mu_\alpha^A \Theta_{\beta\gamma}^B + \frac{1}{3}\Theta_{\beta\gamma}^A \mu_\alpha^B\right) \\
& + \frac{1}{9}\Theta_{\alpha\beta}^A T_{\alpha\beta\gamma\delta}\Theta_{\gamma\delta}^B + \cdots
\end{aligned}
\tag{3.139}
$$

其中 $q,\mu,\Theta,\cdots$ 是分子永久静电矩(单极、偶极和四极矩等)，$T_{\alpha\beta\gamma\cdots} = \nabla_\alpha \nabla_\beta \nabla_\gamma \cdots \left(R^{AB}\right)^{-1}$ 是直角坐标系张量，$\alpha,\beta,\gamma,\cdots$ 代表径向矢量成分，并使用爱因斯坦求和。在式(3.117)中，电子密度 $\rho_{\text{tot}}^A(\boldsymbol{r})$ 和 $\rho_{\text{tot}}^B(\boldsymbol{r})$ 的细节是不需要的，只需要永久多极矩。

静电相互作用能的多极展开只有当相互作用的原子和分子没有重叠时才可使用。严格来说，只有当描述原子 $i$, $j$ 电子密度的坐标之差小于两原子之间的距离，即 $|\boldsymbol{r}_1 - \boldsymbol{r}_2| < |\boldsymbol{R}_{ij}|$ 时，多极展开才会收敛。由于模糊的边界划分，分子和原子的电子密度会伸向无穷远，因此根据定义，它们的多极展开原则上是不收敛的，但由于实际操作中，使用到了有限的基组，是可以达到收敛的。

### 3.6.2.2　严格势和多极模型组合方法

严格势和多极模型方法(exact potential and multipole model，EPMM)中对短程赝原子-赝原子相互作用采用严格的静电势能(EP)进行计算，而对众多的长程相互作用则使用 Buckingham 多极近似。两个赝原子电子密度 $\rho_{\text{tot},i}(\boldsymbol{r})$ 和 $\rho_{\text{tot},j}(\boldsymbol{r})$ 直接的静电相互作用 $E_{\text{esEP}}$ 可以写成：

$$
\begin{aligned}
E_{\text{esEP},ij} &= \int_i \rho_{\text{tot},i}(\boldsymbol{r}_1) V_{\text{tot},j}(\boldsymbol{r}_1)\,\mathrm{d}\boldsymbol{r}_1 = \int_j \rho_{\text{tot},j}(\boldsymbol{r}_2) V_{\text{tot},i}(\boldsymbol{r}_2)\,\mathrm{d}\boldsymbol{r}_2 \\
&= \frac{Z_i Z_j}{R_{ij}} + \int_i \rho_i(\boldsymbol{r}_1) V_{\text{nuc},j}(\boldsymbol{r}_1)\,\mathrm{d}\boldsymbol{r}_1 + \int_j \rho_j(\boldsymbol{r}_2) V_{\text{nuc},i}(\boldsymbol{r}_2)\,\mathrm{d}\boldsymbol{r}_2 \\
&\quad + \int_j \rho_j(\boldsymbol{r}_2) V_{\text{elec},i}(\boldsymbol{r}_2)\,\mathrm{d}\boldsymbol{r}_2
\end{aligned}
\tag{3.140}
$$

其中，$V_{\text{tot},i}$ 和 $V_{\text{tot},j}$ 分别为赝原子 $i$ 和 $j$ 的总静电势(包含原子核和电子产生的势)；$Z_i$ 和 $Z_j$ 是原子核电荷；$R_{ij}$ 是两原子之间的距离；$\rho_i(\boldsymbol{r}_1)$ 和 $\rho_i(\boldsymbol{r}_2)$ 是两原子的电子密度；$V_{\text{nuc},i}$ 和 $V_{\text{nuc},j}$ 是两原子核势；$V_{\text{elec},i}$ 是赝原子 $i$ 的电子势。

一般来讲，静电势可以使用多种方法获得。EPMM 方法需要用户定义一个临界原子距离( $\boldsymbol{R}_{\text{crit}}$ )作为 EP 和 MM 计算的分界线。与方程式(3.140)中要完全计算每对原子相比，采用 EPMM 方法能获得准确结果的同时能大幅减少计算量。

3.6.2.3 赝分子(promolecule)近似

Spackman 提出了静电能的一个不同的近似方法。它把每个赝原子的电子密度划分成一个球形原子项(自由原子密度) $\rho_{\text{atomic}}(\boldsymbol{r})$ 和一个差分项 $\Delta\rho_{\text{elec}}(\boldsymbol{r})$ ，即：

$$\rho_{\text{pseudoatom}}(\boldsymbol{r})=\rho_{\text{atomic}}(\boldsymbol{r})+\Delta\rho_{\text{elec}}(\boldsymbol{r})$$

这样，方程式(3.134)的被积函数可写成：

$$\begin{aligned}\rho_{\text{tot}}^{A}(\boldsymbol{r}_1)\rho_{\text{tot}}^{B}(\boldsymbol{r}_2)=\sum_{i\in A}\sum_{j\in B}\Big[&\rho_{\text{atomic},i}^{A}(\boldsymbol{r}_1)\rho_{\text{atomic},j}^{B}(\boldsymbol{r}_2)+\rho_{\text{atomic},i}^{A}(\boldsymbol{r}_1)\Delta\rho_{\text{elec},j}^{B}(\boldsymbol{r}_2)\\&+\Delta\rho_{\text{elec},i}^{A}(\boldsymbol{r}_1)\rho_{\text{atomic},j}^{B}(\boldsymbol{r}_2)+\Delta\rho_{\text{elec},i}^{A}(\boldsymbol{r}_1)\Delta\rho_{\text{elec},j}^{B}(\boldsymbol{r}_2)\Big]\end{aligned}$$

属于一个分子的赝原子的球形项组成了一个赝分子(promolecule)。因此 Spackman 静电能 $E_{\text{esSP}}$ 可写成赝分子-赝分子，赝分子-差分以及差分-差分贡献之和，即：

$$E_{\text{esSP}}=E_{\text{pro-pro}}+E_{\text{pro-def}}+E_{\text{def-def}} \tag{3.141}$$

使用多极展开近似，方程(3.119)中只有 $E_{\text{def-def}}$ 项能被近似，因为球形和中性原子的多极矩为 0，会使得剩下的两项都为 0。对于短程原子间距离，多极近似因有差分电荷重叠会给 $E_{\text{def-def}}$ 带来误差。方程(3.141)第一项包含了球形原子电子密度的静电相互作用的和，这个能量可以在倒空间中严格表示：

$$E_{\text{es,spherical},ij}=\frac{2}{\pi}\int_0^{\infty}\left[Z_i-f_i(s)\right]\left[Z_j-f_j(s)\right]j_0\left(s\boldsymbol{R}_{ij}\right)\mathrm{d}s \tag{3.142}$$

其中 $Z_i$ 是原子 $i$ 的核电荷； $f_i(s)$ 是原子 $i$ 的散射因子，是散射矢量 $s=4\pi\sin\theta/\lambda$ 的函数； $j_0\left(s\boldsymbol{R}_{ij}\right)$ 是 0 阶球形 Bessel 函数， $\boldsymbol{R}_{ij}$ 是核间距。为了计算上的方便，被积函数也可类似于方程(3.140)分成四部分，核相互作用项用 $Z_iZ_j/R_{ij}$ 替换，剩余的项随 $s$ 振荡，但随 $s$ 增加快速收敛，可通过一维积分策略较容易获得。

方程(3.141)中的 $E_{\text{pro-def}}$ 项包含了一个分子的球形原子密度 $\rho_{\text{atomic},i}$ 和另一个分子的差分密度项 $\Delta\rho_{\text{elec},i}$ 之间的相互作用。差分项可用过多极矩近似，同样，多极近似可能导致不准确的 $E_{\text{pro-def}}$ 。

### 3.6.3 非静电相互作用

尽管静电相互作用是主要的，但不能描述分子间相互作用能的全部性质。从实验电子密度计算来的库仑相互作用除了包含经典的静电相互作用，实际上已经包含了一些诱导相互作用。对于交换排斥和色散贡献，目前还无法从赝原子模型表示的电子密度中提取出来。

为了从实验电子密度中提取出排斥和色散相互作用，一些研究者建议使用由 Williams 或 Spackman 提出的参数化各向同性原子-原子势，两种参数化方案都来源于这样一个模型，$AB$ 二聚体之间的相互作用的近似为排斥能、色散能和静电能之和：

$$E_{\text{int}} = E_{\text{rep}} + E_{\text{disp}} + E_{\text{es}} \tag{3.143}$$

前两项可表述成：

$$E_{\text{rep}} + E_{\text{disp}} = \sum_{i\in A, j\in B} b_i b_j \exp\left[-\left(c_i + c_j\right) r_{ij}\right] - \sum_{i\in A, j\in B} a_i a_j r_{ij}^{-6} \tag{3.144}$$

其中 $r_{ij}$ 是非成键原子 $i$ 和 $j$ 之间的距离； $a$, $b$, $c$ 是分别适用于每种元素的可调势参数。

第三项为单体之间的静电相互作用，可通过点电荷近似(Williams-Cox 模型)或多极矩和静电势衍生量(Spackman)得到。

在 Cox-Williams 模型中，静电能根据 $q$ 点电荷的库仑相互作用来计算：

$$E_{\text{es}} = -\sum_{i\in A}\sum_{j\in B} q_i q_j r_{ij}^{-1} \tag{3.145}$$

式(3.144)中的指数参数 $c$ 通过理论计算估算；参数 $a$ 和 $b$ 通过拟合实际的晶体结构得到。

Spackman 提出了一套非成键原子-原子势。与 Williams-Cox 模型不同，Spackman 势中的排斥和色散参数完全由从头计算获得。

### 3.6.4　晶格能

晶格能可作为晶格中分子间相互作用的一个整体评估。它通常被定义成孤立(气体)分子形成晶体的能量。一般来讲 $E_{\text{latt}}$ 可通过计算分子间相互作用能(结合能) $E_{\text{bind}}$ 与弛豫能量 $E_{\text{rel}}$ 之差获得：

$$E_{\text{latt}} = E_{\text{bind}} - E_{\text{rel}} \tag{3.146}$$

晶体结合能定义为：

$$E_{\text{bind}} = E_{\text{cryst}} / Z - E_{\text{mol}}(\text{cryst}) \tag{3.147}$$

其中 $E_{\text{cryst}}$ 是晶体每个单胞的能量； $Z$ 是每个单胞的分子数量； $E_{\text{mol}}(\text{cryst})$ 是一个独立分子在晶体几何位置的能量。假设具有可加性， $E_{\text{bind}}$ 可通过逐步累加相邻单胞的分子间相互作用直至收敛得到：

$$E_{\text{bind}} = \frac{1}{2}\sum_{B} E_{\text{int}}^{AB} \tag{3.148}$$

其中 $E_{\text{int}}^{AB}$ 是 $A, B$ 分子之间的相互作用能。由于相互作用存在于两个分子之间，前面的系数 1/2 是为了消除重复计算。

弛豫能 $E_{\text{rel}}$ 定义为一个分子成气态和在晶体中两种状态下的能量之差：

$$E_{\text{rel}} = E_{\text{mol}}(\text{gas}) - E_{\text{mol}}(\text{cryst}) \tag{3.149}$$

晶格能的计算包括对晶体中所有相关的结构单元之间的相互作用的计算，由于在晶格的求和过程中，库仑相互作用在一定条件下才会收敛以及色散项收敛速度很慢，为了获得可靠的结果，需要使用一些特别的计算技术，如 Ewald 方法。

对于一个处在周期性晶体环境中的电子密度为 $\rho_{\text{tot},A}(\boldsymbol{r})$ 的分子，分子与晶体环境之间的相互作用能：

$$E_{\text{int}} = \int \mathrm{d}\boldsymbol{r}\, \rho_{\text{tot},A}(\boldsymbol{r}) V_{\text{cryst}}(\boldsymbol{r}) \tag{3.150}$$

其中 $V_{\text{cryst}}(\boldsymbol{r})$ 为晶体的静电势。

晶格求和的条件收敛意味着需要对一定尺寸和形状的有限样品进行求和计算。Ewald 求和方法是目前最著名的加速晶格求和收敛的方法，它的本质是结合两个条件收敛晶格求和，使两者的和能达到绝对收敛。在实际操作中，将库仑核分成分别用误差函数(error function)和误差补偿函数(complementary error function)表示的两部分。短程误差补偿函数的贡献部分可以安全地在直空间中求和，而长程误差函数贡献部分在倒空间中收敛很快：

$$G(\boldsymbol{r},\boldsymbol{r}') = \sum_{L} \frac{\operatorname{erfc}\left(\mu\left|\boldsymbol{r}-\boldsymbol{r}'+\boldsymbol{L}\right|\right)}{\left|\boldsymbol{r}-\boldsymbol{r}'+\boldsymbol{L}\right|} + \frac{4\pi}{\Omega}\sum_{k\neq 0} \frac{\mathrm{e}^{-k^2/4\mu^2}}{k^2} \mathrm{e}^{\mathrm{i}\boldsymbol{k}\cdot(\boldsymbol{r}-\boldsymbol{r}')} \tag{3.151}$$

其中参数 $\mu$ 决定了直空间和倒空间求和的相对权重，它的选择应该有利于整体的收敛。

大多数从实验电子密度计算静电势或相互作用能的工作都采用了 Stewart 的方法。这个方法中电子密度分解为球形和中性原子密度 $\rho_{\text{IAM}}(\boldsymbol{r})$ 和一个多极差分项 $\Delta\rho(\boldsymbol{r})$ 之和，即晶体的总静电势可写成：

$$V_{\text{cryst}}(\boldsymbol{r}) = V_{\text{IAM}}(\boldsymbol{r}) + \Delta V(\boldsymbol{r}) \tag{3.152}$$

$V_{\text{IAM}}(\boldsymbol{r})$ 是腰晶体(procrystal)的势，$\Delta V(\boldsymbol{r})$ 是多极差分密度项的势。$V_{\text{IAM}}(\boldsymbol{r})$ 可直接在直空间中求和：

$$V_{\text{IAM}}(\boldsymbol{r}) = \int \mathrm{d}\boldsymbol{r}' \frac{\rho_{\text{IAM}}(\boldsymbol{r}')}{\left|\boldsymbol{r}-\boldsymbol{r}'\right|} \tag{3.153}$$

多极差分项贡献 $\Delta V(\boldsymbol{r})$ 在倒空间收敛很快：

$$\Delta V(\boldsymbol{r}) = -\frac{1}{\pi\Omega}\sum_{\boldsymbol{k}(\neq 0)}\frac{F_{\text{cryst}}(\boldsymbol{k}) - F_{\text{IAM}}(\boldsymbol{k})}{k^2}\mathrm{e}^{-2\pi \mathrm{i}\boldsymbol{k}\cdot\boldsymbol{r}} \tag{3.154}$$

### 3.6.5 实验电荷分析获得相互作用能

QTAIM 方法为从电子密度中分析原子或分子之间相互作用的一个很好的分析手段，可以从理论计算的波函数中提取出所有的拓扑和能量性质，但对于实验的电子密度，只能从多极函数 $\rho(\boldsymbol{r})$ 中获得。Abramov 提出了一个估算闭壳层相互作用的局域电子动能密度 $G(\boldsymbol{r})$ 的方法，该方法基于半经典的 Thomas-Fermi 方程和梯度量子修正并使用电子密度 $\rho(\boldsymbol{r})$，密度梯度 $\nabla\rho(\boldsymbol{r})$ 和拉普拉斯量 $\nabla^2\rho(\boldsymbol{r})$ 信息，$G(\boldsymbol{r})$ 可写成：

$$G(\boldsymbol{r}) = \left(\frac{3}{10}\right)\left(3\pi^2\right)^{2/3}(\rho(\boldsymbol{r}))^{5/3} + \left(\frac{1}{72}\right)\left(\frac{(\nabla\rho(\boldsymbol{r}))^2}{\rho(\boldsymbol{r})}\right) + \left(\frac{1}{6}\right)\nabla^2\rho(\boldsymbol{r}) \tag{3.155}$$

方程(3.155)估算的 $G(\boldsymbol{r})$ 与 HF 理论计算在中程区(原子间距处于 0.5～2.1 Å)符合较好，偏差在 4%以内，然而式(3.133)仅适合于闭壳层相互作用，对于电子共享体系仅能给出比较粗糙的值。$G(\boldsymbol{r})$ 的这种计算方法为实验学家分析分子间相互作用提供了新的可能，特别是用于分析分子或原子之间相互作用。在(3，–1)键临界点，$\nabla\rho(\boldsymbol{r}_{\text{BCP}}) = 0$，式(3.155)可简化成：

$$G = \left(\frac{3}{10}\right)\left(3\pi^2\right)^{2/3}\rho^{5/3} + \left(\frac{1}{6}\right)\nabla^2\rho \tag{3.156}$$

使用位力定理的局域形式：

$$2G + V = \left(\frac{1}{4}\right)\nabla^2\rho \tag{3.157}$$

键临界点的局域电子势 $V$ 和总能量密度 $H$ 可以估算出来：

$$\begin{aligned} V &= \left(\frac{1}{4}\right)\nabla^2\rho - 2G \\ H &= G + V \end{aligned} \tag{3.158}$$

## 参 考 文 献

[1] Bader R F W. Atoms in Molecules: A Quantum Theory. Oxford: Oxford University Press, U. K., 1990.

[2] Matta C F, Boyd R J. The Quantum Theory of Atoms in Molecules: From Solid State to DNA and Drug Design. Weinheim: Wiley-VHC, 2007.

[3] Coppens P. X-ray Charge Densities and Chemical Bonding. New York: Oxford University Press Inc., 1997.

[4] Pendás A M, Kohout M, Blanco M A, Francisco E. Beyond standard charge density topological analyses//Gatti C, Macchi P, Eds.Modern Charge-Density Analysis. Berlin: Springer, 2012: 303-358.

[5] Dominiak P M, Espinosa E, Angyan J G. Intermolecular interaction energies from experimental charge density studie//Gatti C, Macchi P, Eds., Modern Charge-Density Analysis. Berlin: Springer, 2012: 387-433.

[6] Abramov Y A. On the possibility of kinetic energy density evaluation from the experimental electron-density distribution. Acta Cryst. A, 1997, 53: 264-272.

[7] Cremer D, Kraka E. Chemical bonds without bonding electron density—Does the difference electron-density analysis suffice for a description of the chemical bond? Angew. Chem. Int. Ed., 1984, 23: 627-628.

[8] Tsirelson V G, Stash A I, Potemkin V A, Rykounov A A, Shutalev A D, Zhurova E A, Zhurov V V, Pinkerton A A, Gurskaya G V, Zavodnik V E. Molecular and crystal properties of ethyl 4,6-dimethyl-2-thioxo-1,2,3,4-tetrahydropyrimidine-5-carboxylate from experimental and theoretical electron densities. Acta Cryst. B, 2006, 62: 676-688.

[9] Gatti C. Chemical bonding in crystals: New directions. Z. Kristallogr., 2005, 220: 399-457.

[10] Matta C F, Hernández-Trujillo J. Bonding in polycyclic aromatic hydrocarbons in terms of the electron density and of electron delocalization. J. Phys. Chem. A, 2003, 107: 7496-7504. (Correction: J. Phys. Chem. A, 2005, 109: 10798)

[11] Sen K D. Characteristic features of Shannon information entropy of confined atoms. J. Chem. Phys., 2005, 123: 074110.

[12] Bader R F W, Gatti C. A Green's function for the density. Chem. Phys. Lett, 1998, 287: 233-238.

[13] Gatti C, Bertini L. The local form of the source function as a fingerprint of strong and weak intra-and intermolecular interactions. Acta Cryst. A, 2004, 60: 438-49.

[14] Becke A D, Edgecombe K E J. A simple measure of electron localization in atomic and molecular systems. Chem. Phys., 1990, 92: 5397-5403.

[15] Savin A, Nesper R, Wengert S, Fassler T. ELF: The electron localization function. Angew. Chem. Int. Ed. Engl., 1997, 36: 1808-1832.

[16] Fuentealba P, Chamorro E, Santos J C. Understanding and using the electron localization function// Toro-Labbé A, Ed. Theoretical Aspects of Chemical Reactivity (Theoretical and Computational Chemistry; Vol.19). Elsevier B. V., 2008: 57-85.

[17] Tsirelson V, Stash A. Determination of the electron localization function from electron density. Chem. Phys. Lett, 2002, 351: 142-148.

[18] 卢天, 陈飞武. 电子定域化函数的含义与函数形式. 物理化学学报, 2011, 27: 2786-2792.

[19] Johnson E R, Keinan S, Mori-Sánchez P, Contreras-García J, Cohen A J, Yang W. Revealing noncovalent interactions. J. Am. Chem. Soc., 2010, 132: 6498-6506.

[20] Blanco M A, Martín Pendás A, Francisco E. Interacting quantum atoms: A correlated energy decomposition scheme based on the quantum theory of atoms in molecules. J. Chem. Theory

Comput., 2005, 1: 1096-1109.

[21] Hirshfeld F L. Bonded-atom fragments for describing molecular charge densities. Theor. Chim. Acta, 1977, 44: 129-138.

[22] Li L, Parr R G. The atom in a molecule: A density matrix approach. J. Chem. Phys., 1986, 84: 1704-1711.

[23] Becke A D. A multicenter numerical integration scheme for polyatomic molecules. J. Chem. Phys., 1988, 88: 2547-2553.

[24] Martín Pendás A, Francisco E, Blanco M A. Pauling resonant structures in real space through electron number probability distributions. J. Phys. Chem. A, 2007, 111: 1084-1090.

[25] Kohout M, Pernal K, Wagner F R, Grin Yu. Electron localizability indicator for correlated wavefunctions. I. Parallel-spin pairs, Theor. Chem. Acc., 2004, 112: 453-459.

[26] Kimball J C. Short-range correlations and electron-gas response functions. Phys. Rev. A, 1973, 7: 1648-1652.

# 第 4 章　电子结构的实验测试原理

## 4.1　引　言

早在 1915 年，Debye 就意识到使用 X 射线衍射技术获得固体中电子密度分布的可能性，然而在那个时期，仪器的精度尚未达到可以获得准确电子密度的程度。直到几十年之后，Debye 的想法才得以实现，这主要得益于如下几个方面的进步：

(1) 自动化衍射仪和高精度探测器的发展使得衍射数据质量有很大的改进；

(2) 高强度光源的出现与发展，比如同步辐射和中子源。近年来，实验室衍射仪的强度也有大幅增强；

(3) 实验电子结构精修理论模型的发展。

根据实验衍射数据确定电子结构时，首先需要建立一个参数化的理论电子结构模型(赝原子模型、密度矩阵模型或电子波函数模型等)，根据该模型计算出理论结构因子，然后通过调整(精修)电子结构模型的参数，使结构因子幅度(或其平方)的模型计算值与实验值之间的偏差(通常是两者之差的平方)最小，此时的电子结构即为所确定的实验电子结构。由于实验获得的衍射数据不可避免存在误差，因此在计算最小化函数值时需根据实验误差选择合适的权重方案[1]。

由于实际原子总是在不停地运动，实验获得的电子密度只是原子热振动的一个平均结果。在进行常规电子密度分析时，原子的振动通常被简化成一个简谐振动，每个原子可通过一个概率分布函数 $p_j(\boldsymbol{r})$ 来描述原子 $j$ 偏离平衡位置 $\boldsymbol{r}_j$ 的概率。原子 $j$ 的静态电子密度记为 $\rho_j^{\text{at,static}}$，这样热平均后的电子密度可描述成原子静态电子密度与 $p_j(\boldsymbol{r})$ 的卷积(用*表示)：

$$\rho_j^{\text{at}}(\boldsymbol{r})=\rho_j^{\text{at,static}}(\boldsymbol{r})*p_j(\boldsymbol{r})=\int\rho_j^{\text{at,static}}(\boldsymbol{r}-\boldsymbol{r}')\cdot p_j(\boldsymbol{r}')\mathrm{d}\boldsymbol{r}' \tag{4.1}$$

由于单胞电子密度为单胞中每个原子的电子密度与 $\delta$ 函数的卷积之和，即：

$$\rho_{\text{unit cell}}(\boldsymbol{r})=\sum_j\rho_j^{\text{at}}(\boldsymbol{r})*\delta(\boldsymbol{r}-\boldsymbol{r}_j) \tag{4.2}$$

将式(4.1)代入式(4.2)可得到：

$$\rho_{\text{unit cell}}(\boldsymbol{r}) = \sum_j \left\{ \left[ \rho_j^{\text{at, static}}(\boldsymbol{r}) * p_j(\boldsymbol{r}) \right] * \delta\left(\boldsymbol{r} - \boldsymbol{r}_j\right) \right\} \tag{4.3}$$

根据电子密度与结构因子 $F(\boldsymbol{H})$ 的傅里叶变换关系式可得到：

$$\begin{aligned} F(\boldsymbol{H}) &= FT\left[\rho_{\text{unit cell}}(\boldsymbol{r})\right] = \sum_j \left\{ FT\left[\rho_j^{\text{at, static}}(\boldsymbol{r}) * p_j(\boldsymbol{r})\right] \cdot FT\left[\delta\left(\boldsymbol{r} - \boldsymbol{r}_j\right)\right] \right\} \\ &= \sum_j f_j(\boldsymbol{H}) \cdot \mathrm{T}_j(\boldsymbol{H}) \cdot \mathrm{e}^{2\pi \mathrm{i} \boldsymbol{H} \cdot \boldsymbol{r}_j} \end{aligned} \tag{4.4}$$

其中：

$$\begin{aligned} f_j(\boldsymbol{H}) &= \int \rho_j^{\text{at, static}}(\boldsymbol{r}) \mathrm{e}^{2\pi \mathrm{i} \boldsymbol{H} \cdot \boldsymbol{r}} \mathrm{d}\boldsymbol{r} \\ T_j(\boldsymbol{H}) &= \int p_j(\boldsymbol{r}') \mathrm{e}^{\mathrm{i} \boldsymbol{H} \cdot \boldsymbol{r}'} \mathrm{d}\boldsymbol{r}' \end{aligned} \tag{4.5}$$

上式利用到了傅里叶变换的卷积定理，即两个函数卷积的傅里叶变换等于这两个函数分别求傅里叶变换后的乘积，其中 $f_j$ 为静态原子的形式因子；$T_j$ 为原子的温度因子，通常指的是 Debye-Waller 因子。可采用不同的 $f_j$ 和 $T_j$ 形式和结构参数来构建不同的电子结构精修模型。通常使用最小二乘法精修使得残余密度(实验密度与模型密度之差)最小。其他方法也比较常用，如共轭梯度法。与 $f_j$ 有关的参数包括描述电子密度的基函数以及它们的展开系数，这些参数决定了 $\rho_j^{\text{at, static}}$。在常规晶体结构以及大部分电子结构精修中，描述原子偏移平衡位置的概率密度函数 $p_j(\boldsymbol{r})$ 可近似用一个各向同性或异性的高斯函数来描述(称为简谐运动近似)。由于高斯函数的傅里叶变换也是高斯函数，$T_j$ 也是一个高斯函数，其指数部分可使用一个对称的 3×3 的矩阵来表示，对于各向同性和各向异性温度因子可分别用 1 和 6 个独立的原子位移参数(atomic displacement parameters，ADP)来描述。在一些复杂的情况，温度因子也可以使用更高阶的非简谐近似，如采用 Gram Charlier 系数，这种情况下，一般需要收集高角度的衍射点，才能进行可靠的精修。

考虑最简单的情形，原子静态电子密度 $\rho_j^{\text{at, static}}$ 来自中性球对称原子的 Hartree-Fock 或 Dirac-Fock 函数，只允许精修原子坐标和温度因子，这称为独立原子模型(independent atom model，IAM)。IAM 可通过最小二乘精修展示晶体结构图像，但无法获得原子间相互作用(化学键)导致的电子密度的重新分配信息。一种改进是将原子分成芯电子层和价电子层，将芯电子层电子密度固定为中性原子一样，并允许价电子层电子密度变化，如变为非中性，扩展或收缩，反映出原子周围实际的成键环境。这就是所谓的 Kappa 模型。与 IAM 相比，Kappa 模型虽然只为每个原子增加了两个额外的参数(即价电子布居数和价电子函数径向收缩系数 $\kappa$)，但能显著改善精修结果。Kappa 模型能给出一个粗糙的电子密度分布，但在实际电子密度分析中很少单独使用，一般是作为一个中间步骤来参与整个电子结构精修。电子密度分析中常采用更灵活的多极模型(multipole model，MM)，该模型中，每个原子的价层电子密度通过多极展开，通过多极矩的布居数和多极函数的收缩因子来调整价电子的非球形对称行为，进而模拟更复杂的化学成键环境。在赝原子模型中，这种多极架构通常能给出最好的拟合结果，由于每个原子包含了较多的精修参数(通常大于 20 个)，因此需要非常好的数据质量以及高的结构分辨率(如采用 Mo 靶 $K_\alpha$或波长更短的 X 射线，同时需要收集更高角度的衍射数据)，才能获得比较可信的精修结果。尽管 MM 几乎成为实验电子密度分析的一个标准方法，但这个模型在灵活度上仍然存在不足，有时会给电子密度结果带来系统性偏差。目前研究人员已提出一些改进 MM 的方法。

获得的实验电子密度隐含了一些微弱的电子效应，如电子关联与相对论修正，这些效应很难通过理论计算来考虑。另外它也本质上包含了晶体场效应，即分子的结晶过程对分子中电子密度的影响，这可以通过周期性的从头计算获得。研究发现基态和激发态的混合态的电子密度信息也可以通过实验电子密度分析获得，甚至通过飞秒 X 射线衍射可获得物质的瞬态实验电子密度。尽管存在这些优点，电子密度的质量，即使是在平衡状态下，也会受诸多因素的影响如结构因子的测试误差，MM 的模型缺陷和以原子核为中心的电子密度基函数展开方法等。这些限制阻碍了所有双电子项的分析，然而双电子项的重要性可在扩展的电子密度模型或密度矩阵(单电子原子轨道构造的单电子约化密度矩阵)中得到体现。密度矩阵可以通过位置空间和动量空间的散射数据联合精修获得，弹性和非弹性散射可分别提供位置空间和动量空间的密度信息。除了赝原子模型和密度矩阵模型，还有一条有潜力的途径是构造电子波函数模型，即所谓的 X 射线限制波函数模型(X-ray constrained wavefunction，XCW)，在这个方法中标准的从头变分法同时最小化波函数能量及波函数与实验的结构因子之差。很显然，除了能提供实验的单电子密度矩阵，XCW 方法也能产生一个符合实验的电子密度。

另外还有一些方法，如 X 射线原子轨道模型(X-ray atomic orbital，XAO)，基于原子轨道假设，可直接精修原子的电子态，主要应用在离子固体的电子密度分析，在该方法中，正交化原子轨道的系数通过微扰方法计算获得，并使用实测结构因子进行精修。XAO 与价轨道模型(valence orbital model，VOM)类似。VOM 能应用在配合物中，假定金属和有机配体间配位键的电子轨道交叠程度很低，因此金属或有机配体的电子密度可被处理成对原子密度的微扰。这个假设其实也是多极模型用来确定轨道系数的一个假设条件。

这些方法都是基于原子或分子密度或者轨道假设从衍射数据重构电子密度。实际上，也可采用其他方法，如蒙特卡罗波函数。确定实验电子密度过程中，有许多的替代方法与最大似然原理有关，最著名的就是最大熵法(maximum entropy method，MEM)，它提供了一个统计热力学的数据处理方法。另外基于赝-热力学思想的电荷翻转法在电子密度分析中也有潜在应用，值得关注。

## 4.2　热振动分析

实验电子密度和理论计算结果对比时最大的障碍就是原子热振动的模拟，理论计算得到的电子密度已经排除了热振动的影响，但实际晶体中原子总是在平衡位置附近振动。尽管通过降温手段可以降低热振动的影响，但这无法完全除掉，理论上，即使是在 0 K，也存在零点振动。

原子振动对衍射实验散射强度有重要的影响。原子对 X 射线的散射是一个超快过程，大约 $10^{-18}$ s，这比原子振动($10^{-13}$ s)要快得多。X 射线散射实验中每张照片一般曝光几秒钟，这段时间内包含了大量的态。Stewart 和 Feil 指出电子即时分布的散射平均与电子密度的时间平均等价[2]。

为了进行实验和理论电子密度的对比，一般在实验电子密度分析中，要研究静态电子密度，即通过对原子热振动的反卷积获得。对原子热振动的模拟是非常重要的，有两个方面的原因：①原子振动能给出晶体中分子和原子的势能面信息；②电子密度模型和原子振动模型往往是同时模拟同一套衍射数据，如果两个模型中有一个存在问题，则会影响另一个[3]。

### 4.2.1　晶格动力学

一个晶体可以看成一个巨型分子，晶体中每个原子有 3 个自由度。考虑晶体有 $N$ 个单胞，每个单胞中有 $n$ 个原子，因此晶体有 $3nN$ 个振动自由度。这些原子的振动关联在一起，贯穿整个晶体以波的形式运动，称为声子。根据周期性边界条件，每个原子的振动可以描述为：

$$\boldsymbol{u}(kl,t,\boldsymbol{q})=\boldsymbol{U}(k\,|\,\boldsymbol{q})\exp[\mathrm{i}(\boldsymbol{q}\cdot\boldsymbol{r}(kl)-\omega(\boldsymbol{q})t+\phi(k\,|\,\boldsymbol{q}))] \tag{4.6}$$

这里 $k$ 指单胞中的一个原子，$l$ 指单胞。$(k, l)$ 原子从平衡位置 $\boldsymbol{r}(kl)$ 的位移 $\boldsymbol{u}(kl,t,\boldsymbol{q})$ 与波矢 $\boldsymbol{q}$ 有关。$\boldsymbol{U}(k\,|\,\boldsymbol{q})$ 描述了原子 $(k, l)$ 振动的最大幅度与方向。$\boldsymbol{U}$ 与单胞 $l$ 无关，因为不同单胞中的等效原子有相同的幅度和方向，只是在相位上有区别。这就是布洛赫理论，这个理论将原子振动问题进行了大量的简化，让我们聚焦在一个单胞中的 $n$ 个原子的 $3n$ 个方程，而不是晶体中 $nN$ 个原子的 $3nN$ 个方程。方程(4.6)中的频率 $\omega$ 是 $\boldsymbol{q}$ 的连续函数，$\omega$ 依赖于 $\boldsymbol{q}$ 的关系称为色散关系。对于确定的 $\boldsymbol{q}$，方程(4.6)描述了 $3n$ 个振动模，因此我们需要 $N$ 个不同的 $\boldsymbol{q}$ 矢量去描述晶体中的原子振动模式。这些 $\boldsymbol{q}$ 矢量可以均匀地分布在第一布里渊区，或简称为布里渊区。布里渊区是倒空间中以原点为中心并被原点到最近的倒格点的中垂面包

围的区域。

在简谐振动和绝热近似下，$l$ 单胞中的 $k$ 原子的运动方程可写为：

$$m(k)\ddot{\boldsymbol{u}}(kl,t) = -\sum_{k'l'} \varPhi\begin{pmatrix} k & k' \\ l & l' \end{pmatrix} \boldsymbol{u}(k'l',t) \tag{4.7}$$

其中 $\varPhi$ 是力常数矩阵(能量对原子位移的二阶导数)，$\varPhi$ 与晶体的势能 $V$ 相关：

$$2V = \sum_{kl\alpha}\sum_{k'l'\alpha'} \varPhi_{\alpha\alpha'}\begin{pmatrix} k & k' \\ l & l' \end{pmatrix} u_{\alpha}(kl)u_{\alpha'}(k'l') \tag{4.8}$$

将方程(4.6)代入方程(4.7)，我们可得到一个方程组，写成矩阵形式：

$$\omega^2 \boldsymbol{U}_m = \boldsymbol{D}\boldsymbol{U}_m \tag{4.9}$$

其中 $\boldsymbol{U}_m$ 为质量的平方根重整化后的 $3n\times1$ 列向量

$$\boldsymbol{U}_m = \boldsymbol{m}^{1/2}\boldsymbol{U}_0 \tag{4.10}$$

质量矩阵 $\boldsymbol{m}$ 是通过在对角线上为每个原子重复 3 次该原子的质量获得的 $3n\times3n$ 对角矩阵，$\boldsymbol{U}_0$ 是单胞中各原子位移构成的列向量，定义如下：

$$\boldsymbol{U}_0(q) = \begin{pmatrix} U_1(1|\boldsymbol{q}) \\ U_2(1|\boldsymbol{q}) \\ U_3(1|\boldsymbol{q}) \\ U_1(2|\boldsymbol{q}) \\ \vdots \\ U_3(n|\boldsymbol{q}) \end{pmatrix} \tag{4.11}$$

$\boldsymbol{D}(\boldsymbol{q})$ 是通过质量重整化后的 $3n\times3n$ 动力学矩阵，定义为：

$$\boldsymbol{D} = \boldsymbol{m}^{-1/2}\boldsymbol{D}_0\boldsymbol{m}^{-1/2} \tag{4.12}$$

$\boldsymbol{D}_0$ 矩阵通过计算单胞内以及相邻单胞的原子之间的力获得，可看成力常数矩阵的傅里叶变换。$\boldsymbol{D}$ 矩阵的矩阵元为：

$$D_{\alpha\alpha'}(kk'|\boldsymbol{q}) = \left(m(k)m(k')\right)^{-1/2} \sum_{l'} \varPhi_{\alpha\alpha'}\begin{pmatrix} k & k' \\ 0 & l' \end{pmatrix} \exp\left[\mathrm{i}\boldsymbol{q}\cdot\Delta\boldsymbol{r}(kk'l')\right] \tag{4.13}$$

其中 $\varPhi_{\alpha\alpha'}$ 对应坐标为 $\alpha$ 和 $\alpha'$ 的原子之间的力常数，$\Delta\boldsymbol{r}(kk'l')$ 为不对称单元原点之间的距离。方程(4.9)本征问题的解即 $j\boldsymbol{q}$ 模偏移的本征矢 $\boldsymbol{e}(j\boldsymbol{q})$，本征值即 $j\boldsymbol{q}$ 模频率的平方 $\omega_j(\boldsymbol{q})^2$。建立 $\boldsymbol{D}(\boldsymbol{q})$ 的力可通过力场和从头计算获得，或者用一个经验力模型去拟合非弹性中子散射测量的色散曲线，从 Raman 和 IR 谱中可获得振动频率信息。一旦知道了原子的振动模式和频率，它们就可以用来计算对晶体热力学性质的贡献，即熵和热容，也可用来计算原子的平均平方位移张量和各向异性位移参数。

$k$ 原子的平均平方位移张量可以写成 $3nN$ 个振动模的贡献和：

$$\boldsymbol{B}_{\text{atom}}(k)=\frac{1}{Nm_k}\sum_{jq}\frac{E_j(\boldsymbol{q})}{\omega_j^2(\boldsymbol{q})}\boldsymbol{e}(k\mid j\boldsymbol{q})\boldsymbol{e}^*((k\mid j\boldsymbol{q}))^{\mathrm{T}} \tag{4.14}$$

其中 $\boldsymbol{e}(k\mid j\boldsymbol{q})$ 代表归一化 $\boldsymbol{e}(j\boldsymbol{q})$ 复本征矢的对应于原子 $k$ 的分量。$\omega_j$ 是 $j$ 模的频率，$m_k$ 为 $k$ 原子的质量，$E_j(\boldsymbol{q})$ 是振动模的能量，通过下式给出：

$$E_j(\boldsymbol{q})=\hbar\omega_j(\boldsymbol{q})\left(\frac{1}{2}+\frac{1}{\exp\left(\hbar\omega_j(\boldsymbol{q})/k_{\mathrm{B}}T\right)-1}\right) \tag{4.15}$$

方程(4.14)中的 $\boldsymbol{B}_{\text{atom}}(k)$ 为原子平均位移张量，它是一个 3×3 的对称张量，等价于 ADP 张量。$\boldsymbol{e}(j\boldsymbol{q})$ 包含了原子振动关联信息，无法从单一温度的散射实验中获得，但其中的一些信息可以通过使用刚体近似从多个温度的实验中获得。

### 4.2.2 原子位移参数

前面一节我们已经阐述了晶格动力学理论如何将晶体中原子的振动描述成一个个的振动模式。在实际电子密度分析和结构精修中不使用晶格动力学方法，而是将原子当成一个独立的简谐振子，在周围原子的平均场中运动。在这个方法中，一个原子的热平均电子密度可写成静态电子密度 $\rho_k(\boldsymbol{r})$ 和描述 $k$ 原子偏移平衡位置 $\boldsymbol{r}_{k0}$ 的概率密度函数(probability density function，p.d.f.) $p_k(\boldsymbol{r})$ 的卷积：

$$\langle\rho_k(\boldsymbol{r})\rangle=\int\rho_k(\boldsymbol{r}-\boldsymbol{r}_k)p_k(\boldsymbol{r}_k-\boldsymbol{r}_{k0})\mathrm{d}\boldsymbol{r}_k \tag{4.16}$$

需要注意的是，在这个模型中，我们假定静态电子密度在原子振动过程中并没有变形，电子密度整体紧随原子核运动，这个近似称为刚性赝原子近似，关于这个模型是否合理很难去证实，但根据这个模型得到的原子位移参数与非弹性中子散射结果非常一致。

散射矢 $\boldsymbol{h}$ 的 X 射线形式因子可表示成单胞平均电子密度的傅里叶变换：

$$F(\boldsymbol{h})=\int\langle\rho(\boldsymbol{r})\rangle\mathrm{e}^{2\pi\mathrm{i}\boldsymbol{h}\cdot\boldsymbol{r}}\mathrm{d}\boldsymbol{r} \tag{4.17}$$

单胞平均电子密度可近似为各原子的贡献和：

$$\langle\rho(\boldsymbol{r})\rangle=\sum_{N}^{k=1}n_k\int\rho_k(\boldsymbol{r}-\boldsymbol{r}_k)p_k(\boldsymbol{r}_k-\boldsymbol{r}_{k0})\mathrm{d}\boldsymbol{r}_k \tag{4.18}$$

其中 $n_k$ 为 $k$ 原子的占据因子。

将式(4.18)代入式(4.17)，可将结构因子写成每个原子贡献 $F_k(\boldsymbol{h})$ 的贡献之和：

$$F(\boldsymbol{h})=\sum_{N}^{k=1} n_k F_k(\boldsymbol{h}) \tag{4.19}$$

每个原子的贡献包含了一个形式因子 $f_k(\boldsymbol{h})$ 和 $T_k(\boldsymbol{h})$ 的乘积，形式因子 $f_k(\boldsymbol{h})$ 和 $T_k(\boldsymbol{h})$ 分别为静态电子密度 $\rho_k(\boldsymbol{r})$ 和原子 p.d.f 的傅里叶变换，有：

$$F(\boldsymbol{h})\approx\sum_{N}^{k=1} n_k f_k(\boldsymbol{h}) T_k(\boldsymbol{h})\exp\left(2\pi \mathrm{i}\boldsymbol{h}\cdot\boldsymbol{r}_{k0}\right) \tag{4.20}$$

采用符号替换 $\boldsymbol{v}=\left(\boldsymbol{r}-\boldsymbol{r}_k\right)$ 和 $\boldsymbol{u}=\left(\boldsymbol{r}_k-\boldsymbol{r}_{k0}\right)$，$k$ 原子的散射因子，或称为原子形式因子，可写成：

$$f_k(\boldsymbol{h})=\int \rho_k(\boldsymbol{r})\exp(2\pi \mathrm{i}\boldsymbol{h}\cdot\boldsymbol{v})\mathrm{d}\boldsymbol{v} \tag{4.21}$$

原子 p.d.f 的傅里叶变换 $T_k(\boldsymbol{h})$ 可写成：

$$T_k(\boldsymbol{h})=\int p_k(\boldsymbol{u})\exp(2\pi \mathrm{i}\boldsymbol{h}\cdot\boldsymbol{u})\mathrm{d}\boldsymbol{u} \tag{4.22}$$

式(4.22)说明了结构因子对原子位移的依赖性。现在我们还没有对 p.d.f 和 $T_k(\boldsymbol{h})$ 的形式增加任何限制。在常规结构精修和大多数实验电子密度研究中，原子 p.d.f 被近似使用一个各向同性或异性的高斯函数替代。基于统计物理，在简谐近似情况下 p.d.f 就是高斯函数，另外高斯函数的傅里叶变换也是一个高斯函数。省略原子下标 $k$，$T(\boldsymbol{h})$ 可表示成：

$$T(\boldsymbol{h})=\exp\left[-2\pi^2(\boldsymbol{h}\cdot\boldsymbol{u})^2\right] \tag{4.23}$$

方程(4.23)的具体形式取决于散射矢 $\boldsymbol{h}$ 和位移矢 $\boldsymbol{u}$ 基矢的选择。我们通常采用两个重要的基矢。衍射矢量 $\boldsymbol{h}$ 采用倒空间格子基矢 $(\boldsymbol{a}^*, \boldsymbol{b}^*, \boldsymbol{c}^*)$，原子位移矢量 $\boldsymbol{u}$ 采用直空间基矢 $(\boldsymbol{a}, \boldsymbol{b}, \boldsymbol{c})$，并且是归一化的，因此原子位移分量拥有长度量纲，有：

$$\begin{aligned}\boldsymbol{h}&=h\boldsymbol{a}^*+k\boldsymbol{b}^*+l\boldsymbol{c}^*\\ \boldsymbol{u}&=\Delta\xi^1 a^*\boldsymbol{a}+\Delta\xi^2 b^*\boldsymbol{b}+\Delta\xi^3 c^*\boldsymbol{c}\end{aligned} \tag{4.24}$$

在这个表示中，我们可获得 $T$：

$$\begin{aligned}T&=\exp\left(-2\pi^2\sum_{j=1}^{3}\sum_{l=1}^{3} h_j a^j\left\langle\Delta\xi^j\Delta\xi^l\right\rangle a^l h_l\right)\\ &\equiv\exp\left(-2\pi^2\sum_{j=1}^{3}\sum_{l=1}^{3} h_j a^j U^{jl} a^l h_l\right)\end{aligned} \tag{4.25}$$

其中 $U^{jl}=\left\langle\Delta\xi^j\Delta\xi^l\right\rangle$，$U^{jl}$ 具有各向异性参数形式，拥有平方长度量纲，可直接与原子在某个方向的平均平方位移相关联。$\boldsymbol{U}$ 是 3×3 对称张量，一般不用直角坐标系表示。但当衍射矢量和原子位移矢量使用同一个直角坐标系时，可以避免一些复杂的计算，因此在晶格动力学研究和热振动分析中也经常使用这个表示。当 $\boldsymbol{h}$ 和 $\boldsymbol{u}$ 都在直角坐标系中表示时，有：

$$\begin{aligned}\boldsymbol{h} &= h_1^C \boldsymbol{e}_1 + h_2^C \boldsymbol{e}_2 + h_3^C \boldsymbol{e}_3 \\ \boldsymbol{u} &= \xi_1^C \boldsymbol{e}_1 + \xi_2^C \boldsymbol{e}_2 + \xi_3^C \boldsymbol{e}_3\end{aligned} \tag{4.26}$$

此时，$T$ 可写成：

$$\begin{aligned}T &= \exp\left(-2\pi^2 \sum_{j=1}^{3}\sum_{l=1}^{3} h_j^C \left\langle \Delta\xi_j^C \Delta\xi_l^C \right\rangle h_l^C\right) \\ &\equiv \exp\left(-2\pi^2 \sum_{j=1}^{3}\sum_{l=1}^{3} h_j^C U_{jl}^C h_l^C\right)\end{aligned} \tag{4.27}$$

其中 $U_{jl}^C = \left\langle \Delta\xi_j^C \Delta\xi_l^C \right\rangle$ 为称为 Debye-Waller 因子。$U_{jl}^C$ 能直接与方程(4.14)中的 $\boldsymbol{B}$ 张量联系起来，因为两者都是平均平方位移张量在直角坐标系中的表示。如果坐标系相同，两者可直接比较，否则需要线性变换后才可比较。

当原子概率密度函数不是高斯函数时，这种情况比较复杂。最流行的一种做法是使用 GramCharlier (GC) 展开方法，这种方法可将非高斯分布描述成高斯 p.d.f 的微分扩展形式。以高斯 Debye-Waller 因子 $T_{\mathrm{G}}(\boldsymbol{h})$ 表示的 $T_{\mathrm{GC}}(\boldsymbol{h})$ 可写成：

$$T_{\mathrm{GC}}(\boldsymbol{h}) = T_{\mathrm{G}}(\boldsymbol{h})\left[1 + (2\pi i)^3 \gamma^{jkl} h_j h_k h_l / 3! + (2\pi i)^4 \delta^{jklm} h_j h_k h_l h_m / 4! + \cdots\right] \tag{4.28}$$

其中 $\gamma^{jkl}$, $\delta^{jklm}$, …分别是三阶、四阶等的非简谐张量系数，并使用爱因斯坦求和。使用 GC 扩展的结构精修需要高分辨率的衍射数据。根据结构中原子的平均平方位移 $\langle u^2 \rangle$，要求的衍射数据具有的最小分辨率可按如下方程计算：

$$K_n = 2\left(\frac{n \ln 2}{\pi}\right)^{1/2} \frac{1}{\left\langle u^2 \right\rangle^{1/2}} \tag{4.29}$$

其中 $n$ 是 GC 扩展的阶。对于有些体系，按式(4.29)估算出的最小分辨率 $K_n$ 仅具有参考意义。

尽管在一些电子密度分析中有用到非简谐参数精修，但很少有人去检查这些参数的必要性。一个显著的指标是看这些参数的标准差是否高。二是要查看非简谐 p.d.f 图，检查其与简谐近似的偏差是否在物理上合理。

原子平均平方位移张量通常通过具有固定概率的椭球展示，定义为：

$$\boldsymbol{u}^{\mathrm{T}} \boldsymbol{B}^{-1} \boldsymbol{u} = c^2 \tag{4.30}$$

其中 $c$ 是常数，当 $c$=1.5382 时原子有 50%的概率落在椭球里面。从椭球的外形可看出原子振动的主要方向。

结构精修时检查 ADP 的等概率椭球一般就能发现问题所在，扁圆或扁长的畸变椭球经常是静态无序导致的。位移型畸变在晶体中很常见，然而很少有电子密度分析的体系中存在静态无序。静态无序与温度无关，这与热振动不同。多个温度的测量是一个有效的方法，可以区分 ADP 的不同类型的贡献。如果所有原子的椭球都朝一个方向拉长，则很可能是由于吸收矫正没做好。

一般情况下，对 ADP 进行 Hirshfeld 刚性键测试是需要的。类似质量的原子形成的共价键(如有机分子中的周期表第二行原子)在键方向必须有一个相近的平均平方位移。原子 $k$ 在单位矢量 $\boldsymbol{v}$ 方向的平均平方位移可表示为 $\boldsymbol{vB}(k)\boldsymbol{v}^{\mathrm{T}}$ ，其中 $\boldsymbol{B}(k)$ 是平均平方位移张量，$\boldsymbol{v}^{\mathrm{T}}$ 是 $\boldsymbol{v}$ 的转置矩阵，如果差别超过 $10^{-4}$ 应该是有问题的。刚性键测试也可以扩展到非成键原子，如果一个分子中的非成键原子的平均平方位移符合刚性键测试，则整个分子或其中的一部分是一个刚性片段。

### 4.2.3　刚性片段分析

刚性片段分析主要是分析分子整体作为一个刚性片段且不受晶体中周围分子运动影响的分子平均平方位移。研究人员发现 ADP 受原子集体远动的影响，这其中最著名的是 Schomaker 和 Trueblood 建立的 TLS 模型[4]。在分子晶体中，分子内和分子间相互作用力的强度相差很大，这意味着振动模可分成分子(刚性片段)外低频模和分子内高频(键弯曲、伸缩和扭转)模两部分。一般而言，分子外低频模和分子内高频模在频率上是有明显区别的，对于一些非常刚性的分子，也可能存在两种模的混合。为了了解高低频模对原子平均平方位移的相对贡献大小，将振动模当作谐振子，原子平均平方位移可写成：

$$\langle u^2 \rangle = \frac{h}{4\pi^2 m\nu}\left(\frac{1}{2}+\frac{1}{\exp\left(h\nu/k_{\mathrm{B}}T\right)-1}\right) \tag{4.31}$$

其中 $m$ 是约化质量，$\nu$ 是频率，$T$ 是热力学温度。式(4.31)与式(4.14)和式(4.15)密切相关，因为晶体中的每个振动模都被当成了谐振子。由于方程(4.31)中频率 $\nu$ 与 $\langle u^2 \rangle$ 存在一个倒数关系，因此平均平方位移主要是由于“刚性片段”的低频振动贡献，尤其是在较高的温度下。

一个原子的平均平方矢量可通过对所有振动模的求和获得。我们可以将一个刚性分子看成一个独立的整体对象，此时式(4.14)可写成如下形式：

$$\boldsymbol{B}_{\text{molecule}}(k) = \sum_{j\boldsymbol{q}} \boldsymbol{e}_{\text{molecule}}(k \mid j\boldsymbol{q})\boldsymbol{e}^{*}_{\text{molecule}}((k \mid j\boldsymbol{q}))^{\mathrm{T}} \tag{4.32}$$

其中 $\boldsymbol{e}_{\text{molecule}}(k \mid j\boldsymbol{q})$ 描述了刚性分子 $k$ 沿 $\boldsymbol{q}$ 波矢方向的第 $j$ 个振动模的平移和转动

位移：

$$
\boldsymbol{e}_{\text{molecule}}(k\,|\,j\boldsymbol{q})=\begin{bmatrix} U_1(k\,|\,j\boldsymbol{q}) \\ U_2(k\,|\,j\boldsymbol{q}) \\ U_3(k\,|\,j\boldsymbol{q}) \\ --- \\ \Theta_1(k\,|\,j\boldsymbol{q}) \\ \Theta_2(k\,|\,j\boldsymbol{q}) \\ \Theta_3(k\,|\,j\boldsymbol{q}) \end{bmatrix} \tag{4.33}
$$

这里 $k$ 代表了原胞中的一个分子，并且求和是在 $6nN$ 个分子外振动模上进行，$n$ 是单胞中的分子个数，$U_i$ 是沿着 $i$ 轴的平动位移，$\Theta_i$ 是绕着这根轴的转动位移。$\boldsymbol{B}_{\text{molecule}}$ 是 6×6 的对称矩阵，可以划分成 4 个 3×3 矩阵，分别用于描述平移 $\boldsymbol{T}$，转动 $\boldsymbol{L}$ 以及它们的关联 $\boldsymbol{S}$，即：

$$
\boldsymbol{B}_{\text{molecule}}(k)=\begin{bmatrix} \boldsymbol{T} & \cdots & \boldsymbol{S} \\ \vdots & & \vdots \\ \left(\boldsymbol{S}^*\right)^{\mathrm{T}} & \cdots & \boldsymbol{L} \end{bmatrix} \tag{4.34}
$$

其中：

$$
\begin{aligned}
\boldsymbol{T}(k) &= \sum_{j\boldsymbol{q}} \boldsymbol{U}(k\,|\,j\boldsymbol{q})\boldsymbol{U}^*(k\,|\,j\boldsymbol{q})^{\mathrm{T}} \\
\boldsymbol{L}(k) &= \sum_{j\boldsymbol{q}} \Theta(k\,|\,j\boldsymbol{q})\Theta^*(k\,|\,j\boldsymbol{q})^{\mathrm{T}} \\
\boldsymbol{S}(k) &= \sum_{j\boldsymbol{q}} \boldsymbol{U}(k\,|\,j\boldsymbol{q})\Theta^*(k\,|\,j\boldsymbol{q})^{\mathrm{T}}
\end{aligned} \tag{4.35}
$$

$\boldsymbol{T}$ 是原子平均平方位移张量的刚性片段的等价表示。$\boldsymbol{B}_{\text{molecule}}$ 的 $\boldsymbol{T}, \boldsymbol{L}, \boldsymbol{S}$ 分量可通过对 ADP 进行最小二乘拟合获得。H 原子有非常大的内部振动，它们不符合刚性片段条件，不参与该精修。用于刚性片段分析的 ADP 需要转换到平均平方位移张量的直角坐标分量。原子与刚性片段的位移之间存在关系式：

$$
\boldsymbol{B}_{\text{atom}}(k\alpha)=\boldsymbol{T}(k)+\boldsymbol{R}(k\alpha)\boldsymbol{L}(k)\boldsymbol{R}^{\mathrm{T}}(k\alpha)+\boldsymbol{S}(k)\boldsymbol{R}^{\mathrm{T}}(k\alpha)+\boldsymbol{R}(k\alpha)\boldsymbol{S}^{\mathrm{T}}(k) \tag{4.36}
$$

其中 $\boldsymbol{R}(k\alpha)$ 是 $k$ 分子中 $\alpha$ 原子的平衡位置矢量 $\boldsymbol{r}(k\alpha)$ 的直角坐标分量形成的反对称矩阵。

$$
\boldsymbol{R}(k\alpha)=\begin{bmatrix} 0 & r_3 & -r_2 \\ -r_3 & 0 & r_1 \\ r_2 & -r_1 & 0 \end{bmatrix} \tag{4.37}
$$

因为 $\boldsymbol{S}$ 的对角矩阵元以 $(S_{22}-S_{11}),(S_{33}-S_{22})$ 和 $(S_{11}-S_{33})$ 的组合形式出现，因此关联张量 $\boldsymbol{S}$ 只有一部分矩阵元能被确定。$\boldsymbol{S}$ 的迹是不能确定的，因为如果在每个对角量上加一个常数并不影响观测值方程，因此通常设置为 0。采用 TLS 模型来描述分子振动的质量可通过计算残余量 $R_w\left(U_{i,j}\right)=\sum\left(\Delta\left(wU_{i,j}\right)^2\right)/\sum\left(wU_{i.j}^{\text{obs}}\right)^2$ 来判断，其中 $\Delta\left(wU_{i,j}\right)$ 是实验 ADP 和 TLS 模型 ADP 计算值之间的加权差。对于真正的刚性分子这个值一般在 5%左右，而对于可能存在扭转振动的分子这个值通常在 8%～12%。除了对整个分子，刚性片段分析也可在一个分子的某一部分上进行。从 ADP 的刚性片段分析获得的低频分子振动信息可被用来估算分子晶体的振动熵和热容。

### 4.2.4　中子衍射辅助分析

使用 X 射线衍射结构因子的多极精修无法保证热振动和电子密度完全分开，因为它们的参数关联在一起，因此通过其他的实验获得原子核坐标以及原子振动信息是非常重要的。最常见的方法是在 X 射线衍射实验之外再加一个中子衍射测试，但是进行中子衍射实验往往是很困难的，因为首先能测试中子衍射的地方很少，其次中子衍射实验需要的大晶体也很难获得。使用经验力场或从头计算方法进行晶格动力学计算能提供原子振动的一些重要信息。

中子衍射基于中子与原子核的相互作用，能直接获得原子核的位置和平均平方位移信息，这些信息在实验电荷分析中非常重要，特别是对于含氢原子的体系，由于氢原子没有芯层电子，单纯依靠 X 射线衍射很难进行电荷密度分析。

然而，同一样品采用不同技术测试的数据很难合并在一起，因为实验条件很少能相同，经常发现 X 射线衍射和中子衍射获得的温度因子之间存在明显的系统误差。普通 X 射线衍射分析中常用的球形(椭球)原子近似也是一个原因，因为各向异性温度因子不仅仅可以拟合原子的平均平方位移，它也能拟合价电子密度的非球形畸变。这种影响在多极模型精修中可以有效去除。

X 射线衍射和中子衍射之间存在一些重要的实验方面的不同：

(1) 温度。因热振动导致的平均平方位移与温度近似成线性关系，这从式(4.31)低频高温极限 $h\nu \leqslant k_{\mathrm{B}}T$ 条件下可得到：

$$\left\langle u^2\right\rangle = h/4\pi^2 m\nu\left(\frac{1}{2}+k_{\mathrm{B}}T/h\nu\right) \tag{4.38}$$

X 射线衍射实验中温度控制非常困难，因为准确的温度与使用氮气或氦气气流的不同而不同，一般可使用相变的晶体进行温度校准，如磷酸二氢钾的相变温度是 122.4 K。

(2) 吸收。中子和 X 射线衍射中的吸收效应有明显不同。尽管晶体对中子的吸收系数比较小，但 H 原子的非相干散射会导致类似吸收的问题，而且一般用于中子衍射实验的晶体比 X 射线衍射要大得多(>1 $mm^3$)，因此整体吸收效应也会变大。由于吸收造成的低角度衍射点的衰减比高角度衍射点大，不正确的吸收矫正会使温度因子过于偏小。

(3) 消光。中子衍射中的消光问题比较严重，因为使用的样品比较大。X 射线衍射的消光通常使强的低指数衍射点衰减。然而对于中子衍射，消光能影响到高角度衍射点，因为中子衍射强度不随衍射角的增加而减小，这不同于 X 射线衍射。不正确的消光矫正会产生与不正确吸收矫正类似的影响，即导致过于偏小的平均平方位移。最常采用的是 Becker 和 Coppens 提出的消光矫正方法[5]。

(4) 热弥散散射。热弥散散射(thermal diffuse scattering，TDS)是由于散射的 X 射线与低频晶格振动模之间的能量交换。由于热振动的影响，弹性 Bragg 散射强度会随温度增加而减小，而非弹性 TDS 强度会增加，X 射线总散射与温度无关。与 Bragg 散射一样，TDS 强度峰值也会出现在倒格点上。由于 TDS 是非弹性的，与 Bragg 峰相比，TDS 强度峰有更宽的波长分布和更宽的峰形，可以通过峰形扫描对 TDS 峰进行经验估算。避免 TDS 的最好办法是在低温下进行测量。

(5) 多重散射。当几个倒格点同时与 Ewald 球相切时会出现多重散射效应，在这种情况下，衍射后的光束可以作为入射光束导致进一步的衍射，这会导致强点变弱，弱点变强。多重散射也会导致 ADP 变小，与不正确的 TDS，消光和吸收校正的影响一样。

## 4.3 散射实验

### 4.3.1 X 射线衍射

X 射线在整个化学和材料领域都扮演了非常重要的角色，X 射线与物质相互作用时会被散射或吸收。由于 X 射线的典型波长(～1 Å)与物质中原子间距接近，因此 X 射线衍射可以用于探测物质结构信息。另外 X 射线的光子能量在原子内层电子结合能附近，因此 X 射线吸收谱可以用来探测内层电子的能量和特征吸收谱信息。

X 射线总散射包含弹性和非弹性部分。由于电子散射 X 射线的能力比原子核要强得多，因此弹性散射强度主要由电子密度决定。这与中子散射情形相反，原子核对中子的散射要比对电子散射强得多。原子的最大电子密度的位置即为原子核位置。

实际晶体中的原子每时每刻都在进行热振动，因此单胞中的电子密度是热平均的，也称为动态电子密度。理想情况下每个原子都静止时的电子密度称为静态电子密度。X 射线的相干散射(衍射)可使用 Laue 方程或 Bragg 定律来描述，其衍射的波幅(F)是单胞中热平均电子密度 $\langle\rho(\boldsymbol{r})\rangle$ 的傅里叶变换(用 FT 表示)：

$$F(\boldsymbol{H})=\int_V\langle\rho(\boldsymbol{r})\rangle \mathrm{e}^{2\pi \mathrm{i}\boldsymbol{H}\cdot\boldsymbol{r}}\mathrm{d}\boldsymbol{r}=FT\langle\rho(\boldsymbol{r})\rangle \tag{4.39}$$

其中 $\boldsymbol{H}=h\boldsymbol{a}^*+k\boldsymbol{b}^*+l\boldsymbol{c}^*$ 为倒空间中的散射矢量，$V$ 为单胞体积。单胞静态电子密度的傅里叶变换 $F_{hkl}$ 称为结构因子(structure factor)，指的是单胞中电子密度对 X 射线散射时在某个倒空间格点 $hkl$ 上的散射幅度之和。结构因子只定义在倒空间中一些离散的格点上，单胞(静态)电子密度可通过结构因子的傅里叶逆变换获得：

$$\rho(\boldsymbol{r})=1/V\sum_{h,k,l}F_{hkl}\mathrm{e}^{-2\pi \mathrm{i}(hx+ky+lz)} \tag{4.40}$$

这里是对无穷个 $hkl$ 的求和，$x, y, z$ 为实空间单胞中的分数坐标，定义 $\boldsymbol{r}=x\boldsymbol{a}+y\boldsymbol{b}+z\boldsymbol{c}$。通过方程(4.40)原则上可以获得一种晶体中的准确电子密度，但实际上准确的电子密度很难获得，主要是由于：①由于 X 射线波长($\lambda$)不是无穷小以及测试仪器衍射几何的限制，导致实际能测到的衍射点个数是有限的，即 $|\boldsymbol{H}|_{\max}=2\sin(\theta_{\max})/\lambda$；②X 射线衍射强度随衍射角增加而急剧减低，导致高角度的衍射点非常弱，难以测出；③在动力学近似下，只有 $F(\boldsymbol{H})$ 的强度可从实验中直接测到，但相位无法从实验获得，而相位在重构 $\rho(\boldsymbol{r})$ 时是需要的。

### 4.3.2 极化中子衍射

极化中子衍射(polarized neutron diffraction，PND)是最广泛使用的研究磁化密度的一种技术，该技术能获得单胞中任一点的磁化密度，并且适用于不同类型的磁性晶体材料。分子基磁性材料是 PND 应用的一个重要领域，这类材料拥有丰富的磁性，与过渡金属或稀土化合物相比，分子基磁性材料中的自旋密度离域在各个原子上。实验磁化密度分析是一种研究开壳层分子体系的电子结构和磁相互作用的一种有效手段[6]。

PND 实验测量的是所谓的翻转比值 $R(\boldsymbol{k})$，即晶体磁化方向(外部磁场方向)平行和反平行于中子极化矢量 $\boldsymbol{P}$ 两种情况下的衍射强度的比值 $\left(\dfrac{I_+(\boldsymbol{k})}{I_-(\boldsymbol{k})}\right)$：

$$R(\boldsymbol{k})=\frac{I_+(\boldsymbol{k})}{I_-(\boldsymbol{k})}=\frac{F_{\mathrm{N}}^2+2\boldsymbol{P}\cdot\left(F_{\mathrm{N}}'\boldsymbol{Q}_\perp'+F_{\mathrm{N}}''\boldsymbol{Q}_\perp''\right)+Q_\perp^2}{F_{\mathrm{N}}^2-2\boldsymbol{P}\cdot\left(F_{\mathrm{N}}'\boldsymbol{Q}_\perp'+F_{\mathrm{N}}''\boldsymbol{Q}_\perp''\right)+Q_\perp^2} \tag{4.41}$$

其中 $F_{\mathrm{N}}(\boldsymbol{k})$ 是原子核的结构因子，$\boldsymbol{Q}_\perp(\boldsymbol{k})$ 是磁相互作用矢量，$\boldsymbol{Q}_\perp(\boldsymbol{k})=\hat{\boldsymbol{k}}\times\boldsymbol{F}_{\mathrm{M}}(\boldsymbol{k})\times\hat{\boldsymbol{k}}$，$\hat{\boldsymbol{k}}$ 是平行于散射矢量 $\boldsymbol{k}$ 的单位矢量。$F_{\mathrm{N}}(\boldsymbol{k})$ 和 $\boldsymbol{Q}_\perp(\boldsymbol{k})$ 都是复数，符号′

和″分别表示它们的实部和虚部。磁结构因子 $\boldsymbol{F}_{\mathrm{M}}(\boldsymbol{k})$ 是一个矢量，即单胞中原子自旋和轨道磁矩的总和，其方向为 $\boldsymbol{\mu}$ 。它的大小是电子自旋密度 $m(\boldsymbol{r})$ 的傅里叶变换：

$$\boldsymbol{F}_{\mathrm{M}}(\boldsymbol{k}) = \boldsymbol{\mu} \int_{\text{cell}} m(\boldsymbol{r}) \mathrm{e}^{\mathrm{i}\boldsymbol{\kappa r}} \mathrm{d}\boldsymbol{r} \tag{4.42}$$

$m(\boldsymbol{r})$ 是自旋磁化密度 $s(\boldsymbol{r})$ 和轨道磁化密度 $L(\boldsymbol{r})$ 之和：

$$m(\boldsymbol{r}) = s(\boldsymbol{r}) + L(\boldsymbol{r}) \tag{4.43}$$

当原子磁矩 $\mu_i$ 与外磁场共线时，磁结构因子 $\boldsymbol{F}_{\mathrm{M}}(\boldsymbol{k})$ 平行于磁场，相应的翻转比为：

$$R(\boldsymbol{k}) = \frac{F_{\mathrm{N}}^2 + 2Pq^2\left(F_{\mathrm{N}}'F_{\mathrm{M}}' + F_{\mathrm{N}}''F_{\mathrm{M}}''\right) + q^2F_{\mathrm{M}}^2}{F_{\mathrm{N}}^2 - 2Peq^2\left(F_{\mathrm{N}}'F_{\mathrm{M}}' + F_{\mathrm{N}}''F_{\mathrm{M}}''\right) + q^2F_{\mathrm{M}}^2} \tag{4.44}$$

其中 $e$ 是翻转效率，$q^2 = (\sin\alpha)^2$ ，$\alpha$ 是垂直磁化方向和散射矢量的夹角。对于中心空间群晶体，$F_{\mathrm{N}}''$ 和 $F_{\mathrm{M}}''$ 均为 0，磁结构因子可直接从翻转比得到。在强各向异性顺磁化合物中，可能存在非共线磁矩，这时就需要采用一般的表达式(4.41)。

### 4.3.3 康普顿散射

康普顿效应是一种著名的非弹性散射现象，是指当 X 射线与物质中的电子相互作用后，因失去能量而导致波长变长的现象。经常使用波长偏移 $\Delta\lambda$ 来描述，由散射角 $\phi$ ，普朗克常数 $h$ ，电子的静止质量 $m$ 和真空光速 $c$ 决定：

$$\Delta\lambda = \frac{h}{mc}(1-\cos\phi) \tag{4.45}$$

为了理解电子的运动如何影响这种现象，最好写成光子能量的公式：

$$E_2 = \frac{E_1}{\left[1+\left(E_1/mc^2\right)(1-\cos\phi)\right]} \tag{4.46}$$

一个自由移动的电子导致的康普顿散射可理解为多普勒效应，即沿 X 射线散射矢量方向运动的电子导致了 X 射线的频率(或能量)偏移，频率偏移量与电子动量(速度)在散射矢量( $\boldsymbol{K} = \boldsymbol{k}_1 - \boldsymbol{k}_2$ )方向的投影成比例。如果这个方向定义为直角坐标系的 $z$ 轴，那么散射能量 $E_2$ 与电子动量在散射矢量 $\boldsymbol{K}$ 上的分量 $p_z$ 有关：

$$\frac{p_z}{mc} = \frac{\left(E_2 - E_1\right) + E_1E_2(1-\cos\varphi)/mc^2}{\left(E_1^2 + E_2^2 - 2E_1E_2\cos\varphi\right)^{\frac{1}{2}}} \tag{4.47}$$

将这个结果以电子动量 $p_z$ 的函数展示出来，在 $p_z = 0$ 两侧是对称的，即电子动量分布$n(\boldsymbol{p})$在散射矢量上的投影，称为康普顿轮廓(Compton profile)，通常记作$J(p_z)$。因此康普顿散射可以用来探测电子动量密度$n(\boldsymbol{p})$，$J(p_z)$与$n(\boldsymbol{p})$有如下关系：

$$J(p_z)=\iint n(\boldsymbol{p})\mathrm{d}p_x\mathrm{d}p_y \tag{4.48}$$

在冲激近似下，即假定转移的能量大大超过了电子结合能，因此电子可以看成是以同样的速度在运动，此时散射截面可以写成：

$$\begin{aligned}\frac{\mathrm{d}^2\sigma}{\mathrm{d}\Omega\mathrm{d}E_2}=&N\left(\frac{e^2}{mc^2}\right)\left(\frac{E_2}{E_1}\right)\left(\frac{m}{\hbar^2K}\right)\\&\times\left\{\left[1+\cos^2\varphi+P_1\sin^2\varphi\right]\left[J(p_Z)\right]\right.\\&\left.+2\frac{E_1}{mc^2}\left[(\cos\varphi-1)P_c\hat{\boldsymbol{\sigma}}\cdot(k_1\cos\varphi+k_2)\right]\left[J_{\mathrm{mag}}(p_Z)\right]\right\}\end{aligned} \tag{4.49}$$

其中$P_1$和$P_c$分别为入射光子的线偏和圆偏极化，$\hat{\boldsymbol{\sigma}}$为电子磁矩方向的单位矢量。上式最后一项$J_{\mathrm{mag}}(p_z)$称为磁康普顿轮廓，被定义为自旋向上和自旋向下的动量密度之差：

$$J_{\mathrm{mag}}(p_z)=\iint(n(\boldsymbol{p}\uparrow)-n(\boldsymbol{p}\downarrow))\mathrm{d}p_x\mathrm{d}p_y \tag{4.50}$$

在冲激近似下，可以不考虑轨道磁化，即在瞬时相互作用时轨道运动无法施加影响，在这个方面磁康普顿散射与中子散射不同，前者只能探测自旋磁矩，而后者能探测自旋与轨道的总磁矩。

## 4.4 实验电子结构的精修算法

### 4.4.1 最小二乘法

衍射实验产生的衍射点数据巨大，远远多于一般电子结构模型中精修参数的个数，因此可以使用最小二乘法精修方法进行实验电子结构研究[7]。在最小二乘法中，定义误差函数$S$为观测值与实验值差的平方和，通过调整精修参数的值使误差函数的值最小。

#### 4.4.1.1 数学形式

假如我们有 $n$ 的实验观测量$f_1, f_2, \cdots, f_n$，每一个都线性依赖于$m$个参数$x_1, \cdots, x_m$，并且$m\leqslant n$，每个$f_i$都有一个随机误差$\varepsilon_i$，观测量与参数之间的关系式可写成方程：

$$\begin{aligned} f_1 &= a_{11}x_1 + a_{12}x_2 + \cdots + a_{1m}x_m + \varepsilon_1 \\ f_2 &= a_{21}x_1 + a_{22}x_2 + \cdots + a_{2m}x_m + \varepsilon_2 \\ &\cdots\cdots\cdots\cdots \\ f_n &= a_{n1}x_1 + a_{n2}x_2 + \cdots + a_{nm}x_m + \varepsilon_n \end{aligned} \tag{4.51}$$

或写成矩阵形式：

$$\boldsymbol{F}_{n,1} = \boldsymbol{A}_{n,m}\boldsymbol{X}_{m,1} + \boldsymbol{E}_{n,1} \tag{4.52}$$

系数矩阵 $\boldsymbol{A}$ 的矩阵元为偏导：$\partial f_i / \partial x_j = a_{ij}$

给定 $n$ 个观测量，我们的目标是获得符合最好的 $\boldsymbol{X}$。高斯提出可以通过最小化偏差的平方和，即误差函数 $S$，并给每个观测值附加一个权重，$S$ 定义为：

$$S = \sum_{i=1}^{n} w_i \left(f_i - \hat{f}_i\right)^2 = \sum_{i=1}^{n} w_i \Delta_i^2 \tag{4.53}$$

其中 $\hat{f}_i$ 是基于 $\boldsymbol{X}$ 的计算值。

假设第 $i$ 个和第 $j$ 个观测值之间存在相关系数 $\gamma_{ij}$。观测值的方差和协方差可通过方差-协方差矩阵 $\boldsymbol{M}_f$ 给出，矩阵元为 $\sigma_i\sigma_j\gamma_{ij}$，其中 $\sigma_i$ 是第 $i$ 个观测值的标准差，相应的误差函数为：

$$S = \boldsymbol{V}^{\mathrm{T}}\boldsymbol{M}_f^{-1}\boldsymbol{V} \tag{4.54}$$

其中 $\boldsymbol{V}$ 是列向量，向量元为 $f_i - \hat{f}_i$，即：$\boldsymbol{V} \equiv \boldsymbol{F} - \hat{\boldsymbol{F}} \equiv \boldsymbol{F} - \boldsymbol{A}\hat{\boldsymbol{X}}$，所以：

$$\begin{aligned} S &= \boldsymbol{V}^{\mathrm{T}}\boldsymbol{M}_f^{-1}\boldsymbol{V} = (\boldsymbol{F} - \boldsymbol{A}\hat{\boldsymbol{X}})^{\mathrm{T}}\boldsymbol{M}_f^{-1}(F - \boldsymbol{A}\hat{\boldsymbol{X}}) \\ &= \boldsymbol{F}^{\mathrm{T}}\boldsymbol{M}_f^{-1}\boldsymbol{F} + \hat{\boldsymbol{X}}^{\mathrm{T}}\boldsymbol{A}^{\mathrm{T}}\boldsymbol{M}_f^{-1}\boldsymbol{A}\hat{\boldsymbol{X}} - \boldsymbol{F}^{r}\boldsymbol{M}_f^{-1}\boldsymbol{A}\hat{\boldsymbol{X}} - \hat{\boldsymbol{X}}^{\mathrm{T}}\boldsymbol{A}^{\mathrm{T}}\boldsymbol{M}_f^{-1}\boldsymbol{F} \\ &= \boldsymbol{F}^{\mathrm{T}}\boldsymbol{M}_f^{-1}\boldsymbol{F} + \hat{\boldsymbol{X}}^{\mathrm{T}}\boldsymbol{A}^{\mathrm{T}}\boldsymbol{M}_f^{-1}\boldsymbol{A}\hat{\boldsymbol{X}} - 2\boldsymbol{F}^{\mathrm{T}}\boldsymbol{M}_f^{-1}\boldsymbol{A}\hat{\boldsymbol{X}} \end{aligned} \tag{4.55}$$

当对于每个位置参数，都有 $\partial S / \partial x_i = 0$ 时，可获得最好的参数估计。使用矩阵符号，引入微分算符 $\delta$，这些条件可写成：

$$\delta S = \delta\left(\boldsymbol{V}^{\mathrm{T}}\boldsymbol{M}_f^{-1}\boldsymbol{V}\right) = 0 \tag{4.56}$$

将(4.55)代入，有：

$$\delta\left(\boldsymbol{V}^{\mathrm{T}}\boldsymbol{M}_f^{-1}\boldsymbol{V}\right) = 2(\delta\hat{\boldsymbol{X}})^{\mathrm{T}}\left(\boldsymbol{A}^{\mathrm{T}}\boldsymbol{M}_f^{-1}\boldsymbol{A}\hat{\boldsymbol{X}} - \boldsymbol{A}^{\mathrm{T}}\boldsymbol{M}_f^{-1}\boldsymbol{F}\right) = 0 \tag{4.57}$$

该方程的解可写成正规方程：

$$\left(\boldsymbol{A}^{\mathrm{T}}\boldsymbol{M}_f^{-1}\boldsymbol{A}\right)\hat{\boldsymbol{X}} = \boldsymbol{A}^{\mathrm{T}}\boldsymbol{M}_f^{-1}\boldsymbol{F} \tag{4.58}$$

定义：$\boldsymbol{B} \equiv \boldsymbol{A}^{\mathrm{T}}\boldsymbol{M}_f^{-1}\boldsymbol{A}$，式(4.58)可写成：

$$B\hat{X} = A^{\mathrm{T}} M_f^{-1} F \tag{4.59}$$

在不考虑观测量相关情况下，$M_f^{-1}$ 是对角化的权重矩阵，此时：

$$B = \sum_{i=1}^{n} w_i \frac{\partial f_i}{\partial x_j} \frac{\partial f_i}{\partial x_k} \tag{4.60}$$

根据式(4.59)，未知量 $X$ 的最好的估计是：

$$\hat{X} = B^{-1} A^{\mathrm{T}} M_f^{-1} F \tag{4.61}$$

4.4.1.2 结构因子的最小二乘精修

在衍射强度数据的最小二乘精修计算中，实测量 $f_i$ 经常定义为结构因子的平方 $F^2$ 或结构因子本身 $F$ 。观测值和计算值之间的偏差是：

$$\Delta = \left| F_{\text{obs}} - k \left| F_{\text{calc}} \right| \right| \tag{4.62}$$

$$\Delta = \left| F_{\text{obs}}^2 - k^2 \left| F_{\text{calc}} \right|^2 \right| \tag{4.63}$$

这里标度因子 $k$ 用于将结构因子的计算值与观测值缩放到同一个尺度，结构因子下标 obs，calc 分别表示计算观测值与模型计算值。

与前面介绍的处理方法不同，结构因子与未知量 $x_j$ 的关系不再是式(4.51)描述的线性函数。前面介绍的方法只有假设当二阶或更高阶的偏导为 0 才适用。这个假设的代价是这些方程不再精确，所以单次计算不会得到误差函数的最小值。如果偏离线性的程度非常大，误差函数的最小值可以达到，但需要更多的迭代步数。

为了将方程线性化，误差函数 $S$ 的斜率 $S'_j$ 可以写成未知量 $x_j$ 的 Taylor 展开形式。对于第 $j$ 个未知量，有：

$$\begin{aligned} S'_j = S'_j(X_0) + \sum_k \frac{\partial S'_j(X_0)}{\partial x_k} \delta x_k \\ + \frac{1}{2} \sum_k \sum_p \frac{\partial^2 S'_j(X_0)}{\partial x_k \partial x_p} \delta x_k \delta x_p + \cdots \end{aligned} \tag{4.64}$$

其中 $k, p = 1, \cdots, m$ 表示 $m$ 个未知量。$X_0$ 表示使用未知量的当前值。第一项为误差函数沿着 $x_j$ 在 $X_0$ 的斜率值，可通过方程(4.53)获得：

$$S'_j(X_0) = \frac{\partial S}{\partial x_j} = 2\sum_i^n w_i \Delta_i \frac{\partial \Delta_i}{\partial x_j} \tag{4.65}$$

线性化过程即将式(4.64)中除了一阶偏导和前面的项保留外，其他项都去掉：

$$S'_j = S'_j(\boldsymbol{X}_0) + \sum_k \frac{\partial S'_j(\boldsymbol{X}_0)}{\partial x_k}\delta x_k \tag{4.66}$$

我们处理结构因子的情形，根据式(4.62)：

$$\frac{\partial \Delta_i}{\partial x_j} = -\frac{\partial |kF_{i,c}|}{\partial x_j}\frac{(F_{\text{obs}} - |kF_{\text{calc}}|)}{|F_{\text{obs}} - |kF_{\text{calc}}||} \tag{4.67}$$

代入式(4.65)，有：

$$S'_j(\boldsymbol{X}_0) = -2\sum_{i=1}^{n} w_i (F_{i,o} - |kF_{i,c}|)\frac{\partial |kF_{i,c}|}{\partial x_j} \tag{4.68}$$

式(4.66)可写成：

$$\begin{aligned} S'_j = & -2\sum_{i=1}^{n} w_i (F_{i,o} - |kF_{i,c}|)\frac{\partial |kF_{i,c}|}{\partial x_j} \\ & + 2\sum_k \left\{ \sum_{i=1}^{n} w_i \left(\frac{\partial |kF_{i,c}|}{\partial x_j}\right)\left(\frac{\partial |kF_{i,c}|}{\partial x_k}\right) - \sum_{i=1}^{n} w_i \Delta_i \frac{\partial^2 |kF_{i,c}|}{\partial x_k \partial x_j}\delta x_k \right\} \end{aligned} \tag{4.69}$$

式(4.69)的最后一项求和再一次包含了二阶偏导，根据 $S'_j = 0\,(j = 1, \cdots, m)$ 可得 $m$ 个正规方程：

$$\sum_k \left\{ \left[ \sum_{i=1}^{n} w_i \left(\frac{\partial |kF_{i,c}|}{\partial x_j}\right)\left(\frac{\partial |kF_{i,c}|}{\partial x_k}\right) \right] \delta x_k \right\} = \sum_{i=1}^{n} w_i \{F_{i,o} - |kF_{i,c}|\} \frac{\partial |kF_{i,c}|}{\partial x_j} \tag{4.70}$$

这个方程与式(4.59) $\boldsymbol{B}\hat{\boldsymbol{X}} = \boldsymbol{A}^{\mathrm{T}}\boldsymbol{M}_f^{-1}\boldsymbol{F}$ 等价，含一个对角化的方差-协方差矩阵 $\boldsymbol{M}_f$，矩阵 $\boldsymbol{A}(nm)$ 对应的矩阵元 $A_{ij} = \partial |kF_{i,c}| / \partial x_j$，向量 $\boldsymbol{F}(n1)$ 对应 $F_i = w_i$ $|F_{i,0} - |kF_{i,c}||$，对称矩阵 $\boldsymbol{B}(nn)$ 矩阵元为 $B_{jk} = \sum_{i=1}^{n} w_i \left(\frac{\partial |kF_{i,c}|}{\partial x_j}\right)\left(\frac{\partial |kF_{i,c}|}{\partial x_k}\right)$

最小二乘迭代的主要步骤包括计算矩阵 $\boldsymbol{A}, \boldsymbol{B}, \boldsymbol{B}^{-1}$ 以及矩阵乘法。正如式(4.70)所示，式(4.59)中的矢量 $\boldsymbol{X}$ 定义为 $\boldsymbol{X}_i = \delta x_i$，这样式(4.61)的解就是未知量的偏离值了，而不是未知参数本身。由于式(4.64)的截断是一个近似，这个偏离量可能高估，也可能低估。当这个偏移量添加到原来的参数值，即 $\boldsymbol{X}_2 = \boldsymbol{X}_1 + \delta \boldsymbol{X}$，依赖于 $\boldsymbol{X}$ 的矩阵 $\boldsymbol{A}$ 的矩阵元就变了，需要多步才能收敛。

#### 4.4.1.3　参数估计的方差与协方差

矩阵 $\boldsymbol{M}_x$ 描述了 $\boldsymbol{X}$ 的最佳估计值的方差与协方差：

$$\boldsymbol{M}_x = \varepsilon\left\{\left(\hat{\boldsymbol{X}} - \boldsymbol{X}^0\right)\left(\hat{\boldsymbol{X}} - \boldsymbol{X}^0\right)^{\mathrm{T}}\right\} \tag{4.71}$$

上标 0 表示真实值。$\varepsilon$ 表示是一个估计，将式(4.61)代入，有：

$$\begin{aligned}\boldsymbol{M}_x &= \varepsilon\left\{\boldsymbol{B}^{-1}\boldsymbol{A}^{\mathrm{T}}\boldsymbol{M}_f^{-1}\left(\boldsymbol{F} - \boldsymbol{F}^0\right)\left(\boldsymbol{F} - \boldsymbol{F}^0\right)^{\mathrm{T}}\boldsymbol{M}_f^{-1}\boldsymbol{A}\boldsymbol{B}^{-1}\right\} \\ &= \boldsymbol{B}^{-1}\boldsymbol{A}^{\mathrm{T}}\boldsymbol{M}_f^{-1}\varepsilon\left\{\left(\boldsymbol{F} - \boldsymbol{F}^0\right)\left(\boldsymbol{F} - \boldsymbol{F}^0\right)^{\mathrm{T}}\right\}\boldsymbol{M}_f^{-1}\boldsymbol{A}\boldsymbol{B}^{-1}\end{aligned} \tag{4.72}$$

其中 $\varepsilon\left\{\left(\boldsymbol{F} - \boldsymbol{F}^0\right)\left(\boldsymbol{F} - \boldsymbol{F}^0\right)^{\mathrm{T}}\right\}$ 是观测量方差-协方差矩阵 $\boldsymbol{M}_f$ 的一个估计，因此：

$$\boldsymbol{M}_x = \boldsymbol{B}^{-1}\boldsymbol{A}^{\mathrm{T}}\boldsymbol{M}_f^{-1}\boldsymbol{M}_f\boldsymbol{M}_f^{-1}\boldsymbol{A}\boldsymbol{B}^{-1} = \boldsymbol{B}^{-1}\boldsymbol{A}^{\mathrm{T}}\boldsymbol{M}_f^{-1}\boldsymbol{A}\boldsymbol{B}^{-1} \tag{4.73}$$

定义 $\boldsymbol{B} = \boldsymbol{A}^{\mathrm{T}}\boldsymbol{M}_f^{-1}\boldsymbol{A}$，有 $\boldsymbol{M}_x = \boldsymbol{B}^{-1}$，换句话说，方差-协方差矩阵是 $\boldsymbol{B}$ 矩阵的逆。由于经常只有方差和协方差的相对值可以估计，我们可以写出：

$$\boldsymbol{M}_f = \sigma^2\boldsymbol{N}_f \tag{4.74}$$

其中 $\sigma^2$ 是标度因子，能将 $\boldsymbol{M}_f$ 缩放到绝对尺度下的方差和协方差 $\boldsymbol{N}_f$。于是我们得到：

$$\boldsymbol{M}_f^{-1} = \frac{1}{\sigma^2}\boldsymbol{N}_f^{-1} \equiv \frac{1}{\sigma^2}\boldsymbol{P}_f \tag{4.75}$$

$$\boldsymbol{B} = \boldsymbol{A}^{\mathrm{T}}\boldsymbol{M}_f^{-1}\boldsymbol{A} = \frac{\boldsymbol{A}^{\mathrm{T}}\boldsymbol{P}_f A}{\sigma^2} \tag{4.76}$$

未知量的方差和协方差矩阵为：

$$\boldsymbol{M}_x \equiv \boldsymbol{B}^{-1} = \sigma^2\left(\boldsymbol{A}^{\mathrm{T}}\boldsymbol{P}_f A\right)^{-1} \tag{4.77}$$

$\boldsymbol{P}_f$ 经常被认为是观测值的权重形成的对角矩阵元。对于二维探测器，一张照片上有若干衍射点，衍射点之间的相关性不可忽略。$\sigma^2$ 最好的估计 $\hat{\sigma}^2$ 与偏差 $\boldsymbol{V}$ 的幅度有关。$\hat{\sigma}^2$ 是偏离值平方的加权平均。最好的 $\hat{\sigma}^2$ 为：

$$\hat{\sigma}^2 = \frac{\boldsymbol{V}^{\mathrm{T}}\boldsymbol{P}_f\boldsymbol{V}}{n - m} \tag{4.78}$$

当 $\boldsymbol{P}_f$ 为对角化矩阵时：

$$\hat{\sigma}^2 = \frac{\sum_{i=1}^{n} w_i\Delta_i^2}{n - m} \tag{4.79}$$

如果观测值被赋予合适的权重，模型也是合理的，则 $w_i \approx \Delta_i^{-2}$，拟合度(goodness of fit) $\hat{\sigma}^2$ 将接近于 1。将式(4.79)代入式(4.77)，未知量的方差和协方差矩阵为：

$$\boldsymbol{M}_x = \frac{\sum_{i=1}^{n} w_i \Delta_i^2}{n-m}\left(\boldsymbol{A}^{\mathrm{T}}\boldsymbol{P}_f A\right)^{-1} \tag{4.80}$$

$\boldsymbol{M}_x$ 矩阵元 $M_{ij}$ 经常写为 $\sigma_i\sigma_j\gamma_{ij}$，相关系数 $\gamma_{ij}$ 为：

$$\gamma_{ij} = \frac{M_{ij}}{\sqrt{M_{ii}M_{jj}}} \tag{4.81}$$

### 4.4.2　最大熵法

最大熵法(maximum entropy method，MEM)是一个基于信息理论的技术，早期是为了增强天文学领域中有噪声数据中的信号而发展起来的。这个理论基于统计热力学中的一些方程。最大熵法中的信息熵与统计热力学中的统计熵一样，都是处理最大似然分布，只不过在统计热力学中这个分布是粒子在位置和动量空间中的分布，而在信息理论中，指的是数字量在像素系综中的分布。

在 $m$ 个盒子中放 $N$ 个相同的粒子，每个盒子中的粒子数为 $n_i$ 的概率 $P$：

$$P = \frac{N!}{n_1!n_2!n_3!\cdots n_m!} \tag{4.82}$$

与统计热力学一样，这里的熵也被定义成 $\ln P$。由于上式的分子是一个常数，因此熵可以写成：

$$S = -\sum_i n_i \ln n_i \tag{4.83}$$

这里使用到了斯特林公式 $\ln N! \approx N\ln N - N$。

如果盒子 $i$ 含有 $n_i$ 个粒子存在一个先验概率 $q_i$，根据条件概率公式，概率 $P$ 变成：

$$P = \frac{N!}{n_1!n_2!n_3!\cdots n_m!} \times q_1^{n_1} q_2^{n_2} \cdots q_m^{n_m} \tag{4.84}$$

此时的熵：

$$S = -\sum_i n_i \ln n_i + \sum_i n_i \ln q_i = -\sum_{i=1}^{m} n_i \ln \frac{n_i}{q_i} \tag{4.85}$$

最大熵法最早是由 Collins 引入到晶体学[8]，基于上式，把电子密度分布的信

息熵写成单胞中 $M$ 个格点的求和形式：

$$S[\rho(\boldsymbol{r})] = -\sum_{j=1}^{M} p(\boldsymbol{r}) \ln \frac{p(\boldsymbol{r})}{m(\boldsymbol{r})} \tag{4.86}$$

其中 $p(\boldsymbol{r})$ 和 $m(\boldsymbol{r})$ 分别定义为：

$$\begin{aligned} p(\boldsymbol{r}_j) = p_j = \frac{\rho(\boldsymbol{r}_j)}{\sum_{j=1}^{M} \rho(\boldsymbol{r}_j)} \\ m(\boldsymbol{r}_j) = m_j = \frac{\rho_0(\boldsymbol{r}_j)}{\sum_{j=1}^{M} \rho_0(\boldsymbol{r}_j)} \end{aligned} \tag{4.87}$$

$\rho_0$ 是先验参考密度，这个参考密度通常用均匀分布或独立原子模型的电子密度来替代。如果没有实验结构因子的限制，信息熵的最大化将会得到一个均匀分布，因此任何偏离这个分布的电子密度信息都包含在数据中。$P(\boldsymbol{r})$ 与在 $\boldsymbol{r}$ 处发现一个电子的概率成正比，$m(\boldsymbol{r})$ 与 $\boldsymbol{r}$ 处发现一个电子的先验概率成正比。

式(4.86)的求解是一个自洽过程。$S\left[\rho(\boldsymbol{r})\right]$ 的最大化需在如下限制条件下进行：

$$C[\rho(\boldsymbol{r})] = \chi^2 = \sum_{k=1}^{N} \left| \frac{F_k^{\text{obs}}(\boldsymbol{H}) - F_k^{\text{calc}}(\boldsymbol{H})}{\sigma(F_k)} \right|^2 = N \tag{4.88}$$

其中 $N$ 是独立观测的次数，这个限制条件表示从模型得到的结构因子应该在测试误差范围内与测试的结构因子一致。$F^{\text{calc}}$ 可通过 $M$ 个格点求和获得：

$$F_k^{\text{calc}}(\boldsymbol{H}) = \frac{V_{\text{unit cell}}}{M} \sum_{j=1}^{M} \rho(\boldsymbol{r}_j) \exp\left\{2\pi \mathrm{i} \boldsymbol{H}_k \cdot \boldsymbol{r}_j\right\} \tag{4.89}$$

如果没有考虑式(4.88)的限制条件，熵的最大化都会得到均匀分布的结果。

限制条件可以通过在最小化函数 $L(\lambda)$ 中引入一个拉格朗日乘子 $\lambda$ 来引入：

$$L(\lambda) = S(\rho(\boldsymbol{r})) - \lambda \chi^2 \tag{4.90}$$

当达到收敛时，最小化函数的梯度为 0：

$$\nabla_\rho(L) = \nabla_\rho(S) - \lambda \nabla_\rho(\chi^2) = 0 \tag{4.91}$$

即：$\nabla_\rho(S) = \lambda \nabla_\rho(\chi^2)$

对于每一个格点 $j$，有：

$$\frac{\partial S}{\partial \rho_j} = \lambda \frac{\partial \chi^2}{\partial \rho_j} \tag{4.92}$$

在先验密度为均匀分布的情况下，对于所有的 $j$ 有 $\rho_0\left(\boldsymbol{r}_j\right)=\rho_{0j}=\rho_0$，根据式(4.86)的定义，$S$ 的微分有：

$$\frac{\partial S}{\partial \rho_j}=-\frac{1}{\sum_{j=1}^{M}\rho_j}\ln\left(\rho_j / \mathrm{A}\right) \tag{4.93}$$

其中 $A$ 是一常数，代入式(4.92)，得到：

$$\rho_j = A\exp\left\{-\lambda\left(\sum\rho_j\right)\frac{\partial C}{\partial \rho_j}\right\} \tag{4.94}$$

其中 $A$ 可设置为 $A\approx\exp\left\{\sum p_j\ln\rho_j\right\}$，由于 $\frac{\partial F_{\text{calc}}(\boldsymbol{H})}{\partial \rho_j}=\exp(2\pi\mathrm{i}\boldsymbol{H}\cdot\boldsymbol{r}_j)$，通过方程(4.94)在 $n+1$ 个迭代步获得的 $\boldsymbol{r}_j$ 处的密度为：

$$\begin{aligned}\rho\left(\boldsymbol{r}_j,n+1\right)=\exp\Bigg[&\ln\sum_j p_j\ln\rho_j(n)+\lambda F(0)\sum_{\boldsymbol{H}}\frac{2}{\sigma(\boldsymbol{H})^2}\\&\times\left|F_{\text{obs}}(\boldsymbol{H})-F_{\text{calc}}(\boldsymbol{H})\right|\exp(2\pi\mathrm{i}\boldsymbol{H}\cdot\boldsymbol{r}_j)\Bigg]\end{aligned} \tag{4.95}$$

$$F(0)=\frac{V_{\text{unit cell}}}{M}\sum_{j=1}^{M}\rho\left(\boldsymbol{r}_j\right)$$

由于熵的最大化过程是非线性的，求解过程必须使用迭代算法。根据第 $n$ 步的 $\lambda(n)$ 和 $\rho_j(n)$ 可解出第 $n+1$ 步 $\lambda(n+1)$ 和 $\rho_j(n+1)$，起始值为 $\lambda(0)\approx 0$ 和 $\rho_j(0)$ 等于先验密度。可通过两个计算过程达到收敛，第一个过程达到限制条件 $\chi^2=N$，第二个过程达到最大化熵 $S$。在另一个变种方法中，$\lambda$被固定为一个较小的值以获得收敛。

MEM 迭代计算完成后，可通过求和计算衍射点的偏差。在傅里叶求和中，没有观测到的衍射点的强度假定为 0，而 MEM 提供了最可能的值。当实验数据集中有消光效应，在 MEM 计算前必须要进行消光校正，如果有反常散射，也要进行校正。独立原子模型通常可以作为这些校正使用的结构模型。

MEM 方法有一些非常重要的特点：①没有参数关联的问题，参数关联对一些大体系或衍射数据质量不好时会非常严重；②对有序部分和静态或动态无序的处理方式一样。这些性质使得 MEM 成为蛋白质晶体分析的一个比较具有吸引力的方法。蛋白质晶体中原子多，参数多，而且存在无序。MEM 分析结果可以作为多极模型精修的一个好的起点。MEM 方法产生的是动态电子密度，而多极模型既可以产生动态电子密度，也可以产生静态电子密度。

MEM 重构自旋密度的方法与重构电子密度有些不同。单胞中每一点的电子密度都为正值，而自旋密度可正可负。可考虑两个通道，共$2M$个格点，对于自旋向上，$q_j=\rho_{\uparrow}\left(x_j,y_j,z_j\right)/\rho_{\text{cell}}^{\uparrow}$ $(j=1\sim M)$；自旋向下$q_j=\rho_{\downarrow}\left(x_j,y_j,z_j\right)/\rho_{\text{cell}}^{\downarrow}$ $(j=M\sim 2M)$，熵可表示为：

$$S=-\sum_{j=1}^{2M}q_j\log\left(q_j\right) \tag{4.96}$$

归一化的$k$点自旋密度$m_k$：$q_k-q_{k+M}$ $(k=1, M)$，$m$个独立的自旋密度可用来计算磁结构因子$F_M^{\text{cal}}\left(\boldsymbol{k}_n\right)$，$\boldsymbol{k}_n$为$n$个散射矢量，$n=1\sim N$。MEM 方法通过最大化式(4.96)的熵，并通过最小二乘最小化$\chi^2$获得自旋密度：

$$\chi^2(m)=\frac{1}{N}\sum_{i=1}^{N}\frac{1}{\sigma_i^2}\left|F_M\left(\kappa_i\right)-F_M^{\text{cal}}\left(\kappa_i\right)\right|^2 \tag{4.97}$$

## 参考文献


[1] Gatti C, Macchi P. A guided tour through modern charge density analysis//Gatti C, Macchi P, Eds.Modern Charge-Density Analysis. Berlin: Springer, 2012: 1-78.

[2] Stewart R F, Feil D. A theoretical study of elastic X-ray scattering. Acta Cryst. A., 1980, 36: 503-509.

[3] Madsen A Ø. Modeling and analysing thermal motion in experimental charge density studies. // Gatti C, Macchi P, Eds. Modern Charge-Density Analysis. Berlin: Springer, 2012: 133-163.

[4] Schomaker V, Trueblood K N. On the rigid-body motion of molecules in crystals. Acta Cryst. B, 1968, 24: 63-76.

[5] Becker P J, Coppens P. Extinction within the limit of validity of the Darwin transfer equations. I. General formalisms for primary and secondary extinction and their application to spherical crystals. Acta Cryst. A, 1975, 31: 129-147.

[6] Gillon B, Becker P. Magnetization densities in material science//Gatti C, Macchi P, Eds. Modern Charge-Density Analysis. Berlin: Springer, 2012: 277-302.

[7] Coppens P. X-ray Charge Densities and Chemical Bonding. New York: Oxford University Press, Inc., 1997.

[8] Collins D M. Electron density images from imperfect data by iterative entropy maximization. Nature, 1982, 298: 49-51.

# 第 5 章　赝原子模型

## 5.1　引　　言

电荷密度模型的建立是晶体学领域的一个根本性突破，并且验证了 Debye 的预言(见本书前言)。在 20 世纪 70 年代，有不少电子密度模型被提出，在这些模型中，电子密度的多极展开方法被认为是最具有可操作性和准确性，这就是所谓的多极模型(multipole model，MM)。在各种公式框架中，以 Hansen 和 Coppens 的最为流行。在多极模型中，晶体的电子密度展开为原子的贡献，称为赝原子，即原子表现为电荷密度分布，并且假定严格随核一起运动。多极模型是一种典型的赝原子模型。一个赝原子的电子密度可以简化成芯电子层和价电子层电子密度之和，原则上，每个原子层都应该可以单独精修。一个纯的“轨道假设”不能很好地重构分子电子密度，特别是对于周期表第二行元素或主族元素(只含 *n*s 和 *n*p 轨道)。根据球谐函数的性质，p 轨道最多只能产生四极矩密度，但应用时精修 C，N，O 原子的八极矩却是常见的事。实际上，赝原子展开有其内秉的局限性，根据单中心密度无法严格解释出现的双中心密度，为了获得比较收敛的结果，就需要对高阶的多极矩进行精修。

对于过渡金属，由于和配体轨道的重叠很小，其电子密度是高度单中心化的，因此多极展开能重构出这些金属的电子密度，但需要十六极矩函数。事实上，$(n-1)d$ 轨道能产生十六极矩、四极矩和单极矩电子密度，而偶极矩和八极矩一般可以忽略。对于过渡金属原子或主族元素，也可以同时精修多个价电子层。

在 X 射线原子轨道模型(X-ray atomic orbital，XAO)[1,2]中，单胞中的所有原子都被划分成电子子壳层，每个子壳层被当成一个独立的赝原子，这允许原子轨道及其电子密度布居可以表示成每个电子子壳层的线性组合。当材料的使役条件发生改变，晶体中原子轨道间的电子转移可通过 XAO 分析得到。XAO 模型主要应用于离子固体的电荷密度研究。

通过 X 射线分子轨道模型(X-ray molecular orbital，XMO)[3]分析可获得分子轨道信息。分子轨道可表示成原子轨道的线性组合。最初始的分子轨道可由 Hartree-Fock 近似下的从头自洽场计算获得。该模型中选择的基函数需在残余密度图中原子位置不产生尖点，从分子轨道计算出的 X 射线结构因子用于模拟实测的结构因子，在最小二乘精修过程中需保持分子轨道的正交性。由于基函数包含了非常类似的高斯基轨道，分子轨道参数之间存在严重关联。因此，要选择一些关联不严重的参数进行精修。分子轨道模型与原子轨道模型一起，原则上可用于从 X 射线衍射数据中分析出大多数无机和有机化合物的分子或原子轨道。

作为多极模型的一个替代方法，可以用一组确定的分子轨道基和可变的轨道占据数来构造分子电子密度，这就是所谓的分子轨道布居模型(molecular orbitals occupation numbers，MOON)[4,5]，这个方法的优点包括线性标度(精修参数随系统尺寸线性增加)和比较容易计算性质。

## 5.2 独立原子模型

传统上从衍射数据重构晶体结构都基于一个似是而非的假设，即晶体的总散射主要来源于原子，电子也都主要局域在原子核周围，这样总电子密度可认为是孤立原子的电子密度 $\rho^0$ 的叠加。这就是所谓的独立原子模型(independent atom model，IAM)，该模型中真实分子简化成赝分子(promolecule)，赝分子的电子密度定义为在位置处于 $\boldsymbol{R}_k$ 的孤立原子 $k$ 的球形密度之和，即：

$$\rho_{\text{IAM}}(\boldsymbol{r}) = \sum_k \rho_k^0\left(\boldsymbol{r} - \boldsymbol{R}_k\right) \tag{5.1}$$

IAM 对于重原子确实是一个好的近似，因为价层电子只占总密度的很小一部分，但是对于比较轻的原子却存在较大的问题。比如最轻的 H 原子，没有内层电子，因此化学键对 H 原子的电子密度分布影响较大。由于 X–H(X = C，N，O)共价成键的影响，H 原子的电子密度会朝键方向移动。在使用 IAM 模型精修 H 原子时，由于 H 原子电子密度中心位置朝键方向偏移，导致精修出的 X–H 键长比真实的要短。

IAM 模型假定了晶体中的原子是中性的，这与原子实际上是有偶极矩和更高静电矩相矛盾。分子偶极矩一方面来源于原子上电子密度的非球形分布，更主要的是来源不同电负性原子间的电荷转移。原子偶极矩可归因为非球形原子轨道上的特定电子布居。

## 5.3 Kappa 模型

对 IAM 模型的一个简单改进，就是考虑原子之间的电荷转移，称为 Kappa 模型(κ model)。在该模型中将价电子的散射与内层电子的散射分开，允许调整价电子层的布居数($Pv$)和收缩系数($\kappa$)。在实际操作中，就是在传统 IAM 模型精修的基础上增加 $Pv$ 和 $\kappa$ 两个参数，这两个参数必须要同时引入到模型中，因为价电子数会影响电子与电子间的排除作用，从而影响到电子的径向分布。

在 Kappa 模型中，原子的电子密度可表示成：

$$\rho_{\text{atom}} = \rho_{\text{core}} + \rho'_{\text{valence}}(\kappa r) = \rho_{\text{core}} + P_v \kappa^3 \rho_{\text{valence}}(\kappa r) \tag{5.2}$$

参数 $\kappa$ 描述了电子云的径向缩放程度，当 $\kappa > 1$，同样的电子密度就会出现在较小的 $r$ 处，这样价电子层就被收缩了。反之，当 $\kappa < 1$，价电子层就被扩展了。出现系数 $\kappa^3$ 是为了满足归一化要求，即 $N 4\pi \int \rho_{\text{valence}}(\kappa r) r^2 \mathrm{d}r = 1$，解出 $N = \kappa^3$。

式(5.2)中价电子密度对应的散射因子：

$$f'_{\text{valence}} = \int P_{\text{valence}} \kappa^3 \rho_{\text{valence}}(\kappa r) \exp(2\pi \mathrm{i} \boldsymbol{S} \cdot \boldsymbol{r}) \mathrm{d}\boldsymbol{r} \tag{5.3}$$

将指数部分的 $\boldsymbol{r}$ 和 $\boldsymbol{S}$ 分别替换成 $\kappa r$ 和 $S/\kappa$，并将 $\kappa^3 \mathrm{d}\boldsymbol{r}$ 写成 $4\pi\kappa^2 r^2 \mathrm{d}\kappa r$，可得到：

$$f'_{\text{valence}}(S) = f_{\text{valence}}(S/\kappa) \tag{5.4}$$

上式说明了直空间和倒空间的倒数关系，即电子密度的收缩($\kappa > 1$)对应于倒空间的扩展，反之也如此。式(5.4)也暗示了 $\kappa$ 调节后的散射因子可以直接从 IAM 散射因子计算而来。

Kappa 模型密度的总结构因子可写成：

$$F(\boldsymbol{H}) = \sum_j \left[ \left\{ P_{j,c} f_{j,\text{ core}}(H) + P_{j,v} f_{j,\text{ valence}}(H/\kappa) \right\} \exp\left(2\pi \mathrm{i} \boldsymbol{H} \cdot \boldsymbol{r}_j\right) T_j(\boldsymbol{H}) \right] \tag{5.5}$$

其中 $f_{j,\text{ core}}$ 和 $f_{j,\text{ valence}}$ 都要归一化为 1 个电子的散射因子，$P_{j,c}$ 和 $P_{j,v}$ 分别是内层电子和价层电子布居。

通过 X 射线衍射数据精修无法确定 H 原子的 $\kappa$，因为 H 没有内层电子并且 $\kappa$ 与温度因子之间存在很强的关联。一种替代的方法是可以使用中子衍射获得的温度因子。

## 5.4　多 极 模 型

Kappa 模型考虑了原子间的电荷转移。然而，一个先进的电子密度模型也必须考虑非球形密度函数。比较成功的是多极模型，该模型建立在以原子为中心的多极函数上。

以原子为中心的模型无法严格考虑双中心密度项，但这并不影响这类模型的实用性，因为键电荷可以很有效地投影到原子基函数上，假定键电荷足够弥散的话。在非原子中心模型中，原子间的键电子密度可以使用一团电子云来描述，孤对电子区域也可以这样描述，但是这样的模型精修出的结果很难解释，因为无法考虑热振动效应，也不适合实验和理论静电性质的比较。

### 5.4.1 多极球谐函数

原子密度函数都可以写成三个极坐标参数$r$，$\theta$和$\phi$的函数。在多极模型中，密度函数是径向分布函数与角度分布函数的乘积，径向分布函数只与$r$有关，角度分布函数只与$\theta$和$\phi$有关。角度分布函数是实的球谐函数$y_{lm\pm}(\theta,\phi)$与归一化因子的乘积，这些函数描述了我们熟知的 s，p，d 和 f 等轨道的角度分布情况。

$y_{lm\pm}(\theta,\phi)$ (或简写成$y_{lmp}$)是复球谐函数$Y_{lm}$的线性组合，$Y_{lm}$定义为：

$$Y_{lm}(\theta,\phi)=(-1)^m\left[\frac{(2l+1)}{4\pi}\frac{(l-|m|)!}{(l+|m|)!}\right]^{1/2}P_l^{|m|}\cos(\theta)\exp\mathrm{i}m\phi \tag{5.6}$$

其中$-l\leqslant m\leqslant l$，$(-1)^m$为 Condon-Shortley 相因子，$P_l^{|m|}\cos(\theta)$是相应的 Legendre 函数，定义为：

$$P_l^m(x)=\left(1-x^2\right)^{m/2}\left(\frac{\mathrm{d}}{\mathrm{d}x}\right)^{l+m}\frac{1}{2^l l!}\left(x^2-1\right)^l \tag{5.7}$$

实球谐函数可以使用复球谐函数表示，对于$m=0$：$y_{l0}=Y_{l0}$；对于$m>0$：

$$\begin{aligned}y_{lm+}&=(-1)^m\left(Y_{lm}+Y_{l,-m}\right)/2^{1/2}\\y_{lm-}&=(-1)^m\left(Y_{lm}-Y_{l,-m}\right)/\left(2^{1/2}\mathrm{i}\right)\end{aligned} \tag{5.8}$$

将式(5.6)代入，可得：

$$\begin{aligned}y_{lm+}(\theta,\phi)&=\left[\frac{(2l+1)}{2\pi\left(1+\delta_{l0}\right)}\frac{(l-|m|)!}{(l+|m|)!}\right]^{1/2}P_l^{|m|}\cos(\theta)\cos m\phi\\&\equiv N_{lm}P_l^m(\cos\theta)\cos m\phi\end{aligned} \tag{5.9}$$

其中$0\leqslant m\leqslant l$，类似的有：

$$y_{lm-}(\theta,\psi)=N_{lm}P_l^m(\cos\theta)\sin m\phi \tag{5.10}$$

对于$m=0$，$y_{l0+}$与$Y_{l0}$相等，都是实数。对于$l=0$，由于$0\leqslant m\leqslant l$，$m$也为0，函数具有球对称性。当$l\neq 0$和$m=0$时，函数与$\phi$无关，$Y_{lm}=y_{lm}$，函数具有绕$z$轴的柱对称性。

$l$为偶数的函数具有原子中心对称性，$l$为奇数的函数具有原子中心反对称性。这些函数允许实际原子位置被施加一定的对称条件。比如一个中心对称的原子位置，其$l$为奇数的偶极矩和八极矩为 0。

### 5.4.2　实球谐密度函数

$y_{lmp}(p=\pm)$代表了原子轨道，因此$y_{lmp}^2$是一个概率密度分布，积分应为 1，这个归一化条件可写成：

$$\int y_{lmp}^2 \mathrm{d}\Omega = 1 \tag{5.11}$$

$\mathrm{d}\Omega$是$\theta-\phi$空间的体积元。上式适合波函数的归一化，对于电子密度函数，需要使用一个不同的归一化方法，因为密度是函数一次项的积分。密度函数通常标记为$d_{lmp}$，其归一化条件：

$$\begin{aligned} l>0: &\quad \int \left|d_{lmp}\right| \mathrm{d}\Omega = 2 \\ l=0: &\quad \int \left|d_{lmp}\right| \mathrm{d}\Omega = 1 \end{aligned} \tag{5.12}$$

这个归一化条件暗示对于球形对称$\theta-\phi$函数$d_{00}$，布居数为 1 代表有一个电子。非球形函数($l>0$)都有正负两个悬臂，每个悬臂区域有相等但相反数目的电子，布居数表示从负的区域转移到正区域的电子数。

类似于式(5.9)和式(5.10)，$d_{lmp}$可表示为：

$$\begin{aligned} d_{lm+} &= N'_{lm} P_l^m(\cos\theta)\cos m\phi \\ d_{lm-} &= N'_{lm} P_l^m(\cos\theta)\sin m\phi \end{aligned} \tag{5.13}$$

归一化因子$N'_{lm}$可根据式(5.12)确定。

$d_{lmp}$也可表示为直角坐标系下的角度分布函数$c_{lmp}$，如$c_{21+}=xz$。$c_{lmp}$等于$d_{lmp}$与一个依赖于$lm$的系数$L_{lm}$的乘积：

$$d_{lmp} = L_{lm} c_{lmp} \tag{5.14}$$

结合$C_{lm}$因子，$c_{lmp}$定义为：

$$C_{lm} c_{lmp} = P_l^m(\cos\theta)_{\sin m\varphi}^{\cos m\varphi} \tag{5.15}$$

结合式(5.13)、式(5.14)和式(5.15)，有：

$$N'_{lm} = \frac{L_{lm}}{C_{lm}} \tag{5.16}$$

球谐密度函数指的就是多极矩，$l$=0，1，2，3，4，…分别对应单极矩、偶极矩、四极矩、八极矩和十六极矩等。使用$c_{lmp}$表示电子密度$\rho(\boldsymbol{r})$的静电矩：

$$\mu_{lmp} = \int \rho(\boldsymbol{r}) c_{lmp} r^l \mathrm{d}\boldsymbol{r} \tag{5.17}$$

$\mu_{lmp}$ 为 $l$ 阶矩静电矩。

### 5.4.3 径向分布函数

为了保持价电子密度角度分布函数的结构，径向分布函数只能与原子径向距离有关，并通过$\kappa$缩放参数进行调整。

形变函数用来描述键电荷密度，在单中心框架下必须使用原子中心项，也要足够弥散并且拥有不同的径向依赖性。由于电子密度是原子轨道乘积的叠加，可以使用一个从原子轨道函数导出的径向依赖的参数。径向依赖基于类氢轨道，它们有 Slater 类型的径向函数，如 2s 和 2p 类氢轨道的径向分布函数：

$$\begin{aligned} R_{2s} &= 2^{-1/2}\left(Z / a_0\right)^{3/2}\left(1 - Zr / 2a_0\right)e^{-Zr/2a_0} \\ R_{2p} &= 24^{-1/2}\left(Z / a_0\right)^{5/2} re^{-Zr/2a_0} \end{aligned} \tag{5.18}$$

这里 $Z$ 是核电荷，$a_0$ 为 Bohr 半径，$r$ 单位为 Å。$R_{2s}$ 中的多项式引入了一个径向节点，并且满足与 1s 轨道的正交性，对于密度函数，径向节点一般是不需要的。可根据类氢原子轨道定义一组简单归一化的无节点密度函数：

$$R_l(r) = \kappa'^3 \frac{\zeta^{n_l+3}}{(n_l + 2)!}(\kappa' r)^{n(l)} \exp(-\kappa' \zeta_l r) \tag{5.19}$$

$\kappa'$ 用来描述形变函数的缩放参数。这些函数能比较好的拟合第一和二周期元素原子的非球形价电子层。这里的 $\kappa'$ 在数值上一般不等于描述球形价电子密度的 $\kappa$。

Clementi 和 Raimondi 曾计算过比较合适的孤立原子电子壳层 $\zeta$ 值[6]。这可作为最小二乘精修的起点，并通过 $\kappa'$ 进行调整。系数 $n_l$ 必须要符合条件 $n_l \geqslant l$。多极密度形变函数的径向依赖可以与轨道乘积联系起来。根据球谐函数的乘法规则，ss，sp，pp 类型轨道乘积可得到单极、偶极和四极函数。

根据 $\mathrm{d}R / \mathrm{d}r = 0$，式(5.19)函数的径向最大值在 $n_l / (\kappa\zeta)$ 处。

对于第二周期元素原子，轨道积导致所有形变函数的 $n_l = 4$。然而，这个模型给出了所有多极矩，拥有相同的径向函数，以及径向最大值位置在 0.691 Å 处，这远小于 Si—Si 键长 2.35 Å 的一半，因此这个函数无法准确描述 Si—Si 键的键电荷，$n_l$ 可根据实际情况修正，以达到最好的拟合结果。

球形和非球形电子密度的处理方法不同，可归因于一个事实，对于共价键体系，非球形形变密度代表原子间的键电荷。然而，对于过渡金属原子，电子的非球形分布主要受晶体场下的 d 轨道的取向布居影响，因为金属与配体间的键电荷很小。其他的径向函数也可使用，如 Gaussian 类型函数和谐振子波函数。

### 5.4.4　多极模型框架

结合上述讨论的角度和径向分布函数，可总结出所谓的多极模型，该模型中，每个原子的密度可写成：

$$\rho_{\mathrm{at}}(\boldsymbol{r}) = P_c\rho_{\mathrm{core}}(\mathrm{r}) + P_v\kappa^3\rho_{\mathrm{valence}}(\kappa r) + \sum_{l=0}^{l_{\max}}\kappa'^3 R_l(\kappa' r)\sum_{m=0}^{l}P_{lm\pm}d_{lm\pm}(\theta,\phi) \quad (5.20)$$

前面两项与 kappa 模型的式(5.2)相同，非球形密度通过在 kappa 表达式的基础上增加求和项来描述，求和项包括了额外的单极矩。对于第一、二周期的原子可省略，但对于过渡金属原子需要增加外层 s 电子层，这比最外层的 d 要弥散得多。

Stewart 提出的多极模型[7]与式(5.20)的多极模型有几个方面的不同。Stewart 模型中，形变函数采用 Slater 类型径向依赖的多极函数描述，没有调节价电子层缩放的$\kappa$系数。而式(5.20)经常通过使用局域原子坐标系来引入化学环境限制调节。在 Hirshfeld 的非球形密度模型中，角度分布函数是球谐函数的和。

### 5.4.5　非球形原子散射因子

对多极模型密度进行傅里叶变换，并使用式(5.20)，可获得 $j$ 原子的形式因子，使用傅里叶变换：

$$\begin{aligned} f_j(\boldsymbol{S}) &= \int\rho_j(\boldsymbol{r})\exp(2\pi\mathrm{i}\boldsymbol{S}\cdot\boldsymbol{r})\mathrm{d}\boldsymbol{r} \\ &= P_{j.c}f_{j.\,\mathrm{core}}(S) + P_{j.v}f_{j.\,\mathrm{valence}}(S/\kappa) + \sum_{l=0}^{l_{\mathrm{mas}}}\sum_{m=0}^{l}\sum_{p}P_{lmp}f_{lmp}(\boldsymbol{S}/\kappa') \end{aligned} \quad (5.21)$$

其中多极散射因子 $f_{lmp}(\boldsymbol{S})$ 是球谐函数的傅里叶变换，$p=\pm$。

为求球谐函数的傅里叶变换，可将平面波 $\exp(2\pi\mathrm{i}\boldsymbol{S}\cdot\boldsymbol{r})$ 展开成球谐函数的乘积形式：

$$\exp(2\pi\mathrm{i}\boldsymbol{S}\cdot\boldsymbol{r}) = 4\pi\sum_{l=0}^{\infty}\sum_{m=-l}^{l}i_l^l j_l(2\pi Sr)Y_{lm}(\theta,\phi)Y_{lm}^*(\beta,\gamma) \quad (5.22)$$

这里 $j_l$ 是 $l$ 阶的球形 Bessel 函数，$\theta$ 和 $\phi$，$\beta$ 和 $\gamma$ 分别是 $\boldsymbol{r}$ 和 $\boldsymbol{S}$ 的角度坐标。将 $m=-l$ 和 $m=l$ 的项结合，可得：

$$\begin{aligned} \exp(2\pi\mathrm{i}\boldsymbol{S}\cdot\boldsymbol{r}) &= \sum_{l=0}^{l}i' j_l(2\pi Sr)(2l+1) \\ &\times\sum_{m=0}^{l}(2-\delta_{m0})\frac{(l-m)!}{(l+m)!}P_l^m(\cos\theta)P_l^m(\cos\beta)\cos\{m(\phi-\gamma)\} \end{aligned} \quad (5.23)$$

我们需要计算 $f_{lm-}(\boldsymbol{S})$ 和 $f_{lm+}(\boldsymbol{S})$：

$$f_{lm+}(\boldsymbol{S})=\int R_l(r)d_{lm+}(\theta,\phi)\exp(2\pi\mathrm{i}\boldsymbol{H}\cdot\boldsymbol{r})\mathrm{d}\boldsymbol{r} \tag{5.24}$$

将式(5.22)，以及 $d_{lm+}(\theta,\phi)$ 代入上式，得：

$$\begin{aligned}f_{lm+}(\boldsymbol{S})=N'_{lm+}\iiint R_l(r)P_l^m(\cos\theta)\cos m\phi\sum_{l=0}^{\infty}i_l^l(2\pi Sr)(2l+1)\\ \times\sum_{m'=0}^{l}\left(2-\delta_{m0}\right)\frac{(l-m')!}{(l+m')!}P_l^{m'}(\cos\theta)P_l^{m'}(\cos\beta)\cos\{m'(\phi-\gamma)\}r^2\sin\theta\mathrm{d}\theta\mathrm{d}\phi\mathrm{d}r\end{aligned} \tag{5.25}$$

其中 Legendre 多项式，以及球谐函数组成了一个正交集，只有 $l=l'$ 和 $m=m'$ 的项才有非零的积分值。另外，$\theta$ 积分：

$$\int_0^{\pi}P_l^m(\cos\theta)^2\sin\theta\mathrm{d}\theta=\int_{-1}^{1}P_l^m(z)^2\mathrm{d}z=\frac{2}{(2l+1)}\frac{(l+|m|)!}{(l-|m|)!} \tag{5.26}$$

对于 $\phi$：

$$\begin{aligned}m\neq 0:&\quad\int_0^{2\pi}\cos m\phi\cos m(\phi-\gamma)\mathrm{d}\phi=\pi\cos m\gamma\\ m=0:&\quad\int_0^{2\pi}\cos m\phi\cos m(\phi-\gamma)\mathrm{d}\phi=2\pi\end{aligned} \tag{5.27}$$

将这些结果代入(5.24)：

$$f_{lm+}(\boldsymbol{S})=4\pi\mathrm{i}^l\left\langle j_l\right\rangle N'_{lm+}P_l^m(\cos\beta)\cos m\gamma=4\pi\mathrm{i}^l\left\langle j_l\right\rangle d_{lm+}(\beta,\gamma) \tag{5.28}$$

或写成形式：

$$f_{lmp}(\boldsymbol{S})=4\pi\mathrm{i}^l\left\langle j_l\right\rangle d_{lmp}(\beta,\gamma) \tag{5.29}$$

其中 $\langle j_l\rangle$ 是 Fourier-Bessel 变换，是一个径向积分：

$$\left\langle j_l\right\rangle=\int j_l(2\pi Sr)R_l(r)r^2\mathrm{d}r \tag{5.30}$$

$$\left\langle j_0\right\rangle=\int_0^{\infty}4\pi r^2\rho_j(r)\frac{\sin 2\pi Sr}{2\pi Sr}\mathrm{d}r\equiv\int_0^{\infty}4\pi r^2\rho_j(r)j_0\mathrm{d}r \tag{5.31}$$

式(5.28)和式(5.29)显示直空间球谐函数的傅里叶变换是倒空间同样 $l$, $m$ 阶的球谐函数，这也说明了球谐函数具有傅里叶变换不变性，这意味着对于一个 $d_{10}$ 函数描述的沿着单胞 $c$ 轴的偶极密度，将不贡献($hk0$)衍射点，因为这些点在 $a^*b^*$平面内，是 $d_{10}(\beta,\gamma)$ 的节点平面。

总的来说，式(5.21)可归纳成：

$$F(\boldsymbol{H})=\sum_j[\{P_{j,c}f_{j,\text{ core}}(H)+P_{j,v}f_{j,\text{ valence}}(H/\kappa)$$
$$+4\pi\sum_{l=0}^{l_{\max}}\sum_{m=0}^{l}P_{lm\pm}i^l\left\langle j_l\left(S/\kappa'\right)\right\rangle d_{lm\pm}(\beta,\gamma)\}\exp\left(2\pi\mathrm{i}\boldsymbol{H}\cdot\boldsymbol{r}_j\right)T_j(\boldsymbol{H})] \tag{5.32}$$

其中 $T_j(\boldsymbol{H})$ 是温度因子。

### 5.4.6 芯电子层扩展的多极模型

在标准多极模型精修中，芯层电子密度是被固定的，不参与精修，这对于大多数的实验电荷分析是合适的。但在一些高精度的实验电荷分析时需要考虑芯层电子密度受到化学成键影响时发生的变化。金刚石中碳原子的芯电子层在 C—C 共价键的作用下会发生微小而显著的收缩，Fischer 等人注意到碳原子各向同性的芯电子层收缩对散射强度随衍射角变化的影响与降低各向同性温度因子的影响类似，若采用标准多极模型精修，则得到不合理的结果，如负的温度因子[8]。为考虑芯电子层的影响，Fischer 等人将 Hansen-Coppens 的多极模型进行扩展，扩展后的原子电子密度 $\rho_{\text{at}}(\boldsymbol{r})$ 可写成：

$$\rho_{\text{at}}(\boldsymbol{r})=P_c\kappa_c{}^3\rho_{\text{core}}(\kappa_c\mathrm{r})+P_v\kappa_v{}^3\rho_{\text{valence}}(\kappa_v r)+\sum_{l=0}^{l_{\max}}\kappa'^3R_l\left(\kappa' r\right)\sum_{m=0}^{l}P_{lm\pm}d_{lm\pm}(\theta,\phi) \tag{5.33}$$

该扩展模型除了精修常规多极模型中的参数外，还允许精修芯层电子布居 $P_c$ 和收缩系数 $\kappa_c$ 。

类似于式(5.32)，结构因子可写成：

$$F(\boldsymbol{H})=\sum_j[\{P_{j,c}f_{j,\text{ core}}(\boldsymbol{H}/\kappa_c)+P_{j,v}f_{j,\text{ valence}}(\boldsymbol{H}/\kappa_v)$$
$$+4\pi\sum_{l=0}^{l_{\text{mar}}}\sum_{m=0}^{l}P_{lm\pm}i^l\left\langle j_l\left(S/\kappa'\right)\right\rangle d_{lm\pm}(\beta,\gamma)\}\exp\left(2\pi\mathrm{i}\boldsymbol{H}\cdot\boldsymbol{r}_j\right)T_j(\boldsymbol{H})] \tag{5.34}$$

## 5.5 自旋密度模型

假定单胞磁化密度是单胞中各赝原子磁化密度 $m_i(\boldsymbol{r}_i)$ 之和，定义符号 $\boldsymbol{r}_i=\boldsymbol{r}-\boldsymbol{R}_i$ ， $\boldsymbol{R}_i$ 为 $i$ 原子的平衡位置。磁结构因子可以写成单胞中 $n_{\text{a}}$ 个原子的贡献之和：

$$\boldsymbol{F}_M(\boldsymbol{\kappa})=\sum_{i=1}^{n_{\text{a}}}\boldsymbol{\mu}_iF_{\text{mag}}^i(\boldsymbol{\kappa})\mathrm{e}^{\mathrm{i}\boldsymbol{\kappa}\boldsymbol{R}_i}\mathrm{e}^{-W_i} \tag{5.35}$$

其中 $F^{i}_{\mathrm{mag}}(\boldsymbol{\kappa})$ 是归一化的赝原子 $i$ 的磁形式因子，原子 $i$ 的磁矩为 $\mu_i$，$W_i$ 是该赝原子的 Debye-Waller 因子，原子磁形式因子为磁矩的傅里叶变换，即：

$$F^{i}_{\mathrm{mag}}(\boldsymbol{\kappa}) = \frac{1}{\mu_i}\int m_i(\boldsymbol{r})\mathrm{e}^{\mathrm{i}\boldsymbol{\kappa r}}\mathrm{d}\boldsymbol{r} \tag{5.36}$$

### 5.5.1 纯自旋贡献

如果不存在轨道贡献，磁化密度就是自旋密度，有机自由基就是这种情形，其中磁性是由于没成对的 2p 电子导致，轨道磁矩为 0。一些过渡金属离子也没有角动量磁矩，如拥有半满 3d 壳层的 $Mn^{2+}$ ($3d^5$，$e_g{}^2t_{2g}{}^3$，$S$=5/2) 离子，八面体场中的 $Cr^{3+}$ ($3d^3$，$t_{2g}{}^3$，$S$=3/2) 和稀土离子 $Gd^{3+}$ ($4f^7$，$S$=7/2)离子，此时原子磁矩为：

$$\boldsymbol{\mu}_i = g_{\mathrm{s}}S_i \tag{5.37}$$

其中 $g_{\mathrm{s}}$ 为朗德因子，$S_i$ 为原子自旋算符。

#### 5.5.1.1 自旋密度的原子轨道模型

对于含 $n_{\mathrm{a}}$ 个原子和 $n$ 个不成对电子的开壳层体系，必须使用非限定 Hartree-Fock 方法来考虑自旋极化，从而获得负的自旋密度区域。$\phi_k^{\uparrow,\downarrow}(\boldsymbol{r})$ 分别为描述 $n\uparrow$ 个自旋向上和 $n\downarrow$ 个自旋向下的分子轨道，自旋密度可表示为自旋向上和自旋向下电子密度之差：

$$s(\boldsymbol{r}) = \rho^{\uparrow}(\boldsymbol{r}) - \rho^{\downarrow}(\boldsymbol{r}) = \sum_{k}^{n_{\uparrow}}\left|\phi_k^{\uparrow}(\boldsymbol{r})\right|^2 - \sum_{k}^{n_{\downarrow}}\left|\phi_k^{\downarrow}(\boldsymbol{r})\right|^2 \tag{5.38}$$

分子轨道是 $n_{\mathrm{a}}$ 个原子轨道 $\psi_i(\boldsymbol{r}_i)$ 的线性组合：

$$\phi_k^{\uparrow,\downarrow}(\boldsymbol{r}) = \sum_{i=1}^{n_{\mathrm{a}}} c_i^{\uparrow,\downarrow}\psi_i(\boldsymbol{r}_i) \tag{5.39}$$

在独立原子近似下(忽略原子间相互作用)，结合式(5.38)和式(5.39)可得到原子 $i$ 的自旋密度：

$$s_i(\boldsymbol{r}_i) = p_i\left|\psi_i(\boldsymbol{r}_i)\right|^2 \tag{5.40}$$

$p_i$ 是原子自旋布居：

$$p_i = \sum_{k}^{n_{\uparrow}} c_i^{\uparrow^2} - \sum_{k}^{n_{\downarrow}} c_i^{\downarrow^2} \tag{5.41}$$

原子自旋布居可正可负，并满足：

$$\sum_{i}^{n_{\mathrm{a}}} p_i = n_{\uparrow} - n_{\downarrow} = 2M_S \tag{5.42}$$

假定 $i$ 原子的磁矩只包含一个原子壳层，其量子数为 $N$ 和 $L$（$L$ 从 0 到 $N-1$ 取值），相应的单电子原子轨道为：

$$\psi_i(\boldsymbol{r}_i)=\mathcal{N}r_i^{N-1}\mathrm{e}^{-\xi_L^i r_i}\sum_{M=-L}^{L}\alpha_{LM}^i\mathcal{N}_{\text{ang}}Y_{LM}(\theta_i,\varphi_i) \tag{5.43}$$

其中 $M$ 是磁量子数（$M$ 从 $-L$ 到 $L$ 取值），$Y_{LM}(\theta_i,\varphi_i)$ 为常规球谐函数，$\xi_L^i$ 为 Slater 轨道指数，$\mathcal{N}_{\text{ang}}$ 为球谐函数系数，$\alpha_{LM}^i$ 是原子轨道系数，并符合归一化条件：

$$\sum_{M=-L}^{L}\left|\alpha_{LM}^i\right|^2=1 \tag{5.44}$$

归一化的磁结构因子可写成：

$$F_{\text{mag}}^i(\kappa)=p_i\sum_{\ell=0}^{\infty}\left\langle j_\ell^i(\kappa)\right\rangle\sum_{m=-\ell}^{\ell}C_{\ell m}^iY_{\ell m}^*(\theta_\kappa,\varphi_\kappa) \tag{5.45}$$

其中*表示复共轭。

$\left\langle j_\ell^i(\kappa)\right\rangle$ 是原子 $i$ 的径向积分(Bessel-Fourier 变换)，包含 $\ell$ 阶球形 Bessel 函数 $\left\langle j_\ell^i(\kappa r)\right\rangle$：

$$\left\langle j_\ell^i(\kappa)\right\rangle=\int_0^{\infty}r^2\left(\mathcal{N}r_i^{N-1}\mathrm{e}^{-\xi_L^i r_i}\right)^2 j_\ell^i(\kappa r)\mathrm{d}r \tag{5.46}$$

其中 $C_{\ell m}^i$ 是轨道系数 $\alpha_{LM}^{i*}\alpha_{LM'}^i$ 积的线性组合，$\ell$ 和 $m$ 的取值满足 $\ell\leqslant 2L$ 和 $m=M'-M$。

原子轨道模型中一般化的磁结构因子：

$$F_M(\kappa)=\sum_{i=1}^{n_a}m_i\sum_{\ell=0}^{\infty}\left\langle j_\ell^i(\kappa)\right\rangle\sum_{m=-\ell}^{\ell}C_{\ell\text{m}}^iY_{\ell m}^*(\theta_\kappa,\varphi_\kappa)\mathrm{e}^{\mathrm{i}\kappa R_i}\mathrm{e}^{-W_i} \tag{5.47}$$

其中 $m_i$ 是原子磁矩 $m_i=\mu_i p_i$。

原子轨道 $\psi_i(\boldsymbol{r}_i)$ 也可写成实球谐函数 $y_{\ell m\pm}^i$ 和满足一个归一化条件的原子轨道系数 $a_{LM}^i$ 的形式，这得到了一个类似于式(5.47)的 $F_M^{\text{cal}}(\kappa)$，这里 $y_{\ell m}^i$ 是一个实的球谐函数：

$$F_M(\boldsymbol{\kappa})=\sum_{i=1}^{n_a}m_i\sum_{\ell=0}^{\infty}\mathrm{i}^\ell\left\langle j_\ell^i(\kappa)\right\rangle\sum_{m=-\ell}^{\ell}A_{\ell m}^i y_{\ell m}(\theta_\kappa,\varphi_\kappa)\mathrm{e}^{\mathrm{i}\kappa\boldsymbol{R}_i}\mathrm{e}^{-W_i} \tag{5.48}$$

其中 $A_{\ell m}^i$ 是轨道系数 $\alpha_{LM}^i\alpha_{LM'}^i$ 的线性组合。

上述模型可以采用两种精修策略：

(1) 磁形式因子可通过参考文献获得，并精修原子磁矩，3d 和 4f 离子的径向积分$\left\langle j_\ell(\kappa)\right\rangle$参考文献[9]。磁形式因子通常采用球形近似($\ell=0$):

$$F_M(\kappa)=\sum_{i=1}^{n_a} m_i\left\langle j_0^i(\kappa)\right\rangle \tag{5.49}$$

(2) 为了获得原子轨道信息，要使用方程(5.48)。需要精修$A_{\ell m}^i$中的原子轨道系数，Slater 径向指数$\xi_L^i$和原子磁矩$m_i$。初始的 Slater 径向指数可采用文献中波函数的计算值[10]。

$n_a$个原子的磁矩之和即为分子磁矩的实验值$M_{\exp}$：$\sum_{i=1}^{n_a} m_i=M_{\exp}$，归一化的原子自旋布居$p_i$可根据精修的$m_i$计算出：

$$p_i=m_i\frac{2M_S}{M_{\exp}} \tag{5.50}$$

5.5.1.2 自旋密度的多极精修

Hansen-Coppens 的多极模型可用于中心和非心结构的自旋密度精修。在电子密度的多极展开中，芯层项对于自旋密度并不存在，因为只有价层电子才对磁矩有贡献。原子自旋密度的多极展开：

$$s_i\left(\boldsymbol{r}_i\right)=P_0^i \mathcal{N} r_i^{n_0} \mathrm{e}^{-k' \varsigma_0^i r_i}+\sum_{\ell=0}^{\ell_{\max}=4} \mathcal{N} r_i^{n_\ell} \mathrm{e}^{-k'' s_\ell^i r_i} \sum_{m=-\ell}^{\ell} P_{\ell m}^i y_{\ell m}^i\left(\theta_i, \varphi_i\right) \tag{5.51}$$

大多数时候，式(5.51)的单纯第二项就可以用来描述 p 或 d 类型非成对电子轨道的贡献。第二项的傅里叶变换后可获得磁结构因子：

$$F_M(\boldsymbol{\kappa})=\sum_{i=1}^{n_a}\sum_{\ell=0}^{\ell_{\max}} \mathrm{i}^\ell\left\langle j_\ell^i(\kappa)\right\rangle \sum_{m=-\ell}^{\ell} P_{\ell m}^i y_{\ell m}\left(\theta_\kappa, \varphi_\kappa\right) \mathrm{e}^{\mathrm{i}\boldsymbol{\kappa}\boldsymbol{R}_i} \mathrm{e}^{-W_i} \tag{5.52}$$

其中$\left\langle j_\ell^i(\kappa)\right\rangle$是$\ell$阶径向 Slater 函数的贝塞尔-傅里叶变换：

$$\left\langle j_\ell^i(\kappa)\right\rangle=\int_0^\infty r^2\left(\mathcal{N} r_i^{n_\ell} e^{-k'' i s_\ell^i r_i}\right) j_\ell^i(\kappa r) \mathrm{d} r \tag{5.53}$$

### 5.5.2 自旋和轨道贡献

在存在轨道贡献的情况下，有必要拟合自旋和轨道贡献从而确定比值$\boldsymbol{\mu}_L / \boldsymbol{\mu}_S$，轨道贡献与自旋轨道耦合和晶体场有关。对于过渡金属和锕系金属离子，磁矩可写成：

$$\boldsymbol{\mu}_i=g_s S_i+g_L L_i \tag{5.54}$$

其中$g_s$和$g_L$分别是自旋和轨道成分，两者之和为朗德分裂因子$g$ ($g=g_s+g_L$)，$\mu_i$是总原子磁矩，等于自旋和轨道贡献的和，即$\boldsymbol{\mu}=\boldsymbol{\mu}_s+\boldsymbol{\mu}_L$。

磁形式因子可写成：

$$F_{\mathrm{mag}}^{i}(\boldsymbol{\kappa})=\frac{\boldsymbol{\mu}_{S}^{i}}{\boldsymbol{\mu}_{i}}F_{\mathrm{mag}}^{iS}(\boldsymbol{\kappa})+\frac{\boldsymbol{\mu}_{L}^{i}}{\boldsymbol{\mu}_{i}}F_{\mathrm{mag}}^{iL}(\boldsymbol{\kappa}) \tag{5.55}$$

在偶极近似下，自旋部分使用球形近似，磁结构因子可表示为：

$$F_{\mathrm{mag}}^{i}(\boldsymbol{\kappa})=\left\langle j_0^i(\kappa)\right\rangle+c_2\left\langle j_2^i(\kappa)\right\rangle \tag{5.56}$$

其中，$c_2=\boldsymbol{\mu}_L/\boldsymbol{\mu}$ 且 $\boldsymbol{\mu}_L/\boldsymbol{\mu}_S=c_2/(1-c_2)$。

对于稀土金属，自旋轨道耦合比晶体场要强将多，$S_i$算符必须要用 $J_i$替代，其本征值为：

$$J=|L\pm S|;\qquad \mu_i=g_jJ_i \tag{5.57}$$

如果晶体场劈裂能比交换能和磁场能小，则自旋密度不依赖于磁场和晶体场主轴方向的夹角，整体磁形式因子可采用球形近似描述：

$$\begin{aligned}F_{\mathrm{mag}}^{i}(\boldsymbol{\kappa})&=\left\langle j_0(\kappa)\right\rangle+c_2\left\langle j_2(\kappa)\right\rangle\\ c_2&=\frac{J(J+1)+L(L+1)-S(S+1)}{3J(J+1)-L(L+1)+S(S+1)}\end{aligned} \tag{5.58}$$

### 5.5.3　非共线磁性

在弱场下，由于外磁场的非线性效应不重要，被磁场 $\boldsymbol{H}$ 诱导的原子 $i$ 的磁矩可写成：

$$\boldsymbol{\mu}_i=\boldsymbol{\chi}_i\boldsymbol{H} \tag{5.59}$$

$\boldsymbol{\chi}_i$ 是 $i$ 原子的磁化率张量。我们考察不对称单元中仅有一个磁性原子的情况，磁结构因子可以写成：

$$\boldsymbol{F}_M(\boldsymbol{\kappa})=F_{\mathrm{mag}}(\boldsymbol{\kappa})\sum_{i=1}^{n_a}\boldsymbol{\chi}_i\boldsymbol{H}\cdot\mathrm{e}^{\mathrm{i}\boldsymbol{\kappa}\boldsymbol{R}_i}\mathrm{e}^{-W_i} \tag{5.60}$$

其中求和需在所有等效点上进行。对张量 $\boldsymbol{\chi}$ 进行对称操作类似于温度因子 $\boldsymbol{U}$，如果在极化中子衍射中收集了不同方向磁场下的衍射强度的翻转比，原子磁化参数 $\chi_{ij}$ 与温度因子 $U_{ij}$ 一样，都可在精修中完全确定。

### 5.5.4　电子密度与自旋密度的组合精修

实验电子结构研究最具有挑战性的事情之一是同时精修获得样品的电子密度、自旋密度以及动量密度，这需要同时使用到不同的散射数据，比如 X 射线衍射，极化中子衍射以及康普顿散射数据。关于使用 X 射线衍射和康普顿散射数据同时精修电子密度和动量密度可参考第 6.4 节。

X 射线衍射和非极化中子衍射数据包含了布拉格衍射的积分强度，极化中子衍射测试的是自旋向上和自旋向下入射中子的衍射强度之比，能获得电子的磁化密度，包括纯自旋和轨道贡献。由此可看出，X 射线衍射和极化中子衍射能形成良好的互补，前者可获得总电子密度 $\rho(\boldsymbol{r})$，后者能获得自旋密度 $\rho^{\sigma}(\boldsymbol{r})$，满足如下关系式：

$$\rho(\boldsymbol{r}) = \rho^{\uparrow}(\boldsymbol{r}) + \rho^{\downarrow}(\boldsymbol{r}) \tag{5.61}$$

$$\rho^{\sigma}(\boldsymbol{r}) = \rho^{\uparrow}(\boldsymbol{r}) - \rho^{\downarrow}(\boldsymbol{r}) \tag{5.62}$$

很显然，使用高分辨率的 X 射线衍射和极化中子衍射数据联合精修能获得磁性晶体自旋分辨的电子密度信息。为达到这样的联合精修，需要采用自旋分辨的赝原子模型[11]。基于 Hansen-Coppens 的多极模型，$\rho(\boldsymbol{r})$ 可写成：

$$\begin{aligned}\rho_i(\boldsymbol{r}) = {} & \rho_{i,\text{core}}(r) + P_{i,\text{valence}}^{\uparrow}\kappa_i^{\uparrow 3}\rho_{i,\text{valence}}(\kappa_i^{\uparrow}\boldsymbol{r}) + P_{i,\text{valence}}^{\downarrow}\kappa_i^{\downarrow 3}\rho_{i,\text{valence}}(\kappa_i^{\downarrow}\boldsymbol{r}) \\ & + \sum_{l=0,l_{\max}} \kappa'^{\uparrow 3}_i R_{i,l}(\kappa'^{\uparrow}_{i,l}\boldsymbol{r}) \sum_{m=0,l} P_{i,lm\pm}^{\uparrow} y_{lm\pm}(\boldsymbol{r}/r) \\ & + \sum_{l=0,l_{\max}} \kappa'^{\downarrow 3}_i R_{i,l}(\kappa'^{\downarrow}_{i,l}\boldsymbol{r}) \sum_{m=0,l} P_{i,lm\pm}^{\downarrow} y_{lm\pm}(\boldsymbol{r}/r)\end{aligned} \tag{5.63}$$

其中 $P^{\uparrow}$ 和 $P^{\downarrow}$ 分别为自旋向上和自旋向下的参数，下标中的 core 和 valence 分别表示芯层和价层电子。该模型需使用 X 射线衍射和极化中子衍射数据，需要通过精修确定的参数包括 $P^{\uparrow}$ 和 $P^{\downarrow}$，以及 $\kappa^{\uparrow}$ 和 $\kappa^{\downarrow}$。

## 5.6　其他电子密度模型

### 5.6.1　X 射线原子轨道模型(XAO)

X 射线原子轨道模型(XAO)[1,2]是基于原子轨道的一种方法，使用传统最小二乘算法，通过最小化结构因子观测值与模型计算值之差：

$$S = \sum_{h} w_h \left[ \left| F_{\text{obs}}(\boldsymbol{h}) \right| - k \left| F_{\text{calc}}(\boldsymbol{h}) \right| \right]^2 \tag{5.64}$$

其中 $w_h$ 是每个衍射点的权重，$F_{\text{obs}}$ 和 $F_{\text{calc}}$ 分别为结构因子的观测值与模型计算值，$k$ 为标度因子。在 XAO 分析中，每个原子都被分解为各子壳层电子(p，d 和 f 电子)，这些子壳层电子的组合可形成一个赝原子，在精修过程中，各个原子轨道需保持正交性，这降低了精修中的参数关联。XAO 没有考虑电子关联，精修出的非整数占据数可能从侧面反映了这个问题。XAO 模型能确定单中心原子轨道及其电子布居，比较适合于电子局域化程度较高的体系，如过渡金属和稀土金属化合物，以及离子性化合物。XAO 没有考虑分子轨道中出现的双中心项，因此 XAO 可以看成是原子轨道保持严格正交条件的电子布居分析，双中心项的贡献一般非常小。

5.6.1.1　晶体场中原子单电子轨道

若不受晶体场影响，子壳层原子轨道 $\psi_k$ 是简并的。在晶体场作用下，第 $\alpha$ 个原子的第 $i$ 个原子轨道 $\Psi_{\alpha,i}(\boldsymbol{r})$ 假定可以写成 $\psi_k$ 的线性组合：

$$\Psi_{\alpha,i}(\boldsymbol{r}) = \pm\sum_{k=1}^{k_{\max}} a_{ik}\psi_k(\boldsymbol{r}) \tag{5.65}$$

其中 $a_{ik}$ 为最小二乘精修中需要确定的系数，对于角量子数 $l$，$k_{\max}=2l+1$。当考虑自旋轨道耦合，$k_{\max}=2j+1$，$j=l+1/2$ 或 $|l-1/2|$。方程(5.65)中的 $\pm$ 无法通过 X 射线衍射数据确定，因为波函数不是一个可观测量，对于分子轨道也是如此。简并的原子轨道通过酉变换后的轨道也是薛定谔方程的解，酉变换不改变电子密度值，也不改变正交化条件，我们只需要确定无穷组原子轨道中的一组就行了。比如 d 轨道波函数 $\Psi_k$ 是 $d_{x^2-y^2}$，$d_{z^2}$，$d_{yz}$，$d_{zx}$，$d_{xy}$ 中的一个，可写成类氢原子轨道 $\phi_{nlm_l}(\boldsymbol{r})$ 的线性组合：

$$\psi_k(\boldsymbol{r}) = \sum_{m_l=-l}^{l} d_{km_l}\phi_{nlm_l}(\boldsymbol{r}) \tag{5.66}$$

其中 $d_{km_l}$ 是一个已知的常数，$\phi_{nlm_l}(\boldsymbol{r})$ 为径向函数 $R_{nl}(r)$ 和球谐函数 $Y_{lm_l}(\theta,\phi)$ 的乘积，即：

$$\phi_{nlm_l}(\boldsymbol{r}) = R_{nl}(r)Y_{lm_l}(\theta,\phi) \tag{5.67}$$

在 XAO 分析中可以使用 Mann 计算的非相对论径向函数[12]和 HEX 程序计算的相对论径向函数[13]。精修中，可改变 $R_{nl}(r)$ 的具体形式来引入收缩因子 $\kappa$。半整数 $j$ 值的 p，d 和 f 轨道基函数 $\psi_k(\boldsymbol{r})$ 为自旋轨道，定义为：

$$\begin{aligned}&\psi_k(\boldsymbol{r}) = \sum_{m_l}\sum_{m_s}\phi_{nlm_l}s(m_s)\left\langle l\frac{1}{2}m_l m_s \middle| l\frac{1}{2}jm_j\right\rangle\\ &m_j = j, j-1,\cdots,-j+1,-j\end{aligned} \tag{5.68}$$

其中 $s(m_s)$ 和 $m_s$ 分别为自旋轨道和自旋量子数，方程(5.68)右侧的角括号可参考 Condon 和 Shortley 的值[14]。$m_j=m_l+m_s$，下标 $k$ 为从 1 到 $2j+1$ 的整数，分别对应 $m_j=j, j-1,\ \cdots,\ -j+1,\ -j$ 的值。基函数的具体形式参见表 5-1，当 $j$ 为整数时，可选择实数基函数，表 5-1 没有列出 f 轨道的实数基是因为重原子的自旋轨道耦合作用不可忽略。

**表 5-1　p，d，f 轨道的基函数 $\psi_k$**

| | | |
|---|---|---|
| p 轨道 | $j=1/2$ | $\psi_1=\sqrt{2/3}\phi_{1,1}\beta-\sqrt{1/3}\phi_{1,0}\alpha$<br>$\psi_2=\sqrt{1/3}\phi_{1,0}\beta-\sqrt{2/3}\phi_{1,-1}\alpha$ |
| | $j=1$ (实数基函数) | $p_x=\sqrt{1/2}\left(-\phi_{1,1}+\phi_{1,-1}\right)$<br>$p_y=i\sqrt{1/2}\left(\phi_{1,1}+\phi_{1,-1}\right)$<br>$p_z=\phi_{1,0}$ |
| | $j=3/2$ | $\psi_1=\phi_{1,1}\alpha$<br>$\psi_2=\sqrt{1/3}\phi_{1,1}\beta+\sqrt{2/3}\phi_{1,0}\alpha$<br>$\psi_3=\sqrt{3/2}\phi_{1,0}\beta$<br>$\psi_4=\phi_{1,-1}\beta$ |
| d 轨道 | $j=3/2$ | $\psi_1=\sqrt{4/5}\phi_{2,2}\beta-\sqrt{1/5}\phi_{2,1}\alpha$<br>$\psi_2=\sqrt{3/5}\phi_{2,1}\beta-\sqrt{2/5}\phi_{2,0}\alpha$<br>$\psi_3=\sqrt{2/5}\phi_{2,0}\beta-\sqrt{3/5}\phi_{2,-1}\alpha$<br>$\psi_4=\sqrt{1/5}\phi_{2,-1}\beta-\sqrt{4/5}\phi_{2,-2}\alpha$ |
| | $j=2$ (实数基函数) | $d_{x^2-y^2}=\sqrt{1/2}\left(\phi_{2,2}+\phi_{2,-2}\right)$<br>$d_{z^2}=\phi_{2,0}$<br>$d_{yz}=i\sqrt{1/2}\left(\phi_{2,1}+\phi_{2,-1}\right)$<br>$d_{zx}=\sqrt{1/2}\left(-\phi_{2,1}+\phi_{2,-1}\right)$<br>$d_{xy}=i\sqrt{1/2}\left(-\phi_{2,2}+\phi_{2,-2}\right)$ |
| | $j=5/2$ | $\psi_1=\phi_{2,2}\alpha$<br>$\psi_2=\sqrt{1/5}\phi_{2,2}\beta+\sqrt{4/5}\phi_{2,1}\alpha$<br>$\psi_3=\sqrt{2/5}\phi_{2,1}\beta+\sqrt{3/5}\phi_{2,0}\alpha$<br>$\psi_4=\sqrt{3/5}\phi_{2,0}\beta+\sqrt{2/5}\phi_{2,-1}\alpha$<br>$\psi_5=\sqrt{4/5}\phi_{2,-1}\beta+\sqrt{1/5}\phi_{2,-2}\alpha$<br>$\psi_6=\phi_{2,-2}\beta$ |
| f 轨道 | $j=5/2$ | $\psi_1=\sqrt{6/7}\phi_{3,3}\beta-\sqrt{1/7}\phi_{3,2}\alpha$<br>$\psi_2=\sqrt{5/7}\phi_{3,2}\beta-\sqrt{2/7}\phi_{3,1}\alpha$<br>$\psi_3=\sqrt{4/7}\phi_{3,1}\beta-\sqrt{3/7}\phi_{3,0}\alpha$<br>$\psi_4=\sqrt{3/7}\phi_{3,0}\beta-\sqrt{4/7}\phi_{3,-1}\alpha$<br>$\psi_5=\sqrt{2/7}\phi_{3,-1}\beta-\sqrt{5/7}\phi_{3,-2}\alpha$<br>$\psi_6=\sqrt{1/7}\phi_{3,-2}\beta-\sqrt{6/7}\phi_{3,-3}\alpha$ |
| | $j=7/2$ | $\psi_1=\phi_{3,3}\alpha$<br>$\psi_2=\sqrt{1/7}\phi_{3,3}\beta+\sqrt{6/7}\phi_{3,2}\alpha$<br>$\psi_3=\sqrt{2/7}\phi_{3,2}\beta+\sqrt{5/7}\phi_{3,1}\alpha$<br>$\psi_4=\sqrt{3/7}\phi_{3,1}\beta+\sqrt{4/7}\phi_{3,0}\alpha$<br>$\psi_5=\sqrt{4/7}\phi_{3,0}\beta+\sqrt{3/7}\phi_{3,-1}\alpha$<br>$\psi_6=\sqrt{5/7}\phi_{3,-1}\beta+\sqrt{2/7}\phi_{3,-2}\alpha$<br>$\psi_7=\sqrt{6/7}\phi_{3,-2}\beta+\sqrt{1/7}\phi_{3,-3}\alpha$<br>$\psi_8=\phi_{3,-3}\beta$ |

注：$k=1,2,\cdots,2j+1$ 分别对应 $(j,j),(j,j-1),\cdots,(j,-j)$ 的态；$\alpha$ 和 $\beta$ 分别对应本征值为 $\hbar/2$ 和 $-\hbar/2$ 的自旋函数

由于在非线性最小二乘精修过程中，参数的起始值要尽可能接近真实值，因此方程(5.65)中的$\Psi_{\alpha,i}(r)$以及能级分裂可以使用一阶微扰理论的计算结果，即假定晶体场为一个微扰。久期方程为：

$$\det(H_{kk'} - E_n^{(1)}\delta_{kk'}) = 0 \tag{5.69}$$

其中$E_n^{(1)}$和$\delta_{k,k'}$分别为一阶能量修正和克罗内克$\delta$，并且：

$$H_{k,k'} = \int \psi_k^* \hat{H}' \psi_{k'} \mathrm{d}\boldsymbol{r} \tag{5.70}$$

其中$\hat{H}'$为晶体场微扰：

$$\hat{H}' = v_{\text{crystal}}(r,\theta,\phi) \tag{5.71}$$

如果将每个原子简化成点电荷，则$v_{\text{crystal}}(r,\theta,\phi)$可表示成球谐函数形式。将电量为$-Ze$的点电荷放在第$\lambda$个原子(坐标为$\boldsymbol{R}_\lambda$)上，该原子的极坐标为$(R_\lambda,\theta_\lambda,\phi_\lambda)$，则$\boldsymbol{r}$处电子的势为：

$$v_{\text{crys}}(\boldsymbol{r}) = \sum_\lambda Z_\lambda e^2 / (\boldsymbol{R}_\lambda - \boldsymbol{r}) \tag{5.72}$$

由于原子轨道区域比键长小，因此$\dfrac{1}{|\boldsymbol{R}_\lambda - \boldsymbol{r}|}$可通过球谐函数展开：

$$\frac{1}{|\boldsymbol{R}_\lambda - \boldsymbol{r}|} = \frac{1}{R_\lambda}\sum_{k=0}^{\infty}\left(\frac{4\pi}{2k+1}\right)\left(\frac{r}{R_\lambda}\right)^k \sum_{m=-k}^{k} Y_{km}(\theta,\phi)Y_{km}^*(\theta_\lambda,\phi_\lambda) \tag{5.73}$$

于是有：

$$v_{\text{crys}}(r,\theta,\phi) = \sum_{k=0}^{\infty}\sum_{m=-k}^{k} r^k q_{km} C_m^{(k)}(\theta,\phi) \tag{5.74}$$

其中$q_{km}$是点电荷坐标的函数：

$$q_{km} = \sqrt{\frac{4\pi}{2k+1}}\sum_\lambda\left(\frac{Z_\lambda e^2}{R_\lambda^{k+1}}\right)Y_{km}^*(\theta_\lambda,\phi_\lambda) \tag{5.75}$$

$$C_m^{(k)}(\theta,\phi) = \sqrt{\frac{4\pi}{2k+1}}Y_{km}(\theta,\phi) \tag{5.76}$$

32 个点群的非零$q_{km}$见表 5-2。量子化$z$轴设定为点群主轴方向。对于有二次轴垂直于主轴的或镜面包含主轴的点群，量子化$x$轴或$y$轴设定为该二次轴或垂直于镜面方向。当点群没有二次轴或镜面时，$x$和$y$轴可以设置为任意方向。

**表 5-2 各点群允许的非零 $q_{km}$**

| 点群 | $km = q_{km}$ |
|---|---|
| 1，$\bar{1}$ | 20，$\underline{21}$，$\underline{22}$，40，$\underline{41}$，$\underline{42}$，$\underline{43}$，$\underline{44}$，60，$\underline{61}$，$\underline{62}$，$\underline{63}$，$\underline{64}$，$\underline{65}$，$\underline{66}$ |
| 2，$m$，$2/m$ | 20，$\underline{22}$，40，$\underline{42}$，$\underline{44}$，60，$\underline{62}$，$\underline{64}$，$\underline{66}$ |
| 222，$mm2$，$mmm$ | 20，22，40，42，44，60，62，64，66 |
| 4，$\bar{4}$，$4/m$ | 20，40，$\underline{44}$，60，$\underline{64}$ |
| 422，$4mm$，$\bar{4}2m$，$4/mmm$ | 20，40，$\underline{44}$，60，$\underline{64}$ |
| 3，$\bar{3}$ | 20，40，$\underline{43}$，60，$\underline{63}$，$\underline{66}$ |
| 32，$3m$，$\bar{3}m$ | 20，40，43，60，63，66 |
| 6，$\bar{6}$，$6/m$ | 20，40，60，$\underline{66}$ |
| 622，$6mm$，$\bar{6}m2$，$6/mmm$ | 20，40，60，66 |
| 23，$m3$，432，$\bar{4}3m$，$m3m$ | 40，44，60，64 |

注：$q_{km} = (-1)^m q_{k-m}$，有下划线的为复数，$k \leqslant 2, k \leqslant 4$ 和 $k \leqslant 6$ 的项分别用于描述 p，d 和 f 轨道

方程(5.70)中的 $H_{k,k'}$ 含有如下形式的积分：

$$c^K(lm_l, l'm_{l'}) = \int Y^*_{lm_l}(\theta,\phi) C^{(K)}_M(\theta,\phi) Y_{l'm_{l'}}(\theta,\phi) \mathrm{d}\tau \tag{5.77}$$

$c^K(lm_l, l'm_{l'})$ 的具体值可参考 Condon 和 Shortley[14]。$c^K(lm_l, l'm_{l'}) = (-1)^{m_l - m_{l'}} c^K(l'm_{l'}, lm_l)$ 只有当下式条件得到满足时才不为 0：

$$\begin{aligned} &K + l + l' = \text{偶数} \\ &|l - l'| \leqslant K \leqslant l + l' \\ &M = m_l - m_{l'} \end{aligned} \tag{5.78}$$

$q_{km}$ 与 $\psi_k$ 共同决定了非 0 的 $H_{kk'}$；只有当 $q_{km}$ 为复数时，$H_{kk'}$ 才为复数。当 $j$ 为半整数波函数以 $m$ 从 $|(j \pm 1)/2|$ 到 $-(j \pm 1)/2$ 排列时，构成的厄米矩阵 $\boldsymbol{H} = \{H_{kk'}\}$ 满足关系式：

$$\begin{aligned} &H_{k,k} = H_{2j+2-k,2j+2-k} \\ &H_{2j+2-k,k} = 0 \\ &H_{k,k'} = (-1)^{k+k'} H_{2j+2-k',2j+2-k} \quad (k > k') \end{aligned} \tag{5.79}$$

当价电子层有超过一个电子时,进行 XAO 分析需使用 Slater 形式的反对称积波函数。

### 5.6.1.2 电子密度与结构因子

不对称单元中$\alpha$原子 $r$ 处的电子密度 $\rho_\alpha(r)$ 可分解为芯轨道 $\rho_{\alpha,\mathrm{core}}(r)$ 和价轨道

$\rho_{\alpha,\text{valence}}(r)$ 两部分贡献：

$$\rho_\alpha(\boldsymbol{r}) = \rho_{\alpha,\text{core}}(r) + \rho_{\alpha,\text{valence}}(\boldsymbol{r}) \tag{5.80}$$

$\rho_{\alpha,\text{valence}}(r)$ 可表示成 $\boldsymbol{r}_\alpha^{\text{atom}}$ 处 $\alpha$ 原子所有原子轨道 $i$ 的电子密度之和，即：

$$\rho_{\alpha,\text{valence}}(\boldsymbol{r}) = \sum_i n_{\alpha,i} \Psi^*_{\alpha,i}(\kappa_i(\boldsymbol{r} - \boldsymbol{r}_\alpha^{\text{atom}}))\Psi_{\alpha,i}(\kappa_i(\boldsymbol{r} - \boldsymbol{r}_\alpha^{\text{atom}})) \tag{5.81}$$

其中 $n_{\alpha,i}$ 为 $\Psi_{\alpha,i}$ 轨道的占据数。晶体场中，如果 $i$ 轨道有扩展，则 $\kappa_i < 1$，如果 $i$ 轨道有收缩，则 $\kappa_i > 1$。

定义从一个原子的核到第 $i$ 轨道上的一个电子坐标矢量 $\boldsymbol{r}_i$：

$$\boldsymbol{r}_i = \boldsymbol{r} - \boldsymbol{r}_\alpha^{\text{atom}} \tag{5.82}$$

不对称单元中 $\boldsymbol{r}_\alpha^{\text{atom}}$ 处 $\alpha$ 原子在对称操作 $(R_\sigma, t_\sigma)$ 下可变换到等效原子 $\boldsymbol{r}_{\alpha\sigma}^{\text{atom}}$：

$$\boldsymbol{r}_{\alpha\sigma}^{\text{atom}} = R_\sigma \boldsymbol{r}_\alpha^{\text{atom}} + \boldsymbol{t}_\sigma \tag{5.83}$$

其中 $R_\sigma$ 和 $\boldsymbol{t}_\sigma$ 分别为 $\sigma$ 对称操作的旋转矩阵与平移矩阵。式(5.82)中的 $\boldsymbol{r}$ 可对称到 $\boldsymbol{r}_\sigma$：

$$\boldsymbol{r}_\sigma = R_\sigma \boldsymbol{r} + \boldsymbol{t}_\sigma = (R_\sigma \boldsymbol{r}_\alpha^{\text{atom}} + \boldsymbol{t}_\sigma) + R_\sigma \boldsymbol{r}_i = \boldsymbol{r}_{\alpha\sigma}^{\text{atom}} + \boldsymbol{r}_{i\sigma} \tag{5.84}$$

其中：$\boldsymbol{r}_{i\sigma} = R_\sigma \boldsymbol{r}_i$。

基于这些关系式，结构因子可写成：

$$F(\boldsymbol{k}) = \sum_\alpha \omega_\alpha \sum_\sigma F_{\alpha\sigma}(\boldsymbol{k}) T_{\alpha\sigma}(\boldsymbol{k}) \tag{5.85}$$

其中 $\omega_\alpha$ 是 $\alpha$ 原子的多重度，$T_{\alpha\sigma}(\boldsymbol{k})$ 是 $\sigma$ 对称操作后 $\alpha$ 原子的温度因子，包含非简谐振动。$F_{\alpha\sigma}(\boldsymbol{k})$ 可分成芯层和价层两部分的贡献：

$$F_{\alpha\sigma}(\boldsymbol{k}) = F_{\alpha\sigma}^{\text{core}}(k) + F_{\alpha\sigma}^{\text{valence}}(\boldsymbol{k}) \tag{5.86}$$

$F_{\alpha\sigma}^{\text{core}}(k)$ 为 $\alpha$ 原子 $\rho_{\alpha,\text{core}}(r_\sigma)$ 傅里叶变换与反常散射贡献之和。$F_{\alpha\sigma}^{\text{valence}}(\boldsymbol{k})$ 可表示为单胞中所有原子所有原子轨道电子密度傅里叶变换之和：

$$F_{\alpha\sigma}^{\text{valence}}(\boldsymbol{k}) = \sum_i n_{\alpha,i} F_{\alpha\sigma,i}(\boldsymbol{k}) \tag{5.87}$$

其中：

$$\begin{aligned} F_{\alpha\sigma,i}(\boldsymbol{k}) = & \int \Psi^*_{\alpha,i}(\kappa_{\text{i}}(\boldsymbol{r}_\sigma - \boldsymbol{r}_{\alpha\sigma}^{\text{atom}})) \exp(\text{i}\boldsymbol{k} \cdot \boldsymbol{r}_\sigma) \\ & \times \Psi_{\alpha,i}(\kappa_i(\boldsymbol{r}_\sigma - \boldsymbol{r}_{\alpha\sigma}^{\text{atom}})) \text{d}\boldsymbol{r}_\sigma \end{aligned} \tag{5.88}$$

由于 $\boldsymbol{r}_{\alpha\sigma}^{\text{atom}}$ 是常数，式(5.88)可写成：

$$F_{\alpha\sigma,i}(\boldsymbol{k}) = \exp(\text{i}\boldsymbol{k} \cdot \boldsymbol{r}_{\alpha\sigma}^{\text{atom}}) \int \Psi^*_{\alpha,i}(\kappa_i \boldsymbol{r}_{i\sigma}) \exp(\text{i}\boldsymbol{k} \cdot \boldsymbol{r}_{i\sigma}) \Psi_{\alpha,i}(\kappa_i \boldsymbol{r}_{i\sigma}) \text{d}\boldsymbol{r}_{i\sigma} \tag{5.89}$$

根据对称性规则，上式可进一步写成：

$$F_{\alpha\sigma,i}(\boldsymbol{k})=\exp(\mathrm{i}\boldsymbol{k}\cdot\boldsymbol{r}_{\alpha\sigma}^{\mathrm{atom}})\int\Psi_{\alpha,i}^{*}(\kappa_i\boldsymbol{r}_i)\exp(\mathrm{i}R_{\sigma}^{-1}\boldsymbol{k}\cdot\boldsymbol{r}_i)\Psi_{\alpha,i}(\kappa_i\boldsymbol{r}_i)\mathrm{d}\boldsymbol{r}_i \tag{5.90}$$

因此，$\sigma$ 对称操作后的 $\alpha$ 原子的第 $i$ 个原子轨道上的电子的散射因子是 $\boldsymbol{r}_{\alpha\sigma}^{\mathrm{atom}}$ 处 $\alpha$ 原子的相因子与不对称单元中第 $i$ 个轨道在 $R_{\sigma}^{-1}\boldsymbol{k}$ 衍射点处傅里叶变换的乘积。使用方程(5.65)，式(5.66)和式(5.67)，将 $F_{\alpha\sigma,i}(\boldsymbol{k})$ 写成 $\phi_{nlm_l}$ 的形式：

$$F_{\alpha\sigma,i}(\boldsymbol{k})=\exp(\mathrm{i}\boldsymbol{k}\cdot\boldsymbol{r}_{\alpha\sigma}^{\mathrm{atom}})\sum_{k}\sum_{k'}a_{i,k}^{*}a_{i,k'}\sum_{m_l}\sum_{m_{l'}}d_{km_l}^{*}d_{k'm_{l'}}g_{\sigma,m_l,m_{l'}}(\boldsymbol{k}) \tag{5.91}$$

其中：

$$g_{\sigma,m_l,m_{l'}}(\boldsymbol{k})=\int\phi_{nlm_l}^{*}(\kappa_i\boldsymbol{r}_i)\exp(\mathrm{i}R_{\sigma}^{-1}\boldsymbol{k}\cdot\boldsymbol{r}_i)\phi_{n'l'm_{l'}}(\kappa_i\boldsymbol{r}_i)\mathrm{d}\boldsymbol{r}_i \tag{5.92}$$

方程(5.92)可进一步展开 $\exp(\mathrm{i}R_{\sigma}^{-1}\boldsymbol{k}\cdot\boldsymbol{r}_i)$：

$$\exp(\mathrm{i}R_{\sigma}^{-1}\boldsymbol{k}\cdot\boldsymbol{r}_i)=4\pi\sum_{K=0}^{\infty}\sum_{m=-K}^{K}i^{K}j_K(kr)Y_{Km}^{*}(\theta,\phi)Y_{Km}(\beta_{\sigma},\gamma_{\sigma}) \tag{5.93}$$

其中 $(r,\theta,\phi)$ 和 $(k,\beta_{\sigma},\gamma_{\sigma})$ 分别为电子与散射矢量 $R_{\sigma}^{-1}\boldsymbol{k}$ 的极坐标，它们定义在不对称单元中原子轨道上电子的量子化轴上。$j_K(kr)$ 为 $k$ 阶 Bessel 函数。当第 $i$ 和 $i'$ 原子的量子数为 $(n,l,m_l)$ 和 $(n',l',m_{l'})$ 时，$g_{\sigma,m_l,m_{l'}}(\boldsymbol{k})$ 的具体形式为：

$$\begin{aligned}g_{\sigma,m_l,m_{l'}}(\boldsymbol{k})=&\sum_{K=0}^{\infty}\sum_{M=-K}^{K}i^{K}\langle j_K\rangle\sqrt{2(2K+1)}c^{K}(lm_l;l'm_{l'})\\&\times\Theta_K^M(\beta_{\sigma})\exp(\mathrm{i}M\gamma_{\sigma})\end{aligned} \tag{5.94}$$

其中 $\langle j_K\rangle$ 为 $R_{n,l}(r)R_{n'l'}(r)$ 的傅里叶-贝塞尔变换：

$$\langle j_K\rangle=\int R_{n,l}(r)R_{n',l'}(r)j_K(kr)r^2\mathrm{d}r \tag{5.95}$$

由于α原子的所有原子轨道的相因子 $\exp(\mathrm{i}\boldsymbol{k}\cdot\boldsymbol{r}_{\alpha,\sigma}^{\mathrm{atom}})$ 都相同，则 $\sigma$ 对称操作后的 $\alpha$ 原子的 $i$ 轨道的散射因子 $f_{\alpha,\sigma,i}(k)$ 为：

$$\begin{aligned}f_{\alpha,\sigma,i}(\boldsymbol{k})=&\sum_{k}\sum_{k'}a_{i,k}^{*}a_{i,k'}\sum_{K=|l-l'|}^{l+l'}\langle j_K\rangle\sum_{M=-K}^{K}i^{K}\sqrt{2(2K+1)}\Theta_K^M(\beta_{\sigma})\\&\times\exp(\mathrm{i}M\gamma_{\sigma})\sum_{m_l=-l}^{l}\sum_{m_{l'}=-l'}^{l'}d_{k,m_l}^{*}d_{k',m_{l'}}c^{K}(lm_l,l'm_{l'})\end{aligned} \tag{5.96}$$

### 5.6.2 X 射线分子轨道模型(XMO)

X 射线分子轨道模型(XMO)分析提供了在 Hartree-Fock 近似下仅根据实测 X

射线衍射数据就能得到分子轨道的一种方法。

#### 5.6.2.1　分子轨道和电子密度

一个分子轨道 $\Psi_{\mathrm{mo}}(\boldsymbol{r})$ 可表示成对称轨道 $\Phi_{\mathrm{so}}(\boldsymbol{r})$ 的线性组合，$\Phi_{\mathrm{so}}(\boldsymbol{r})$ 拥有与 $\Psi_{\mathrm{mo}}(\boldsymbol{r})$ 相同的对称性：

$$\Psi_{\mathrm{mo}}(\boldsymbol{r})=\sum_{\mathrm{so}} a_{\mathrm{mo,so}}\Phi_{\mathrm{so}}(\boldsymbol{r}) \tag{5.97}$$

其中 mo 和 so 分别在 $1\sim M$ 和 $1\sim N$ 之间取值 $(M\leqslant N)$。$a_{\mathrm{mo,so}}$ 假定为实数，是 XMO 分析中需要从 X 射线衍射数据确定的。由于波函数不是一个可观测量，因此分子的相位无法根据实验确定。这里引入对称轨道 $\Phi_{\mathrm{so}}(\boldsymbol{r})$ 的目的是保持分子对称性对 $a_{\mathrm{mo,so}}$ 参数间的限定条件。$\Phi_{\mathrm{so}}(\boldsymbol{r})$ 可表示成合适基函数 $\varphi_{\mathrm{bo}(A)}(\boldsymbol{r}-\boldsymbol{A})$ 的线性组合：

$$\Phi_{\mathrm{so}}(\boldsymbol{r})=\sum_{\mathrm{bo}=1}^{n_{\mathrm{bo}}} b_{\mathrm{so,bo}}\varphi_{\mathrm{bo}(A)}(\boldsymbol{r}-\boldsymbol{A}) \tag{5.98}$$

其中 $b_{\mathrm{so,bo}}$ 是依赖于晶体场对称性的常数，包含归一化常数。$n_{\mathrm{bo}}$ 为用于构造对称轨道的基函数的数目。$\Phi_{\mathrm{so}}(\boldsymbol{r})$ 和 $\varphi_{\mathrm{bo}(A)}$ 都是归一化的。下标 bo($A$)表示 $A$ 原子(坐标为 $A$)的第 bo 个基函数。由于方程(5.97)中的 $\Psi_{\mathrm{mo}}(\boldsymbol{r})$ 是归一化的，而且相互正交，因此有：

$$\begin{aligned}&\sum_{\mathrm{so}=1}^{N}\sum_{\mathrm{so}'=1}^{N} a_{\mathrm{mo,so}}^{*}a_{\mathrm{mo}',\mathrm{so}'}\int \Phi_{\mathrm{so}}^{*}(\boldsymbol{r})\Phi_{\mathrm{so}'}(\boldsymbol{r})\mathrm{d}\boldsymbol{r}\\ \equiv&\sum_{\mathrm{so}=1}^{N}\sum_{\mathrm{so}'=1}^{N} a_{\mathrm{mo,so}}^{*}a_{\mathrm{mo}',\mathrm{so}'}s_{\mathrm{so,so}'}=\delta_{\mathrm{mo,mo}'}\end{aligned} \tag{5.99}$$

其中 $s_{\mathrm{so,so}'}$ 为对称轨道 $\Phi_{\mathrm{so}}(\boldsymbol{r})$ 和 $\Phi_{\mathrm{so}'}(\boldsymbol{r})$ 的重叠积分，只有当 $\mathrm{mo}=\mathrm{mo}'$ 时，$\delta_{\mathrm{mo,mo}'}=1$，否则 $\delta_{\mathrm{mo,mo}'}=0$。将方程(5.99)写成矩阵形式：

$$\boldsymbol{CS}(\boldsymbol{C}^{*})^{\mathrm{t}}=\boldsymbol{I} \tag{5.100}$$

其中 $\boldsymbol{C}=\{a_{\mathrm{mo,so}}\}$，$\boldsymbol{S}=\{s_{\mathrm{so,so}'}\}$，$\boldsymbol{I}$ 分别为 $M\times N$，$N\times N$ 和 $M\times M$ 的矩阵，$\boldsymbol{I}$ 为单位矩阵，上标 t 表示转置。假定 $a_{\mathrm{mo,so}}$ 和分子轨道都为实数，则第 mo 个分子轨道的电子密度 $\rho_{\mathrm{mo}}(\boldsymbol{r})$ 为：

$$\rho_{\mathrm{mo}}(\boldsymbol{r})=\Psi_{\mathrm{mo}}^{*}(\boldsymbol{r})\Psi_{\mathrm{mo}}(\boldsymbol{r}) \tag{5.101}$$

一个分子的总电子密度 $\rho(\boldsymbol{r})$ 可表示为：

$$\rho(\boldsymbol{r})=\sum_{\mathrm{mo}=1}^{M} g_{\mathrm{mo}}p_{\mathrm{mo}}\rho_{\mathrm{mo}}(\boldsymbol{r}) \tag{5.102}$$

其中 $p_{\text{mo}}$ 为分子轨道 $\Psi_{\text{mo}}(\boldsymbol{r})$ 的电子布居。$g_{\text{mo}}$ 通常为 1，当分子和不对称单元不重合时，有必要调整 $g_{\text{mo}}$。将 $\rho_{\text{mo}}(\boldsymbol{r})$ 分解为单中心和双中心电子密度：

$$\rho_{\text{mo}}(\boldsymbol{r}) = \rho_{\text{mo},1}(\boldsymbol{r}) + \rho_{\text{mo},2}(\boldsymbol{r}) \tag{5.103}$$

设定 $\boldsymbol{r} - \boldsymbol{A} \equiv \boldsymbol{r}_A$，这两项可表示成：

$$\begin{aligned}\rho_{\text{mo},n}(\boldsymbol{r}) = &\sum_{\text{so}}\sum_{\text{so}'}\sum_{\text{bo}}\sum_{\text{bo}'} a^*_{\text{mo,so}} a_{\text{mo,so}'} b^*_{\text{so,bo}} b_{\text{so}',\text{bo}'} \varphi^*_{\text{bo}(A)} \\ &\times (\boldsymbol{r}_A) \varphi_{\text{bo}'(A')}(\boldsymbol{r}_{A'})\end{aligned} \tag{5.104}$$

当 $A = A'$ 时为 $\rho_{\text{mo},1}(\boldsymbol{r})$，当 $A \neq A'$ 时为 $\rho_{\text{mo},2}(\boldsymbol{r})$。

#### 5.6.2.2 单中心和双中心项的结构因子

第 $s$ 个晶体对称操作 $\widehat{S_s}(R_s, \boldsymbol{t}_s)$ 定义为旋转矩阵 $R_s$ 与平移矢量 $\boldsymbol{t}_s$ 的线性组合，即：

$$\widehat{S_s}\boldsymbol{r} = R_s\boldsymbol{r} + \boldsymbol{t}_s \quad (s = 1, 2, \cdots, N_s) \tag{5.105}$$

结构因子可由不对称单元中的原子计算获得，由于不对称单元和分子可能不一致，因此首先需要对不对称单元使用分子对称操作 $\widehat{S_m}(R_m, \boldsymbol{t}_m)$ 来构造分子，并计算分子轨道，然后分子通过晶体对称操作获得整个单胞。

结构因子 $F(\boldsymbol{k})$ 为散射矢量 $k$ 的函数，可通过单胞中电子密度 $\rho(\boldsymbol{r})$ 的傅里叶变换得到：

$$\begin{aligned}F(\boldsymbol{k}) = &\sum_{s=1}^{N_s}\sum_{\text{mo}} g_{\text{mo}} p_{\text{mo}} \int \rho^s_{\text{mo},1}(\widehat{S_s}\boldsymbol{r}) + \rho^s_{\text{mo},2}(\widehat{S_s}\boldsymbol{r}) \\ &\times \exp[\mathrm{i}\boldsymbol{k}\cdot(\widehat{S_s}\boldsymbol{r})]\mathrm{d}(\widehat{S_s}\boldsymbol{r})\end{aligned} \tag{5.106}$$

为了计算双中心电子密度积分，方程(5.98)中的经过第 $s$ 个对称操作后的 $A$ 原子的基函数 $\varphi^s_{\text{bo}(A)}$ 可表示成原始高斯轨道(primitive Gaussian-type orbitals，GTO) $\chi_{\text{bo}(A),\text{go}}(\boldsymbol{r}_A)$ 的线性组合：

$$\begin{aligned}\varphi^s_{\text{bo}(A)}(\boldsymbol{r}^s_A) &= \sum_{\text{go}=1}^{N_g} c_{\text{bo,go}} \chi^s_{\text{bo}(A),\text{go}}(\boldsymbol{r}^s_A) \\ \chi^s_{\text{bo}(A),\text{go}}(\boldsymbol{r}^s_A) &= R_{\text{go}}(x^s_A)^{l_{\text{go}}}(y^s_A)^{m_{\text{go}}}(z^s_A)^{n_{\text{go}}} \exp\left[-\alpha_{\text{bo,go}}(\boldsymbol{r}^s_A)^2\right]\end{aligned} \tag{5.107}$$

$N_g$ 为构造基函数所需要的原始 GTO 的个数。$R_{\text{go}}$ 为原始 GTO 的归一化因子。$c_{\text{bo,go}}$ 和 $\alpha_{\text{bo,go}}$ 为常数，这里引入 $c_{\text{bo,go}}$ 是为了使每一个基函数都归一化。$l_{\text{go}}$，$m_{\text{go}}$

和 $n_{go}$ 为整数，$l_{go}+m_{go}+n_{go}$ 为 0, 1 和 2 时分别对应 s, p 和 d 型 GTO。方程(5.107)中的 $\boldsymbol{r}_A^s$ 为第 $s$ 个对称操作后的 $A$ 原子的坐标：

$$r_A^s \equiv \begin{pmatrix} x_A^s \\ y_A^s \\ z_A^s \end{pmatrix} = \widehat{S}_s \boldsymbol{r} - \widehat{S}_s \boldsymbol{A} = R_s(\boldsymbol{r}-\boldsymbol{A}) \equiv R_s \boldsymbol{r}_A \tag{5.108}$$

$r_A^s$ 和 $\boldsymbol{k}^t=(k_x,k_y,k_z)$ 定义在量子化轴的直角坐标系上。

结构因子 $F(\boldsymbol{k})$ 可分成单中心结构因子 $F_{\text{mo},1}^s$ 和双中心结构因子 $F_{\text{mo},2}^s$ 两部分，通过分别处理这两部分可获得 $F(\boldsymbol{k})$ 的严格表达式：

$$F(\boldsymbol{k})=\sum_{s=1}^{N_s}\sum_{\text{mo}=1}^{M} g_{\text{mo}} p_{\text{mo}} [F_{\text{mo},1}^s(\boldsymbol{k})+F_{\text{mo},2}^s(\boldsymbol{k})] \equiv F_1(\boldsymbol{k})+F_2(\boldsymbol{k}) \tag{5.109}$$

其中，

$$\begin{aligned} F_{\text{mo},n}^s &= \sum_{\text{so}}\sum_{\text{so}'} a_{\text{mo,so}}^* a_{\text{mo}',\text{so}'} \sum_{\text{bo}(A)}\sum_{\text{bo}'(A')} b_{\text{so,bo}(A)}^* b_{\text{so}',\text{bo}'(A')} \\ &\quad \times \sum_{\text{go}}\sum_{\text{go}} c_{\text{bo}(A),\text{go}}^* c_{\text{bo}'(A'),\text{go}'} f_{\text{bo}(A),\text{go},\text{bo}'(A'),\text{go}',n}^s(\boldsymbol{k}), \\ n &= 1,2 \end{aligned} \tag{5.110}$$

$$\begin{aligned} f_{\text{bo}(A),\text{go},\text{bo}'(A'),\text{go}',n}^s(\boldsymbol{k}) &= \int \chi_{\text{bo,go}}(\boldsymbol{r}_A^s)\exp(\text{i}\boldsymbol{k}\cdot\widehat{\boldsymbol{S}}_s\boldsymbol{r})\chi_{\text{bo}',\text{go}'}(\boldsymbol{r}_{A'}^s)\text{d}(\widehat{S}_s\boldsymbol{r}), \\ n &= 1,2 \end{aligned} \tag{5.111}$$

将 $f_{\text{bo}(A),\text{go},\text{bo}'(A'),\text{go}',n}^s(\boldsymbol{k})$ 简写成 $f_n^s(\boldsymbol{k})$，为计算 $f_n^s(\boldsymbol{k})$，将从原子 $A$ 和 $A'$ 形成的键上的一点定义为 $\boldsymbol{P}$：

$$\begin{aligned} \boldsymbol{P} &= \frac{\alpha_{\text{bo}(A),\text{go}}}{\gamma}\boldsymbol{A}+\frac{\alpha_{\text{bo}'(A'),\text{go}'}}{\gamma}\boldsymbol{A}' \\ \gamma &= \alpha_{\text{bo}(A),\text{go}}+\alpha_{\text{bo}'(A'),\text{go}'} \end{aligned} \tag{5.112}$$

当 $A=A'$ 时，$\boldsymbol{P}=\boldsymbol{A}$。由于 $\boldsymbol{r}=\boldsymbol{r_P}+\boldsymbol{P}$：

$$\widehat{S}_s\boldsymbol{r}=\boldsymbol{R}_s(\boldsymbol{r}_P+\boldsymbol{P})+\boldsymbol{t}_s=\boldsymbol{R}_s\boldsymbol{P}+\boldsymbol{t}_s+\boldsymbol{R}_s\boldsymbol{r}_P \tag{5.113}$$

根据方程(5.111)、方程(5.112)和方程(5.113)，有：

$$\begin{aligned} f_n^s(\boldsymbol{k}) &= \exp[\text{i}\boldsymbol{k}\cdot(\boldsymbol{R}_s\boldsymbol{P}+\boldsymbol{t}_s)]\int \chi_{\text{bo,go}}(\boldsymbol{R}_s\boldsymbol{r}_A) \\ &\quad \times \exp(\text{i}\boldsymbol{k}\cdot\boldsymbol{R}_s\boldsymbol{r}_P)\chi_{\text{bo}',\text{go}'}(\boldsymbol{R}_s\boldsymbol{r}_{A'})\text{d}(\boldsymbol{R}_s\boldsymbol{r}_P) \end{aligned} \tag{5.114}$$

根据对称规则，方程(5.114)可写成：

$$f_n^s(\boldsymbol{k}) = \exp\left[\mathrm{i}(R_s^{-1}\boldsymbol{k}\cdot\boldsymbol{P} + \boldsymbol{k}\cdot\boldsymbol{t}_s)\right]\int \chi_{\mathrm{bo,go}}(\boldsymbol{r}_A) \times \exp\left[\mathrm{i}(R_s^{-1}\boldsymbol{k}\cdot\boldsymbol{r}_P)\right]\chi_{\mathrm{bo',go'}}(\boldsymbol{r}_{A'})\mathrm{d}\boldsymbol{r}_P \tag{5.115}$$

其中 $\boldsymbol{R}_s^{-1}$ 为 $\boldsymbol{R}_s$ 的逆矩阵。由于被积函数中的 GTO 定义在量子化轴坐标系上，倒格子矢量 $\boldsymbol{R}_s^{-1}\boldsymbol{k} \equiv \boldsymbol{k}_s$ 可表示成量子化轴坐标的形式：

$$R_s^{-1}\boldsymbol{k} \equiv \boldsymbol{k}_s^{\mathrm{q}} = k_{s,x}^{\mathrm{q}}\boldsymbol{I}^{\mathrm{q}} + k_{s,y}^{\mathrm{q}}J^{\mathrm{q}} + k_{s,z}^{\mathrm{q}}\boldsymbol{K}^{\mathrm{q}} \tag{5.116}$$

其中 $(\boldsymbol{I}^{\mathrm{q}},\boldsymbol{J}^{\mathrm{q}},\boldsymbol{K}^{\mathrm{q}})$ 为沿量子化轴的单位矢量。上标 q 表示定义在量子化轴上的矢量，有 $(\boldsymbol{r}_P^{\mathrm{q}})^{\mathrm{t}} = (x_P^{\mathrm{q}}, y_P^{\mathrm{q}}, z_P^{\mathrm{q}})$ 。方程(5.115)中的被积函数可简化成 $\boldsymbol{r}_P$ 的函数：

$$f_n^s(\boldsymbol{k}) = R_{\mathrm{go}}R_{\mathrm{go'}}\exp\left[\mathrm{i}(\boldsymbol{k}_s\cdot\boldsymbol{P} + \boldsymbol{k}\cdot\boldsymbol{t}_s)\right] \times \exp\left[-\alpha_{\mathrm{bo,go}}\alpha_{\mathrm{bo',go'}}(\boldsymbol{A}'^{\mathrm{q}} - \boldsymbol{A}^{\mathrm{q}})^2/\gamma\right]I_xI_yI_z \tag{5.117}$$

$$I_x = \int_{-\infty}^{\infty}\sum_{l=0}^{l_{\mathrm{go}}+l_{\mathrm{go'}}} f_l\left[l_{\mathrm{go}}, l_{\mathrm{go'}}, (\overrightarrow{AP})_x^{\mathrm{q}}, (\overrightarrow{A'P})_x^{\mathrm{q}}\right](x_P^{\mathrm{q}})^l \times \exp\left[-\gamma(x_P^{\mathrm{q}})^2 + \mathrm{i}k_{s,x}^{\mathrm{q}}x_P^{\mathrm{q}}\right]\mathrm{d}x_P^{\mathrm{q}} \tag{5.118}$$

其中 $(\overrightarrow{AP})_x^{\mathrm{q}}$ 和 $(\overrightarrow{A'P})_x^{\mathrm{q}}$ 分别为 $\boldsymbol{P}^{\mathrm{q}} - \boldsymbol{A}^{\mathrm{q}}$ 和 $\boldsymbol{P}^{\mathrm{q}} - \boldsymbol{A}'^{\mathrm{q}}$ 矢量的 $x$ 分量，它们定义在量子化轴上，但式(5.117)中的 $\boldsymbol{P}$ 和 $\boldsymbol{k}$ 分别定义在晶格和倒格子上。$f_l$ 定义为：

$$\begin{aligned}(x_A^{\mathrm{q}})^{l_{\mathrm{go}}}(x_{A'}^{\mathrm{q}})^{l_{\mathrm{go'}}} &= \{x_P^{\mathrm{q}} + (\overrightarrow{AP})_x^{\mathrm{q}}\}^{l_{\mathrm{go}}}\{x_P^{\mathrm{q}} + (\overrightarrow{A'P})_x^{\mathrm{q}}\}^{l_{\mathrm{go'}}} \\ &\equiv \sum_{l=0}^{l_{\mathrm{go}}+l_{\mathrm{go'}}} f_l\left[l_{\mathrm{go}}, l_{\mathrm{go'}}, (\overrightarrow{AP})_x^{\mathrm{q}}, (\overrightarrow{A'P})_x^{\mathrm{q}}\right](x_P^{\mathrm{q}})^l\end{aligned} \tag{5.119}$$

$I_y$， $I_z$， $f_m$ 和 $f_n$ 采用类似的方式进行定义。

$I_x$ 可写成：

$$I_x = \left(\frac{\pi}{\gamma}\right)^{1/2}\exp\left[\frac{-(k_{s,x}^{\mathrm{q}})^2}{4\gamma}\right] \times \sum_{l=0}^{l_{\mathrm{go}}+l_{\mathrm{go'}}}\left[\frac{i}{2(\gamma)^{1/2}}\right]^l f_l(x_P^{\mathrm{q}})^l H_l\left[\frac{k_{s,x}^{\mathrm{q}}}{2(\gamma)^{1/2}}\right] \tag{5.120}$$

$$H_n(z) = n!\sum_{i=0}^{[n/2]}\frac{(-1)^i(2z)^{n-2i}}{i!(n-2i)!} \tag{5.121}$$

其中 $[x]$ 为对 $x$ 进行向下取整。将 $l_{\mathrm{go}} + l_{\mathrm{go'}}$， $m_{\mathrm{go}} + m_{\mathrm{go'}}$ 和 $n_{\mathrm{go}} + n_{\mathrm{go'}}$ 设置为 $l_1$， $m_1$ 和 $n_1$ 。在 $\boldsymbol{A} = \boldsymbol{A}'$ 情形，当 $l$， $m$ 和 $n$ 分别为 $l_1$， $m_1$ 和 $n_1$ 时， $f_l$， $f_m$ 和 $f_n$ 为 1，否则为 0。双中心散射因子最终可表示成：

$$
\begin{aligned}
f_2^s(\boldsymbol{k}) &= R_{\mathrm{go}}R_{\mathrm{go}'}\exp\left[i(\boldsymbol{k}_s\cdot\boldsymbol{P}+\boldsymbol{k}\cdot\boldsymbol{t}_s)\right] \\
&\quad\times\exp\left[\frac{-\alpha_{\mathrm{bo,go}}\alpha_{\mathrm{bo',go'}}}{\gamma}(\boldsymbol{A}'^{\mathrm{q}}-\boldsymbol{A}^{\mathrm{q}})^2\right]\left(\frac{\pi}{\gamma}\right)^{3/2} \\
&\quad\times\exp\left[-\frac{(k_s^{\mathrm{q}})^2}{4\gamma}\right]\sum_{l=0}^{l_1}\sum_{m=0}^{m_1}\sum_{n=0}^{n_1}\left[\frac{i}{2(\gamma)^{1/2}}\right]^{l+m+n} \\
&\quad\times f_l f_m f_n H_l\left[\frac{k_{s,x}^{\mathrm{q}}}{2(\gamma)^{1/2}}\right]H_m\left[\frac{k_{s,y}^{\mathrm{q}}}{2(\gamma)^{1/2}}\right]H_n\left[\frac{k_{s,z}^{\mathrm{q}}}{2(\gamma)^{1/2}}\right] \\
&\equiv\exp\left[\mathrm{i}\left(\boldsymbol{k}_s\cdot\boldsymbol{P}+\boldsymbol{k}\cdot\boldsymbol{t}_s\right)\right]g_2^s(\boldsymbol{k})
\end{aligned}
\tag{5.122}
$$

单中心散射因子可以写成类似的形式：

$$
\begin{aligned}
f_1^s(\boldsymbol{k}) &= R_{\mathrm{go}}R_{\mathrm{go}'}\exp\left[\mathrm{i}(\boldsymbol{k}_s\cdot\boldsymbol{A}+\boldsymbol{k}\cdot\boldsymbol{t}_s)\right]\left(\frac{\pi}{\gamma}\right)^{3/2} \\
&\quad\times\exp\left[-\frac{(k_s^{\mathrm{q}})^2}{4\gamma}\right]\left[\frac{i}{2(\gamma)^{1/2}}\right]^L H_{l_1}\left[\frac{k_{s,x}^{\mathrm{q}}}{2(\gamma)^{1/2}}\right]H_{m_1}\left[\frac{k_{s,y}^{\mathrm{q}}}{2(\gamma)^{1/2}}\right] \\
&\quad\times H_{n_1}\left[\frac{k_{s,z}^{\mathrm{q}}}{2(\gamma)^{1/2}}\right] \\
&\equiv\exp\left[\mathrm{i}(\boldsymbol{k}_s\cdot\boldsymbol{A}+\boldsymbol{k}\cdot\boldsymbol{t}_s)\right]g_1^s(\boldsymbol{k})
\end{aligned}
\tag{5.123}
$$

其中 $L=l_1+m_1+n_1$。当 $A=A'$ 时，$f_2^s(\boldsymbol{k})$ 可简化成 $f_1^s(\boldsymbol{k})$。

### 5.6.2.3　温度因子的处理

由于原子振动，式(5.112)中的矢量 $\boldsymbol{P}$ 也振动。假定原子 $A$ 和 $A'$ 的振动是独立的，当它们相对平衡位置 $\boldsymbol{A}_0$ 和 $\boldsymbol{A}_0'$ 分别偏离 $\boldsymbol{u}_A$ 和 $\boldsymbol{u}_{A'}$ 时，式(5.122)中相因子 $\langle\exp(\mathrm{i}\boldsymbol{k}_s\cdot\boldsymbol{P})\rangle$ 的时间平均为：

$$
\begin{aligned}
\langle\exp(\mathrm{i}\boldsymbol{k}_s\cdot\boldsymbol{P})\rangle &= \exp(\mathrm{i}\boldsymbol{k}_s\cdot\boldsymbol{P}_0) \\
&\quad\times\left\langle\exp\left[\mathrm{i}\boldsymbol{k}_s\cdot(\alpha_{\mathrm{bo,g0}}\boldsymbol{u}_A+\alpha_{\mathrm{bo',go'}}\boldsymbol{u}_{A'})/\gamma\right]\right\rangle
\end{aligned}
\tag{5.124}
$$

其中 $\boldsymbol{P}_0$ 为将式(5.112)中 $\boldsymbol{A}$ 和 $\boldsymbol{A}'$ 分别用 $\boldsymbol{A}_0$ 和 $\boldsymbol{A}_0'$ 替代获得的值。$\langle\ \rangle$ 表示对 $\boldsymbol{u}_A$ 和 $\boldsymbol{u}_{A'}$ 取平均。方程右侧 $\langle\ \rangle$ 中的量可定义为双中心散射因子的温度因子 $T_{A,A',\mathrm{go,go'}}(\boldsymbol{k})$：

$$
T_{A,A',\mathrm{go,go'}}(\boldsymbol{k})=[\boldsymbol{T}_A(\boldsymbol{k})]^{\frac{\alpha_{\mathrm{bo,go}}}{\gamma}}[T_{A'}(\boldsymbol{k})]^{\frac{\alpha_{\mathrm{bo',go'}}}{\gamma}}
\tag{5.125}
$$

其中 $T_A(\boldsymbol{k})=\langle\exp(\mathrm{i}\boldsymbol{k}_s\cdot\boldsymbol{u}_A)\rangle$ 和 $T_{A'}(\boldsymbol{k})=\langle\exp(\mathrm{i}\boldsymbol{k}_s\cdot\boldsymbol{u}_{A'})\rangle$ 分别为 $A$ 和 $A'$ 的温度因子。

当考虑非简谐振动时，单中心温度因子 $T_A(\boldsymbol{k})$ 可分为中心和非中心两部分，分别用上标 c 和 a 表示：

$$\begin{aligned}T_A(\boldsymbol{k}) &= T_H(\boldsymbol{k})[T_A^{U,\mathrm{c}}(\boldsymbol{k}) + \mathrm{i}T_A^{U,\mathrm{a}}(\boldsymbol{k})] = |T_A(\boldsymbol{k})|\exp\{\mathrm{i}[\delta_A(\boldsymbol{k})]\} \\ &= T_A^{\mathrm{c}}(\boldsymbol{k}) + \mathrm{i}T_A^{\mathrm{a}}(\boldsymbol{k})\end{aligned} \tag{5.126}$$

其中 $T_A^{U,\mathrm{c}}(\boldsymbol{k})$ 和 $T_A^{U,\mathrm{a}}(\boldsymbol{k})$ 分别为 $A$ 原子非简谐温度因子的中心和非中心项，$T_H(\boldsymbol{k})$ 为温度因子的简谐部分，有：

$$\begin{aligned}|T_A(\boldsymbol{k})| &= T_H(\boldsymbol{k})\{[T_A^{U,\mathrm{c}}(\boldsymbol{k})]^2 + [T_A^{U,\mathrm{a}}(\boldsymbol{k})]^2\}^{1/2} \\ \delta_A &= \tan^{-1}\left[\frac{T_A^{U,\mathrm{a}}(\boldsymbol{k})}{T_A^{U,\mathrm{c}}(\boldsymbol{k})}\right]\end{aligned} \tag{5.127}$$

根据式(5.125)、式(5.126)和式(5.127)，双中心温度因子也可分成中心和非中心项两部分：

$$\begin{aligned}T_{A,A',\mathrm{go},\mathrm{go}'}(\boldsymbol{k}) &= |T_A(\boldsymbol{k})|^{\frac{\alpha_{\mathrm{bo},\mathrm{go}}}{\gamma}}|T_{A'}(\boldsymbol{k})|^{\frac{\alpha_{\mathrm{bo}',\mathrm{go}'}}{\gamma}} \\ &\quad\times\exp\left[\frac{\mathrm{i}(\alpha_{\mathrm{bo},\mathrm{go}}\delta_A + \alpha_{\mathrm{bo}',\mathrm{go}'}\delta_{A'})}{\gamma}\right] \\ &\equiv T_{A,A',\mathrm{go},\mathrm{go}'}^{\mathrm{c}} + \mathrm{i}T_{A,A',\mathrm{go},\mathrm{go}'}^{\mathrm{a}}(\boldsymbol{k})\end{aligned} \tag{5.128}$$

将乘上温度因子的式(5.109)中的结构因子 $F(\boldsymbol{k})$ 分成实数和虚数两部分：

$$F(\boldsymbol{k}) = F_1(\boldsymbol{k}) + F_2(\boldsymbol{k}) \equiv A_1(\boldsymbol{k}) + A_2(\boldsymbol{k}) + \mathrm{i}\left[B_1(\boldsymbol{k}) + B_2(\boldsymbol{k})\right] \tag{5.129}$$

其中下标 1 和 2 分别表示单中心和双中心项。
式(5.123)中单中心散射因子的相因子的实部和虚部分别为：

$$\begin{aligned}A_{\mathrm{bo}(A)}^s(\boldsymbol{k}) &= \cos\left(\boldsymbol{k}_s\cdot\boldsymbol{A}_0 + \boldsymbol{k}\cdot\boldsymbol{t}\right) \\ B_{\mathrm{bo}(A)}^s(\boldsymbol{k}) &= \sin\left(\boldsymbol{k}_s\cdot\boldsymbol{A}_0 + \boldsymbol{k}\cdot\boldsymbol{t}\right)\end{aligned} \tag{5.130}$$

$f_1^s(\boldsymbol{k})$ 的实部和虚部可表示为将 $A_{\mathrm{bo}(A)}^s(\boldsymbol{k})$ 和 $B_{\mathrm{bo}(A)}^s(\boldsymbol{k})$ 乘上式(5.123) $g_1^s(\boldsymbol{k})$ 的形式，即：

$$\begin{aligned}A_{\mathrm{bo}(A)}^{s,f}(\boldsymbol{k}) &= A_{\mathrm{bo}(A)}^s(\boldsymbol{k})g_1^{s,\mathrm{c}}(\boldsymbol{k}) - B_{\mathrm{bo}(A)}^s(\boldsymbol{k})g_1^{s,\mathrm{a}}(\boldsymbol{k}) \\ B_{\mathrm{bo}(A)}^{s,f}(\boldsymbol{k}) &= A_{\mathrm{bo}(A)}^s(\boldsymbol{k})g_1^{s,\mathrm{c}}(\boldsymbol{k}) + B_{\mathrm{bo}(A)}^s(\boldsymbol{k})g_1^{s,\mathrm{a}}(\boldsymbol{k})\end{aligned} \tag{5.131}$$

将这些项乘上温度因子，有：

$$\begin{aligned}A_1^{s,ft}(\boldsymbol{k}) &= A_{\mathrm{bo}(A)}^{s,f}(\boldsymbol{k})T_A^{\mathrm{c}}(\boldsymbol{k}) - B_{\mathrm{bo}(A)}^{s,f}(\boldsymbol{k})T_A^{\mathrm{a}}(\boldsymbol{k}) \\ B_1^{s,ft}(\boldsymbol{k}) &= A_{\mathrm{bo}(A)}^{s,f}(\boldsymbol{k})T_A^{\mathrm{c}}(\boldsymbol{k}) + B_{\mathrm{bo}(A)}^{s,f}(\boldsymbol{k})T_A^{\mathrm{a}}(\boldsymbol{k})\end{aligned} \tag{5.132}$$

其中 $A_1^{s,ft}(\boldsymbol{k})$，$B_1^{s,ft}(\boldsymbol{k})$，$g_1^{\mathrm{c}}(\boldsymbol{k})$ 和 $g_1^{\mathrm{a}}(\boldsymbol{k})$ 中的下标 1 表示 $\mathrm{bo}(A),\mathrm{go},\mathrm{bo}'(A)\mathrm{go}',1$。类似地，式(5.122)双中心散射因子的相因子可写成：

$$
\begin{aligned}
A_{\mathrm{go},\mathrm{go}'}^{s}(\boldsymbol{k}) &= \cos\left(\boldsymbol{k}_s \cdot \boldsymbol{P}_0 + \boldsymbol{k} \cdot \boldsymbol{t}\right) \\
B_{\mathrm{go},\mathrm{go}'}^{s}(\boldsymbol{k}) &= \sin\left(\boldsymbol{k}_s \cdot \boldsymbol{P}_0 + \boldsymbol{k} \cdot \boldsymbol{t}\right)
\end{aligned} \tag{5.133}
$$

根据式(5.122)，有：

$$
\begin{aligned}
A_{\mathrm{go},\mathrm{go}'}^{s,f}(\boldsymbol{k}) &= A_{\mathrm{go},\mathrm{go}'}^{s}(\boldsymbol{k}) g_2^{s,\mathrm{c}}(\boldsymbol{k}) - B_{\mathrm{go},\mathrm{go}'}^{s}(\boldsymbol{k}) g_2^{s,\mathrm{a}}(\boldsymbol{k}) \\
B_{\mathrm{go},\mathrm{go}'}^{s,f}(\boldsymbol{k}) &= A_{\mathrm{go},\mathrm{go}'}^{s}(\boldsymbol{k}) g_2^{s,\mathrm{a}}(\boldsymbol{k}) + B_{\mathrm{go},\mathrm{go}'}^{s}(\boldsymbol{k}) g_2^{s,\mathrm{c}}(\boldsymbol{k})
\end{aligned} \tag{5.134}
$$

根据式(5.128)，有：

$$
\begin{aligned}
A_2^{s,ft}(\boldsymbol{k}) &= A_{\mathrm{go},\mathrm{go}'}^{s,f}(\boldsymbol{k}) T_{AA',\mathrm{go},\mathrm{go}'}^{\mathrm{c}} - B_{\mathrm{go},\mathrm{go}'}^{s,f}(\boldsymbol{k}) T_{AA',\mathrm{go},\mathrm{go}'}^{\mathrm{a}} \\
B_2^{s,ft}(\boldsymbol{k}) &= A_{\mathrm{go},\mathrm{go}'}^{s,f}(\boldsymbol{k}) T_{AA',\mathrm{go},\mathrm{go}'}^{\mathrm{a}} + B_{\mathrm{go},\mathrm{go}'}^{s,f}(\boldsymbol{k}) T_{AA',\mathrm{go},\mathrm{go}'}^{\mathrm{c}}
\end{aligned} \tag{5.135}
$$

当 $A \neq A'$ 时，$A_2^{s,ft}(\boldsymbol{k})$，$B_2^{s,ft}(\boldsymbol{k})$，$g_2^{\mathrm{c}}(\boldsymbol{k})$ 和 $g_2^{\mathrm{a}}(\boldsymbol{k})$ 的下标 2 表示 $\mathrm{bo}(A),\mathrm{go},\mathrm{bo}'(A'),\mathrm{go}',2$。因此式(5.109) $F_n(\boldsymbol{k})$ 的最终形式：

$$
\begin{aligned}
F_n(\boldsymbol{k}) = & \sum_{s}\sum_{\mathrm{mo}} g_{\mathrm{mo}} p_{\mathrm{mo}} \sum_{\mathrm{so}}\sum_{\mathrm{so}'} a_{\mathrm{mo},\mathrm{so}}^{*} a_{\mathrm{mo}',\mathrm{so}'} \\
& \times \sum_{\mathrm{bo}(A)}\sum_{\mathrm{bo}'(A')} b_{\mathrm{so},\mathrm{ao}(A)}^{*} b_{\mathrm{so}',\mathrm{ao}'(A')} \sum_{\mathrm{go}}\sum_{\mathrm{go}'} c_{\mathrm{bo}(A),\mathrm{go}}^{*} c_{\mathrm{bo}'(A'),\mathrm{go}'} \\
& \times (A_n^{s,ft} + iB_n^{s,ft})
\end{aligned} \tag{5.136}
$$

其中 $n=1$，2 分别对应单中心和双中心结构因子。

### 5.6.3　分子轨道布居模型(MOON)

分子轨道布居模型(MOON)[4,5]的主要思想是保持变分(Hartree-Fock 或 DFT)方法获得的分子轨道形式，精修占据和非占据分子轨道 $\{\phi_j(\boldsymbol{r})\}$ 的占据数 $\{n_j\}$，占据数需满足限制条件 $0 < n_j < n_{\max}$ 和 $\sum n_j = F(000)/Z$。在该方法中，分子轨道以紧缩高斯型原子轨道为基展开。在这个框架下，电子密度 $\rho(\boldsymbol{r})$ 可表示成：

$$
\rho(\boldsymbol{r}) = \sum_{J=1}^{K} n_j \phi_j(\boldsymbol{r})^* \phi_j(\boldsymbol{r}) \tag{5.137}
$$

该模型的结构因子可写成：

$$
F_{\mathrm{c}}(\boldsymbol{s}) = \sum_{j=1}^{K} n_j \sum_{l=1}^{K}\sum_{m=1}^{K} c_{jl} c_{jm} \left\langle \psi_l \middle| \mathrm{e}^{2\pi \mathrm{i} \boldsymbol{s} \cdot \boldsymbol{r}} \middle| \psi_m \right\rangle \exp(2\pi \mathrm{i} \boldsymbol{s} \cdot \boldsymbol{r}_{lm}) T_{lm}(\boldsymbol{s}) \tag{5.138}
$$

其中 $c_{jl}$ 为固定的分子轨道展开系数，$\boldsymbol{r}_{lm}$ 为第 $lm$ 个基函数乘积的位置矢量，$T_{lm}$ 为

各向异性温度因子，可通过基函数对所在的两个原子的温度因子取平均获得。基函数积$\left\langle \psi_l \middle| e^{2\pi i s\cdot r} \middle| \psi_m \right\rangle$的傅里叶变换可使用 Stewart 的算法[15]计算获得。这些积分在起始步计算后，在后续精修中保持不变，如果原子坐标发生变化，则需要重新计算。

MOON 有两种精修方式：①使用限制条件$n_j \leqslant 2$进行精修，这种方式可获得从占据轨道到虚轨道的电子跃迁信息，电子密度类似于全组态相关(full-CI)-变分方法获得的单粒子密度；②对占据数不施加限制条件，即$n_{\max} \gg 2$，这种方式虽然缺乏量子力学严格性，但有较好的灵活性，与实验数据拟合度较好。

方程(5.138)不包含严格的反常(非弹性)散射贡献，反常散射主要来源于芯层电子轨道，有几种方式可以处理这个问题：①对于只含有轻原子的化合物，忽略这些贡献；②使用原子散射因子的矫正因子(包含相位和幅度)对芯层轨道的$\left\langle \psi_l \middle| e^{2\pi i s\cdot r} \middle| \psi_m \right\rangle$积分进行矫正；③使用已消除反常散射贡献的衍射点进行精修。

## 参 考 文 献


[1] Tanaka K. X-ray analysis of wavefunctions by the least-squares method incorporating orthonormality. I. General formalism. Acta Cryst. A, 1988, 44: 1002-1008.

[2] Tanaka K, Makita R, Funahashi S, Komori T, Win Z, X-ray atomic orbital analysis. I. Quantum mechanical and crystallographic framework of the method. Acta Cryst. A, 2008, 64: 437-449.

[3] Tanaka K. X-ray molecular orbital analysis. I. Quantum mechanical and crystallographic framework. Acta Cryst. A, 2018, 74: 345-356.

[4] Hibbs D E, Howard S T, Huke J P, Waller M P. A new orbital-based model for the analysis of experimental molecular charge densities: An application to (*Z*)-*N*-methyl-*C*-phenylnitrone. Phys. Chem. Chem. Phys., 2005, 7: 1772-1778.

[5] Waller M P, Howard S T, Platts J A, Piltz R O, Willock D J, Hibbs D E. Novel properties from experimental charge densities: An application to the zwitterionic neurotransmitter taurine. Chem. Eur. J., 2006, 12: 7603-7614.

[6] Clementi E, Raimondi D L. Atomic screening constants from scf functions. J. Chem. Phys., 1963, 38: 2686-2689.

[7] Stewart R F. Electron population analysis with rigid pseudoatoms. Acta Cryst. A, 1976, 32: 565-574.

[8] Fischer A, Tiana D, Scherer W, Batke K, Eickerling G, Svendsen H, Bindzus N, Iversen B B. Experimental and theoretical charge density studies at subatomic resolution. J. Phys. Chem. A, 2011, 115: 13061-13071.

[9] Brown P J. Magnetic form factors//Wilson A J C, ed. International Tables for Crystallography. Vol C. Dordrecht: Kluwer, 1992: 391-399.

[10] Clementi E, Roetti C. Roothaan-Hartree-Fock atomic wavefunctions. Basis functions and their coefficients for ground and certain excited states of neutral and ionized atoms, $Z \leqslant 54$. Atom Data

Nucl Data, 1974, Tab 14:177.

[11] Macchi P, Gillet J-M, Taulelle F, Campo J, Claiser N, Lecomte C. Modelling the experimental electron density: Only the synergy of various approaches can tackle the new challenges. IUCrJ, 2015, 2: 441-451.

[12] Mann J B. Report LA3691. Los Alamos National Laboratory, New Mexico, USA, 1968.

[13] Liberman D A, Cromer D T, Waber J T. Relativistic self-consistent field program for atoms and ions. Comput. Phys. Commun., 1971, 2: 107-113.

[14] Condon E U, Shortley G H. Theory of atomic spectra. Cambridge University Press, 1967.

[15] Stewart R F. Generalized X-ray scattering factors. J. Chem. Phys., 1969, 51: 4569-4577.

# 第 6 章　密度矩阵模型

## 6.1　引　　言

一个系统可由 $N$-电子波函数 $\Psi$ 来描述，$N$-电子密度矩阵可通过波函数与其共轭波函数 $\Psi^*$ 的乘积获得，$N$-电子波函数与 $N$-电子密度矩阵在纯态下是等价的。将 $N$-电子密度矩阵中除了两电子的其他所有电子的变量都积分可获得双电子密度矩阵(2-RDM)，同理，将除了一个电子外的其他所有电子的变量都积分可获得单电子密度矩阵(1-RDM)。由于电子与电子之间是通过库仑排斥相互作用的，因此原子与分子的能量和其他电子结构性质可直接由 2-RDM 计算出来。2-RDM 包含了多电子波函数的所有物理和化学重要信息，这暗示对于研究一个给定的分子体系，只需要获得 2-RDM 就够了，没必要去获得多电子波函数。实际上，如果要想通过 2-RDM 计算出电子结构，这个 2-RDM 也必须可以从波函数计算得来，即 2-RDM 要满足所谓的 $N$-可表示性条件[1,2]。

在电子结构晶体学领域，由于有实验数据的辅助，我们可以将理论模型简化一些，即 HF 框架下的一阶约化密度矩阵(1-RDM)。在大多数情况下，1-RDM 足以较好描述实验结果。同样地，1-RDM 也要满足 $N$-可表示性条件。

根据约化密度矩阵泛函理论，系统基态的任何观测量的期望值都是基态单电子约化密度矩阵的唯一泛函。因此 1-RDM 也是材料电子结构计算与实验测量的一个基本物理量。

本章主要介绍单电子密度矩阵的概念，性质以及与实验观测量的联系。在实验观测量中，电子密度和动量密度是最重要的，它们共同决定了 1-RDM。本章也介绍了实验 1-RDM 的重构与精修理论。

## 6.2　密度矩阵模型

### 6.2.1　密度矩阵的定义

纯态的 $N$-电子密度矩阵可使用 $N$-电子波函数来表示：

$$\Gamma^{(N)}\left(\boldsymbol{x}_1\cdots\boldsymbol{x}_N;\boldsymbol{x}_1'\cdots\boldsymbol{x}_N'\right)=\left\langle\boldsymbol{x}_1\cdots\boldsymbol{x}_N\middle|\Psi\right\rangle\left\langle\Psi\middle|\boldsymbol{x}_1'\cdots\boldsymbol{x}_N'\right\rangle \tag{6.1}$$

其中 $\boldsymbol{x}_i$ 为 $i$ 电子的广义自旋位置坐标。若不考虑自旋，即假定对于所有的电子有 $\sigma_i = \sigma_i'$，对所有的自旋坐标求和，可得：

$$\gamma^{(N)}(\boldsymbol{r}_1 \cdots \boldsymbol{r}_N; \boldsymbol{r}_1' \cdots \boldsymbol{r}_N') = \sum_{\sigma_1,\dots\sigma_N} \Gamma^{(N)}(\boldsymbol{x}_1 \cdots \boldsymbol{x}_N; \boldsymbol{x}_1' \cdots \boldsymbol{x}_N') \tag{6.2}$$

我们定义 $n$ 电子约化密度矩阵($n$-RDM)：

$$\begin{aligned} &\gamma^{(N)}(\boldsymbol{r}_1 \cdots \boldsymbol{r}_n; \boldsymbol{r}_1' \cdots \boldsymbol{r}_n') \\ &= \binom{N}{n} \int \gamma^{(N)}(\boldsymbol{r}_1 \cdots \boldsymbol{r}_N; \boldsymbol{r}_1' \cdots \boldsymbol{r}_N')\, \mathrm{d}\boldsymbol{r}_{n+1} \cdots \mathrm{d}\boldsymbol{r}_N \mathrm{d}\boldsymbol{r}_{n+1}' \cdots \mathrm{d}\boldsymbol{r}_N' \end{aligned} \tag{6.3}$$

1-RDM 与 2-RDM 分别与电子密度 $\rho(\boldsymbol{r}_1)$ 和对分布函数 $P(\boldsymbol{r}_1,\boldsymbol{r}_2)$ 有关：

$$\begin{aligned} &\rho(\boldsymbol{r}_1) = \gamma^{(1)}(\boldsymbol{r}_1; \boldsymbol{r}_1' = \boldsymbol{r}_1) \\ &P(\boldsymbol{r}_1,\boldsymbol{r}_2) = \gamma^{(2)}(\boldsymbol{r}_1,\boldsymbol{r}_2; \boldsymbol{r}_1' = \boldsymbol{r}_1, \boldsymbol{r}_2' = \boldsymbol{r}_2) \end{aligned} \tag{6.4}$$

### 6.2.2　密度矩阵的局域模型

将 $N$ 电子波函数写成单行列式形式：

$$\psi(\boldsymbol{r}_1,\boldsymbol{r}_2,\cdots,\boldsymbol{r}_N) = \frac{1}{\sqrt{N!}} \sum_p (-1)^p \hat{P}[\varphi_1(\boldsymbol{r}_1)\varphi_2(\boldsymbol{r}_2)\dots\varphi_n(\boldsymbol{r}_n)] \tag{6.5}$$

每个分子轨道可写成 $\boldsymbol{R}_A$ 为中心的原子轨道的线性组合：

$$\varphi_n(\boldsymbol{r}_1) = \sum_A \sum_{j\in A} c_{jn}^A \varphi_{j\in A}(\boldsymbol{r}_1 - \boldsymbol{R}_A) \tag{6.6}$$

据此可定义与原子基组有关的布居矩阵 $\boldsymbol{P}$：

$$P_{ij}^{AB} = \sum_n c_{in}^A c_{jn}^B \tag{6.7}$$

确定 $N$-电子波函数一般来讲是不需要的，因为从实验上能观测到的仅仅只是单电子或双电子性质。因此，建立的密度矩阵模型最多只需要二阶约化密度矩阵(2-RDM)，在 HF 框架下，可进一步简化成一阶约化密度矩阵(1-RDM)。 在大多数情况下，1-RDM 足以较好描述实验结果。

1-RDM 在单电子原子轨道上的扩展：

$$\gamma^1(\boldsymbol{r}_1'; \boldsymbol{r}_2'') = \sum_{A,B} \sum_{\substack{i\in A \\ j\in B}} P_{ij}^{AB} \phi_{i\in A}(\boldsymbol{r}_1' - \boldsymbol{R}_A)\phi_{j\in B}(\boldsymbol{r}_1'' - \boldsymbol{R}_B) \tag{6.8}$$

其中第一个求和包含了所有的原子对 $(A, B)$；对于一个给定的原子对，第二个求和包含了属于每个原子的所有原子轨道 $\varphi_i(\boldsymbol{r}_1 - \boldsymbol{R}_A)$。为方便起见，轨道采用实数。$\boldsymbol{P}_{ij}^{AB}$ 是布居矩阵。

为了方便，将 1-RDM 分解为原子贡献的形式，一种可行的分法是：

$$\begin{aligned}\gamma^{(1)}(\boldsymbol{r}_1';\boldsymbol{r}_1'') &= \sum_A \gamma_A^{(1)}(\boldsymbol{r}_1';\boldsymbol{r}_1'') \\ &= \sum_A \left[\gamma_{AA}^{(1)}(\boldsymbol{r}_1';\boldsymbol{r}_1'') + \frac{1}{2}\sum_{B\neq A}\left(\gamma_{AB}^{(1)}(\boldsymbol{r}_1';\boldsymbol{r}_1'') + \gamma_{BA}^{(1)}(\boldsymbol{r}_1';\boldsymbol{r}_1'')\right)\right]\end{aligned} \tag{6.9}$$

$\gamma_A^{(1)}$ 可被解释为原子 $A$ 对总密度矩阵的贡献，由单中心项 $\gamma_{AA}^{(1)}$ (仅包含这个原子的轨道积)和双中心项 $\gamma_{AB}^{(1)}$ (包含两个不同原子的轨道积)构造而来。

$$\gamma_{AB}^{(1)}(\boldsymbol{r}_1';\boldsymbol{r}_1'') = \sum_{\substack{i\in A\\ j\in B}} P_{ij}^{AB}\phi_{i\in A}(\boldsymbol{r}_1' - \boldsymbol{R}_A)\phi_{j\in B}(\boldsymbol{r}_1'' - \boldsymbol{R}_B) \tag{6.10}$$

值得一提的是，对于确定的一对原子，为保持电子坐标的置换不变性，$\gamma_{AB}^{(1)}$ 和 $\gamma_{BA}^{(1)}$ 应该是对称的。

在无限的完美晶体系统，必须考虑平移不变性。这可以通过考虑所谓的内坐标 $\boldsymbol{s}_1 = \boldsymbol{r}_1' - \boldsymbol{r}_1''$ 和外坐标 $\boldsymbol{r}_1 = (\boldsymbol{r}_1' + \boldsymbol{r}_2'')/2$ 来实现。

$$\begin{aligned}\gamma_{\boldsymbol{L},A}^{(1)}(\boldsymbol{r}_1 - \boldsymbol{R}_A - \boldsymbol{L};\boldsymbol{s}_1) = \sum_{\boldsymbol{L}',B} P_{ij}^{AB}(\boldsymbol{L}')\phi_{i\in A}&\left(\boldsymbol{r}_1 - \boldsymbol{L} - (\boldsymbol{s}_1 + \boldsymbol{L}')/2 - \boldsymbol{R}_A\right) \\ \phi_{i\in B}&\left(\boldsymbol{r}_1 - \boldsymbol{L} + (\boldsymbol{s}_1 + \boldsymbol{L}')/2 - \boldsymbol{R}_B\right)\end{aligned} \tag{6.11}$$

这样 1-DRM 可写成：

$$\gamma^{(1)}(\boldsymbol{r}_1;\boldsymbol{s}_1) = \sum_{\boldsymbol{L}}\sum_{A\in \boldsymbol{L}} \gamma_{\boldsymbol{L},A}^{(1)}(\boldsymbol{r}_1 - \boldsymbol{R}_A - \boldsymbol{L};\boldsymbol{s}_1) \tag{6.12}$$

其中 $\boldsymbol{L}$ 代表晶格平移。这种分解方法强调了 1-RDM 原子中心的地位，双中心的贡献被包含在每个原子贡献里面。

Hansen 和 Coppens 的赝原子模型可被看成这个表达的一个极限情况，在该情况下双中心项的贡献被忽略了。尽管如此，赝原子模型仍然是非常成功的。另外，可以直接检验双中心贡献对结构因子的贡献可忽略，当有轨道交叠时，双中心结构因子明显减小了。

单中心结构因子：

$$\begin{aligned}F(\boldsymbol{Q}) &= \int \gamma^{(1)}(\boldsymbol{r}_1;0)\mathrm{e}^{\mathrm{i}\boldsymbol{Q}\cdot\boldsymbol{r}_1}\mathrm{d}\boldsymbol{r}_1 \\ &= \sum_A\left[\int \gamma_{AA}^{(1)}(\boldsymbol{r}_1;0)\mathrm{e}^{\mathrm{i}\boldsymbol{Q}\cdot\boldsymbol{r}_1}\mathrm{d}\boldsymbol{r}_1 + \frac{1}{2}\sum_{B\neq A}\left(\int \gamma_{AB}^{(1)}(\boldsymbol{r}_1;0)\mathrm{e}^{\mathrm{i}\boldsymbol{Q}\cdot\boldsymbol{r}_1}\mathrm{d}\boldsymbol{r}_1 + \int \gamma_{BA}^{(1)}(\boldsymbol{r}_1;0)\mathrm{e}^{\mathrm{i}\boldsymbol{Q}\cdot\boldsymbol{r}_1}\mathrm{d}\boldsymbol{r}_1\right)\right]\end{aligned} \tag{6.13}$$

双中心结构因子：

$$
\begin{aligned}
F_{AB}(Q) &= \int \gamma_{AB}^{(1)}(\boldsymbol{r}_1;0)\mathrm{e}^{\mathrm{i}\boldsymbol{Q}.\boldsymbol{r}_1}\mathrm{d}\boldsymbol{r}_1 \\
&= \mathrm{e}^{\mathrm{i}\boldsymbol{Q}.\boldsymbol{R}_{AB}} \sum_{\substack{i\in A \\ j\in B}} P_{ij}^{AB} \int \phi_{i\in A}(\boldsymbol{r}-\boldsymbol{S}_{AB})\phi_{j\in B}(\boldsymbol{r}+\boldsymbol{S}_{AB})\mathrm{e}^{\mathrm{i}\boldsymbol{Q}.\boldsymbol{r}}\mathrm{d}\boldsymbol{r}
\end{aligned} \tag{6.14}
$$

其中 $\boldsymbol{R}_{AB}=(\boldsymbol{R}_A+\boldsymbol{R}_B)/2,\ \boldsymbol{S}_{AB}=(\boldsymbol{R}_A-\boldsymbol{R}_B)/2$。

所以，从 X 射线衍射实验来近似计算密度矩阵，没必要考虑双中心贡献。相反，研究显示双中心项对描述动量空间密度非常重要，我们考虑动量空间的电子密度：

$$
\begin{aligned}
\pi(\boldsymbol{p}) &= \int \gamma^{(1)}(\boldsymbol{r}_1;\boldsymbol{s}_1)\mathrm{e}^{\mathrm{i}\boldsymbol{p}.\boldsymbol{s}_1}\mathrm{d}\boldsymbol{r}_1\mathrm{d}\boldsymbol{s}_1 \\
&= \sum_A \Big[\int \gamma_{AA}^{(1)}(\boldsymbol{r}_1;\boldsymbol{s}_1)\mathrm{e}^{\mathrm{i}\boldsymbol{p}.\boldsymbol{s}_1}\mathrm{d}\boldsymbol{r}_1\mathrm{d}\boldsymbol{s}_1 \\
&\quad + \frac{1}{2}\sum_{B\neq A}\Big(\int \gamma_{AB}^{(1)}(\boldsymbol{r}_1;\boldsymbol{s}_1)\mathrm{e}^{\mathrm{i}\boldsymbol{p}.\boldsymbol{s}_1}\mathrm{d}\boldsymbol{r}_1\mathrm{d}\boldsymbol{s}_1 + \int \gamma_{BA}^{(1)}(\boldsymbol{r}_1;\boldsymbol{s}_1)\mathrm{e}^{\mathrm{i}\boldsymbol{p}.\boldsymbol{s}_1}\mathrm{d}\boldsymbol{r}_1\mathrm{d}\boldsymbol{s}_1\Big)\Big]
\end{aligned} \tag{6.15}
$$

其中，双中心项：

$$
\pi_{AB}(\boldsymbol{p}) = \int \gamma_{AB}^{(1)}(\boldsymbol{r}_1;\boldsymbol{s}_1)\mathrm{e}^{\mathrm{i}\boldsymbol{p}.\boldsymbol{s}_1}\mathrm{d}\boldsymbol{r}_1\mathrm{d}\boldsymbol{s}_1 = \sum_{\substack{i\in A \\ j\in B}} P_{ij}^{AB}\tilde{\phi}_{i\in A}(\boldsymbol{p})\tilde{\phi}_{j\in B}(\boldsymbol{p})\mathrm{e}^{2\mathrm{i}\boldsymbol{p}.\boldsymbol{S}_{AB}} \tag{6.16}
$$

在动量空间，双中心项主要由动量空间原子轨道积决定。当然，有较大距离的两个原子将产生一个快速振荡的贡献，难以被动量分辨率 $\sigma(\boldsymbol{p})>\pi/S_{AB}$ 的仪器探测到。

## 6.3　密度矩阵与散射实验的关联

### 6.3.1　动态散射因子

X 射线散射实验提供的信息包含在动态散射因子 $S(\boldsymbol{k},\omega)$ 中，$S(\boldsymbol{k},\omega)$ 为关联函数 $G(\boldsymbol{r},t)$ 的时空傅里叶变换：

$$
S(\boldsymbol{k},\omega) = \frac{1}{2\pi}\iint G(\boldsymbol{r},t)\mathrm{e}^{-\mathrm{i}\boldsymbol{\kappa}.\boldsymbol{r}}\mathrm{e}^{\mathrm{i}\omega t}\mathrm{d}\boldsymbol{r}\mathrm{d}t \tag{6.17}
$$

这里 $\boldsymbol{k}$ 是散射矢量，$\omega$ 是与传递到系统中的能量有关的角频率，$\hbar\omega=\hbar(\omega_1-\omega_2)$，有：

$$
G(\boldsymbol{r},t) = \int \big\langle \hat{\rho}(\boldsymbol{r}',t)\hat{\rho}(\boldsymbol{r}'-\boldsymbol{r},0)\big\rangle\,\mathrm{d}\boldsymbol{r}' \tag{6.18}
$$

其中符号 $\langle\cdots\rangle$ 表示散射系统所有可能量子态的正则系综平均，每个态乘上 Boltzmann 概率因子 $p_n$

$$\langle \cdots \rangle = \sum p_n \langle \Psi_n | \cdots | \Psi_n \rangle \tag{6.19}$$

$\hat{\rho}(\boldsymbol{r},t)$ 为电子密度算符：

$$\hat{\rho}(\boldsymbol{r},t) = \sum_i \delta\left(\boldsymbol{r} - \boldsymbol{r}_i(t)\right) \tag{6.20}$$

观测量中包含的信息与散射方式(光子与电子相互作用过程中能量传递形式)有关。

### 6.3.2 静态结构因子

如果不分析能量，把一个散射角内的所有光子都收集起来，并将所有的能量传递过程都积分，则得到静态结构因子：

$$S(\boldsymbol{k}) = \int S(\boldsymbol{k},\omega)\,\mathrm{d}\omega = \int G(\boldsymbol{r},t=0)\mathrm{e}^{-\mathrm{i}\boldsymbol{k}.\boldsymbol{r}}\,\mathrm{d}\boldsymbol{r} \tag{6.21}$$

这种散射形式对探测电子对分布函数有用，因为：

$$\begin{aligned} G(\boldsymbol{r},t=0) &= \int \sum_{i,j} \left\langle \delta\left(\boldsymbol{r}' - \boldsymbol{r}_i(0)\right) \delta\left(\boldsymbol{r}' - \boldsymbol{r} - \boldsymbol{r}_j(0)\right) \right\rangle \mathrm{d}\boldsymbol{r}' \\ &= \int \left\langle \gamma^{(1)}\left(\boldsymbol{r}',\boldsymbol{r}'-\boldsymbol{r}\right) \right\rangle \delta(\boldsymbol{r})\mathrm{d}\boldsymbol{r}' + \int \left\langle P\left(\boldsymbol{r}',\boldsymbol{r}'-\boldsymbol{r}\right) \right\rangle \mathrm{d}\boldsymbol{r}' \end{aligned} \tag{6.22}$$

### 6.3.3 弹性散射

当入射光子与电子之间没有能量传递，则发生弹性散射，这个过程被长时间尺度主导：

$$S(\boldsymbol{k},\omega) \approx \delta(\omega) \int G(\boldsymbol{r},t=\infty)\mathrm{e}^{-\mathrm{i}\boldsymbol{k}.\boldsymbol{r}}\,\mathrm{d}^3\boldsymbol{r} \tag{6.23}$$

在这种情况下，电子的运动关联可以不考虑：

$$\begin{aligned} G(\boldsymbol{r},t=\infty) &= \int \left\langle \hat{\rho}\left(\boldsymbol{r}',t=\infty\right) \hat{\rho}\left(\boldsymbol{r}'-\boldsymbol{r},0\right) \right\rangle \mathrm{d}\boldsymbol{r}' \\ &= \int \left\langle \hat{\rho}\left(\boldsymbol{r}',t=\infty\right) \right\rangle \left\langle \hat{\rho}\left(\boldsymbol{r}'-\boldsymbol{r},0\right) \right\rangle \mathrm{d}\boldsymbol{r}' \end{aligned} \tag{6.24}$$

于是：

$$\begin{aligned} S(\boldsymbol{k},\omega=0) &\approx \left| \int \left\langle \gamma^{(1)}(\boldsymbol{r},\boldsymbol{r}) \right\rangle \mathrm{e}^{-\mathrm{i}\boldsymbol{k}.\boldsymbol{r}}\,\mathrm{d}\boldsymbol{r} \right|^2 \\ &= \left| \int \left\langle \hat{\rho}(\boldsymbol{r}) \right\rangle \mathrm{e}^{-\mathrm{i}\boldsymbol{k}.\boldsymbol{r}}\,\mathrm{d}\boldsymbol{r} \right|^2 = \left| F(\boldsymbol{k}) \right|^2 \end{aligned} \tag{6.25}$$

当满足 Bragg 条件时，即 $\boldsymbol{k}$ 是一个倒格矢( $\boldsymbol{H}$ )，在弹性散射下 X 射线散射产生一个与相干弹性 Bragg 结构因子( $F(\boldsymbol{h})$ )的模平方成正比的信号，后者与坐标空间电子密度分布的系综平均有关，或者说与位置空间的 1-RDM 的对角线部分有关。需要注意的是不可能获得纯态的电子密度，因为声子对散射也有贡献。弹性散射测试中一个主要问题是如何通过晶格振动的反卷积和静态无序的分离获得电子密度。

### 6.3.4　非弹性散射

从前面的讨论可看出，大部分非弹性散射来源于短时间尺度的关联，即：

$$S(\boldsymbol{k},\omega)=\frac{1}{2\pi}\iint\left\langle\hat{\rho}\left(\boldsymbol{r}',t\right)\hat{\rho}\left(\boldsymbol{r}'-\boldsymbol{r},0\right)\right\rangle \mathrm{e}^{-\mathrm{i}\boldsymbol{k}.\boldsymbol{r}}\mathrm{e}^{\mathrm{i}\omega t}\mathrm{d}\boldsymbol{r}'\mathrm{d}\boldsymbol{r}\mathrm{d}t \tag{6.26}$$

使用(6.20)中的电子密度算法，有：

$$\begin{aligned}S(\boldsymbol{k},\omega)&=\frac{1}{2\pi}\iint\sum_{l,j}\left\langle\delta\left(\boldsymbol{r}'-\boldsymbol{r}_j(t)\right)\mathrm{e}^{-\mathrm{i}\boldsymbol{k}\cdot\boldsymbol{r}'}\delta\left(\boldsymbol{r}-\boldsymbol{r}_l(0)\right)\mathrm{e}^{-\mathrm{i}\boldsymbol{k}\cdot\boldsymbol{r}}\right\rangle e^{\mathrm{i}\omega t}\mathrm{d}\boldsymbol{r}'\mathrm{d}\boldsymbol{r}\mathrm{d}t\\&=\frac{1}{2\pi}\int\sum_{l,j}\left\langle\mathrm{e}^{-\mathrm{i}\boldsymbol{k}\cdot\boldsymbol{r}_j(t)}\mathrm{e}^{-\mathrm{i}\boldsymbol{k}\cdot\boldsymbol{r}_l(0)}\right\rangle\mathrm{e}^{\mathrm{i}\omega t}\mathrm{d}t\end{aligned} \tag{6.27}$$

电子的动力学行为不好直接表述，然而，如果 $\hat{T}$ 和 $\hat{V}$ 分别是动能和势能算符，将 $\mathrm{e}^{-\mathrm{i}\boldsymbol{k}.\boldsymbol{r}_j(t)}$ 改写成：

$$\mathrm{e}^{-\mathrm{i}\boldsymbol{k}.\boldsymbol{r}_j(t)}=\mathrm{e}^{\mathrm{i}(\hat{T}+\hat{V})t/\hbar}\mathrm{e}^{-\mathrm{i}\boldsymbol{k}.\boldsymbol{r}_j}\mathrm{e}^{-\mathrm{i}(\hat{T}+\hat{V})t/\hbar} \tag{6.28}$$

使用非对易算子的 Zassenhaus 展开公式：

$$\mathrm{e}^{\mathrm{i}(\hat{T}+\hat{V})t/\hbar}=\mathrm{e}^{\mathrm{i}\hat{T}t/\hbar}\mathrm{e}^{\mathrm{i}\hat{V}t/\hbar}\mathrm{e}^{\hat{C}_2(\mathrm{i}t/\hbar)^2}\mathrm{e}^{\hat{C}_3(\mathrm{i}t/\hbar)^3}\cdots \tag{6.29}$$

其中：

$$\begin{aligned}\hat{C}_2&=-\frac{1}{2}\left[\hat{T},\hat{V}\right]\\\hat{C}_3&=\frac{1}{3}\left[\hat{T},\left[\hat{T},\hat{V}\right]\right]\end{aligned} \tag{6.30}$$

如果在相互作用的时间里电子系统的势没有明显改变(即与相因子 $\mathrm{e}^{\mathrm{i}\omega t}$ 相比较，所有的 $\mathrm{e}^{\hat{C}_n(\mathrm{i}t/\hbar)^n}$ 可以当成静态量)，这时可以使用近似：

$$\begin{aligned}\mathrm{e}^{-\mathrm{i}\boldsymbol{k}.\boldsymbol{r}_j(t)}&\approx\mathrm{e}^{\mathrm{i}\hat{T}\frac{t}{\hbar}}\mathrm{e}^{\mathrm{i}\hat{V}\frac{t}{\hbar}}\mathrm{e}^{-\mathrm{i}\boldsymbol{k}\cdot\boldsymbol{r}_j}\mathrm{e}^{-\mathrm{i}\hat{V}\frac{t}{\hbar}}\mathrm{e}^{-\mathrm{i}\hat{T}\frac{t}{\hbar}}\\&=\mathrm{e}^{\mathrm{i}\frac{\hat{p}_j^2}{2m}\frac{t}{\hbar}}\mathrm{e}^{-\mathrm{i}\boldsymbol{k}\cdot\boldsymbol{r}_j}\mathrm{e}^{-\mathrm{i}\frac{\hat{p}_j^2}{2m}\frac{t}{\hbar}}=\mathrm{e}^{-\mathrm{i}\boldsymbol{k}\cdot\boldsymbol{r}_j}\mathrm{e}^{\mathrm{i}(2\boldsymbol{p}_j\boldsymbol{k}-\hbar k^2)\frac{t}{2m}}\end{aligned} \tag{6.31}$$

这就是所谓的冲激近似(“sudden” or “impulse” approximation，IA)，假定电子和 X 射线光子之间存在一个大的能量转移，则动态结构因子变成：

$$S_{\mathrm{IA}}(\boldsymbol{k},\omega)=\frac{1}{2\pi}\int\sum_{l,j}\left\langle \mathrm{e}^{\mathrm{i}\boldsymbol{k}\cdot(\boldsymbol{r}_j-\boldsymbol{r}_l)}\mathrm{e}^{\mathrm{i}(2\boldsymbol{p}_j\boldsymbol{k}-\hbar\boldsymbol{k}^2)\frac{t}{2m}}\right\rangle \mathrm{e}^{\mathrm{i}\omega t}\mathrm{d}t \tag{6.32}$$

动态结构因子可以分成单电子贡献 $S_{\mathrm{IA}}^{(1)}$ 和电子对的贡献 $S_{\mathrm{IA}}^{(2)}$。前者不包含电子的坐标算符，后者的幅度强烈依赖于传递的动量。如果传递的动量较大，与位置有关的相因子展示快的振荡，对信号产生不可忽略的贡献。存在大的能量和动量转移的非相干过程称为 X 射线康普顿散射(X-ray Compton scattering)。在 IA 框架下，

$$\begin{aligned}S_{\mathrm{IA}}^{(1)}(\boldsymbol{k},\omega)&=\frac{1}{2\pi}\int\sum_{j}\left\langle \mathrm{e}^{\mathrm{i}(2\boldsymbol{p}_j\boldsymbol{k}-\hbar\boldsymbol{k}^2)\frac{t}{2m}}\right\rangle \mathrm{e}^{\mathrm{i}\omega t}\mathrm{d}t\\&=\left\langle\sum_j\delta\left(\frac{2\boldsymbol{p}_j\boldsymbol{k}-\hbar\boldsymbol{k}^2}{2m}+\omega\right)\right\rangle\end{aligned} \tag{6.33}$$

引入动量符号 $q=\dfrac{\hbar k}{2}-m\dfrac{\omega}{k}$，其单位矢量沿着散射矢量 $\boldsymbol{u}(\boldsymbol{q}=q\boldsymbol{u})$，有：

$$S_{\mathrm{IA}}^{(1)}(\boldsymbol{k},\omega)=\frac{m}{k}\left\langle\sum_j\delta(\boldsymbol{p}_j.\boldsymbol{u}-q)\right\rangle=\frac{m}{k}J(\boldsymbol{q}) \tag{6.34}$$

$J(\boldsymbol{q})$ 即为所谓的定向康普顿轮廓(directional Compton profile，DCP)，与动量空间的电子云的行为相关联。实际上 $J(\boldsymbol{q})$ 就是动量密度 $\pi(\boldsymbol{p})$ 在散射矢量上的投影：

$$J(q\boldsymbol{e}_z)=\iint\langle\pi(\boldsymbol{p})\rangle\mathrm{d}p_x\mathrm{d}p_y \tag{6.35}$$

如果把 $z$ 轴当成散射矢量，DCP 的傅里叶变换(即倒空间形式因子) $B(\boldsymbol{s})$ 为：

$$B(\boldsymbol{s})=\int\left\langle\sum_j\delta(\boldsymbol{p}_j-\boldsymbol{p})\right\rangle\mathrm{e}^{-\mathrm{i}\boldsymbol{p}.\boldsymbol{s}}\mathrm{d}\boldsymbol{p}=\int\langle\pi(\boldsymbol{p})\rangle\,\mathrm{e}^{-\mathrm{i}\boldsymbol{p}.\boldsymbol{s}}\mathrm{d}\boldsymbol{p} \tag{6.36}$$

或者：

$$B(s\boldsymbol{u})=\int J(q\boldsymbol{u})\,\mathrm{e}^{-\mathrm{i}qs}\mathrm{d}q=\int\left\langle\sum_j\delta(\boldsymbol{p}_j\cdot\boldsymbol{u}-q)\right\rangle\mathrm{e}^{-\mathrm{i}qs}\mathrm{d}q \tag{6.37}$$

在用有限的 DCP 数据重构 3D 动量密度过程中，这个量被广泛使用。最后我们注意到：

$$B(\boldsymbol{s})=\int\left\langle\gamma^{(1)}(\boldsymbol{r},\boldsymbol{r}')\right\rangle\mathrm{e}^{-\mathrm{i}\boldsymbol{p}.(\boldsymbol{r}-\boldsymbol{r}')}\mathrm{e}^{-\mathrm{i}\boldsymbol{p}\cdot\boldsymbol{s}}\mathrm{d}\boldsymbol{r}'\mathrm{d}\boldsymbol{r}\mathrm{d}\boldsymbol{p}=\int\left\langle\gamma^{(1)}(\boldsymbol{r},\boldsymbol{r}+\boldsymbol{s})\right\rangle\mathrm{d}\boldsymbol{r} \tag{6.38}$$

因此，相干弹性 X 射线散射提供了 1-RDM 对角线部分的信息(即坐标空间的电子密度)，非相干非弹性散射(在冲激近似框架下)提供了与 1-RDM 非对角线有

关的丰富电子结构信息。

## 6.4　密度矩阵的重构与精修

### 6.4.1　贝叶斯理论方法

从有限的数据集重构 1-RDM 需要一个数学模型，这里我们介绍贝叶斯(Bayesian)方法，考虑 $N$ 个数据点( $D_{i=1,N}$ )，排列成一个 $N$ 向量 $\boldsymbol{D}$ ，置信度可通过实验方差-协方差矩阵 $\boldsymbol{\Sigma}$ 来估算。为方便起见，$\boldsymbol{\Sigma}$ 通常使用其对角形式 $\Sigma_{ii}=\sigma_i^2$ 来近似，其中 $\sigma_i$ 为标准差。根据特定的物理理论，构造一个模型( $\boldsymbol{M}$ )，其中包含一组排列成 $n$ 维参数的矢量 $\boldsymbol{\alpha}$ ，即 $\{\alpha_n\}$ ，精修的目标是找到最合适的参数估计 $(\bar{\boldsymbol{\alpha}})$ ，使计算的 $\boldsymbol{M}(\bar{\boldsymbol{\alpha}})$ 与实验观测值 $(\boldsymbol{D})$ 最靠近。这个问题的另一种说法是对于一个给定的 $\boldsymbol{D}$ 和 $\boldsymbol{\Sigma}$ ，找到概率上最可能的参数值，因此需要一个描述与参数 $\boldsymbol{\alpha}$ 有关的概率的表达式。根据贝叶斯定理，决定于模型参数、实验数据、协方差矩阵和一些其他信息( $\boldsymbol{I}$ )的后验概率密度函数(probability distribution function，pdf) $p\left(\{\alpha\}\middle|\boldsymbol{D},\boldsymbol{\Sigma},\boldsymbol{I}\right)$ 可写成：

$$p\left(\{\alpha\}\middle|\boldsymbol{D},\boldsymbol{\Sigma},\boldsymbol{I}\right)=p\left(\boldsymbol{D}\middle|\{\alpha\},\boldsymbol{\Sigma},\boldsymbol{I}\right)\times\frac{p\left(\{\alpha\}\middle|\boldsymbol{\Sigma},\boldsymbol{I}\right)}{p(\boldsymbol{D}|\boldsymbol{\Sigma},\boldsymbol{I})} \tag{6.39}$$

其中 $p\left(\boldsymbol{D}\middle|\{\alpha\},\boldsymbol{\Sigma},\boldsymbol{I}\right)$ 是似然函数，$p\left(\{\alpha\}\middle|\boldsymbol{\Sigma},\boldsymbol{I}\right)$ 和 $p(\boldsymbol{D}|\boldsymbol{\Sigma},\boldsymbol{I})$ 分别为先验和证据 pdf，我们通常对参数的取值有比较公平的先验知识,并且先验概率分布是比较平滑的。事实上，可以把先验概率分布当成一个均匀分布，而似然函数是非常尖的峰。证据 pdf 可以看成是后验 pdf 的一个归一化因子。对于一个给定的实验结果，为了找到最合适的参数集，需要最大化式(6.39)。

似然函数的具体形式是非常关键的，并且可以假定合适的 pdf 是最大化总信息熵的结果，最好的参数应该要获得每个数据的期望值：

$$\langle\boldsymbol{D}\rangle=\int\boldsymbol{D}p(\boldsymbol{D}|\boldsymbol{\alpha},\boldsymbol{\Sigma},\boldsymbol{I})d^N D \tag{6.40}$$

方差：

$$\left\langle D_i D_j-\langle D_i\rangle\langle D_j\rangle\right\rangle=\sum_{ij} \tag{6.41}$$

也就是说这个模型能考虑所有与测量有关的物理效应，并且一个数据点的很多次测量的平均值要逼近模型预测值 $\langle\boldsymbol{D}\rangle=\boldsymbol{M}(\bar{\boldsymbol{\alpha}})$ 。如果 $D_{ij}$ 是 $D_i$ 的一个概率为 $p_{ij}$ 的输出，需最大化的熵是：

$$S_i = -\sum_j p_{ij} \log(p_{ij}) \tag{6.42}$$

并且要满足限制条件：

$$\begin{aligned} \langle D_i \rangle &= M_i \\ \left\langle D_i^2 - \langle D_i \rangle^2 \right\rangle &= \sigma_i^2 \end{aligned} \tag{6.43}$$

也就是要最大化如下量：

$$-\sum_j p_{ij} \log(p_{ij}) + \lambda\left[1 - \sum_j p_{ij}\right] + \mu\left[\sigma_i^2 - \sum_j p_{ij}(D_{ij} - M_i)^2\right] \tag{6.44}$$

其中 $\lambda$ 和 $\mu$ 是拉格朗日乘子。消除这个量对 $p_{ij}$，$\lambda$ 和 $\mu$ 的偏导可获得一个高斯 pdf:

$$p_{ij} = (\pi\sigma_i^2)^{-\frac{1}{2}} \exp\left(-\frac{\left(D_{ij} - M_i(\boldsymbol{\alpha})\right)^2}{\sigma_i^2}\right) \tag{6.45}$$

在可能输出为连续分布的近似下：

$$p_i(D_i) = (\pi\sigma_i^2)^{-\frac{1}{2}} \exp\left(-\frac{\left(D_i - M_i(\boldsymbol{\alpha})\right)^2}{\sigma_i^2}\right) \tag{6.46}$$

对于相互之间没有关联的数据，**D** 的总概率为：

$$p\left(\boldsymbol{D} \middle| \boldsymbol{\alpha}, \boldsymbol{\Sigma}, \boldsymbol{I}\right) = \prod_i p_i(D_i \middle| \boldsymbol{\alpha}, \sigma_i^2, \boldsymbol{I}) = \prod_i (\pi\sigma_i^2)^{-\frac{1}{2}} \exp\left(-\frac{\left(D_i - M_i(\boldsymbol{\alpha})\right)^2}{\sigma_i^2}\right) \tag{6.47}$$

这是有 $N-n$ 个自由度的 pdf。将这个式子作为似然函数，贝叶斯理论暗示模型 **M** 的最合适的参数是把(6.47)这个量最大化，或者最小化平均平方残余量：

$$\chi^2 = \sum_i \frac{\left(D_i - M_i(\boldsymbol{\alpha})\right)^2}{\sigma_i^2} \tag{6.48}$$

在大量数据点存在的极限情况下，$\chi^2$ 为 $N-n$，平均展宽为 $\sqrt{N}$。最小值越尖，参数的估计值越准确。

### 6.4.2 不同类型数据的组合精修

对同一个体系进行的不同散射实验实际上是同一个波函数的不同呈现，因此验证一个模型的正确性无须拘泥于一个数据集。同时使用两套或多套数据精修可以改进数据参数比。一个典型的例子是同时处理弹性 X 射线衍射和不同晶体学方向的康普顿轮廓数据，两种实验都提供了晶体中的电子密度信息，只不过前者对应于位置空间，后者是动量空间。这种互补性同样适用于通过组合极化中子衍射和磁康普顿散射来研究磁性系统的自旋密度分布。

我们考虑存在两个数据集 $\boldsymbol{D}_A$ 和 $\boldsymbol{D}_B$ 的最小化情况，它们分别对应于两个不同的实验 $A$ 和 $B$，一个可行的方法是最小化组合残余量：

$$\chi^2 = \chi_A^2 + \chi_B^2 = \sum_{E=A,B}\left[\sum_{i\in E}^{N_E}\frac{(D_{E,i} - M_{E,i}(\boldsymbol{\alpha}))^2}{\sigma_{E,i}^2}\right] \tag{6.49}$$

我们必须考虑两个重要的方面：①如果 $A$ 的数据量比数据 $B$ 大很多，则 $A$ 对 $\chi^2$ 有较大的贡献，因此需要有一个合适的权重方案。②参数矢量的变化取决于梯度矢量，而这反比于方差 $\sigma_{E,i}^2$，即：

$$\frac{\partial\chi^2}{\partial\alpha} = -2\sum_{E=A,B}\sum_{i\in E}^{N_E}\left[\frac{D_{E,i} - M_{E,i}(\boldsymbol{\alpha})}{\sigma_{E,i}^2}\right]\frac{\partial M_{E,i}(\boldsymbol{\alpha})}{\partial\alpha} \tag{6.50}$$

在组合精修里，为所有数据集都赋予一个可信的权重是非常重要的，每个数据集里的每个数据点的权重也很重要。我们通过一个简单的方案来克服上述问题。假定单个 $\sigma_{E,i}^2$ 值是不可信的(由于一些未知的原因)，但比值 $\sigma_{E,i}^2 / \sigma_{E,j}^2$ 是可信的。因此 $\sigma_{A,i}^2 / \sigma_{B,j}^2$ 无法公正的反映每个数据集本身的可信度。这个情况可通过对每个数据集的方差进行一个整体的标度因子修正来解决：$\Sigma_E \to \eta_E^2\Sigma_E$，或 $\left\{\sigma_{E,i}^2\right\} \to \left\{\eta_E^2 \times \sigma_{E,i}^2\right\}$。

因此每套观测量的后验 pdf 可通过积分所有可能的标度因子 $p(\eta_E)$ 得到，即：

$$\begin{aligned} p\left(\boldsymbol{D}_E\middle|\boldsymbol{\alpha},\Sigma_E,I\right) &= \int p(\boldsymbol{D}_E|\boldsymbol{\alpha},\eta_E\Sigma_E,I)p(\eta_E)\mathrm{d}\eta_E \\ &= \int\prod_i(\pi\eta_E^2\sigma_{E,i}^2)^{-\frac{1}{2}}\exp\left(-\frac{(D_{E,i} - M_{E,i}(\boldsymbol{\alpha}))^2}{\eta_E^2\sigma_{E,i}^2}p(\eta_E)d\eta_E\right) \end{aligned} \tag{6.51}$$

Jeffreys[3]指出 $p(\eta_E) \propto \eta_E^{-1}$，因此：

$$\begin{aligned} p\left(\boldsymbol{D}_E\middle|\boldsymbol{\alpha},\Sigma_E,I\right) &\propto \left[\prod_{i=1}(\pi\sigma_{E,i}^2)^{-\frac{1}{2}}\right]\int\left(\frac{1}{\eta_E}\right)^{N_E+1}\mathrm{e}^{-\frac{\chi_E^2}{\eta_E^2}}d\eta_E \\ &= \left[\prod_{i=1}\left(\pi\sigma_{E,i}^2\right)^{-\frac{1}{2}}\right]\times\Gamma\left(\frac{N_E}{2}\right)\times\left(\chi_E^2\right)^{-\frac{N_E}{2}} \end{aligned} \tag{6.52}$$

在组合数据里的参数的全局概率：

$$p(\boldsymbol{\alpha}|\boldsymbol{D}_A,\Sigma_A,\boldsymbol{D}_B,\Sigma_B,I) \propto (\chi_A^2)^{-\frac{N_A}{2}}(\chi_B^2)^{-\frac{N_B}{2}} \tag{6.53}$$

因此最可能的参数可通过求最小化下式获得：

$$L(\boldsymbol{\alpha}|\boldsymbol{D}_A,\Sigma_A,\boldsymbol{D}_B,\Sigma_B,I)\propto N_A\log(\chi_A^2)+N_B\log(\chi_B^2) \tag{6.54}$$

需要注意的是，只有在全收敛的邻域内( $N_E \gg n$ 时，满足 $\chi_A^2 \approx N_A - n$ 和 $\chi_B^2 \approx N_B - n$ )其梯度：

$$\frac{\partial}{\partial\alpha}L(\boldsymbol{\alpha}|\boldsymbol{D}_A,\Sigma_A,\boldsymbol{D}_B,\Sigma_B,I)\propto \frac{N_A}{\chi_A^2}\frac{\partial\chi_A^2}{\partial\alpha}+\frac{N_B}{\chi_B^2}\frac{\partial\chi_B^2}{\partial\alpha} \tag{6.55}$$

才等价于传统梯度(最小化 $\chi_A^2+\chi_B^2$ )。

### 6.4.3 单电子约化密度矩阵(1-RDM)的精修

从实验数据中提取 1-RDM 显然没有获得电子密度那么简单。它的复杂性与将不同实验的数据集整合在一起差不多。然而，1-RDM 的性质允许坐标空间和动量空间的联合，这为建立一个稳定的并可用不同实验检验的电子结构模型提供了机会。与电子密度相比，1-RDM 展示的化学键特征更明显。1-RDM 也允许在平均场近似下对总能进行计算。由于近年来计算能力和实验技术的发展，通过实验重构出的 1-RDM 在质和量上都有明显提升。

目前所有的相关研究都集中在一些简单的体系和参数化模型，如独立电子气。在这个框架下，1-RDM 表示成整数占据( $n_i$ )的自然自旋轨道(NSO)的形式：

$$\gamma^{(1)}(\boldsymbol{r}',\boldsymbol{r})=\sum n_i\Phi_i^*(\boldsymbol{r}')\Phi_i(\boldsymbol{r}) \tag{6.56}$$

将每个 NSO 在原子基组上扩展：

$$\Phi_i(\boldsymbol{r})=\sum_j c_{ij}\chi_j(\boldsymbol{r}) \tag{6.57}$$

则 1-RDM 可写成如下形式：

$$\begin{aligned}\gamma^{(1)}(\boldsymbol{r}',\boldsymbol{r})&=\langle\boldsymbol{r}'|\left[\sum_{i,j,k}n_i c_{ij}c_{ik}^*|\chi_j\rangle\langle\chi_k|\right]|\boldsymbol{r}\rangle\\&=\langle\boldsymbol{r}'|\left[\sum_{j,k}P_{jk}|\chi_j\rangle\langle\chi_k|\right]|\boldsymbol{r}\rangle\end{aligned} \tag{6.58}$$

为了减少计算时间，几乎所有的工作都旨在确定布居矩阵 $\boldsymbol{P}$ 的矩阵元 $P_{jk}$ 。最近也有人提出引入屏蔽参数来允许原子轨道的扩展与收缩。

1-RDM 需满足 $N$-可表示性条件，即为了使它关联于一个 $N$-电子波函数(纯态)或者 $N$-可表性纯态 1-RDM 的统计混合。尽管通常来讲，用表达式来描述 $N$-可表示性限制条件几乎是不可能的，但在 HF 框架下通过等密条件限制是足够的。因此大部分 1-RDM 重构工作都限制布居矩阵满足：

$$\boldsymbol{PSP} = 2\boldsymbol{P} \tag{6.59}$$

其中 $\boldsymbol{S}$ 是基函数的重叠矩阵，因子 2 仅应用于闭壳层系统。这个条件对 1-RDM 模型很重要，可以通过 Mc Weeny 提出的一个纯化方案获得，或者通过限制这个矩阵为一个特定的解析形式。前者使用了一个迭代方案，它假定初始布居矩阵非常接近等密条件，并进行递归操作：

$$\frac{3}{2}\boldsymbol{P}_n\boldsymbol{S}\boldsymbol{P}_n - \frac{1}{2}\boldsymbol{P}_n\boldsymbol{S}\boldsymbol{P}_n\boldsymbol{S}\boldsymbol{P}_n = \boldsymbol{P}_{n+1} \tag{6.60}$$

这个精修从 $\boldsymbol{P}$ 的一个初始理论猜测开始，并且这个纯化过程在期望值与实验值匹配的限制下进行操作。

Schmider 等人提出了一个替代方案，将 NSO 系数矩阵 $\boldsymbol{C}$ 写成 $C_0$ (比如从第一性计算获得)和一个包含参数的单位矩阵 $\boldsymbol{C}_R(\boldsymbol{\alpha})$ 的乘积形式，$\boldsymbol{C}_R(\boldsymbol{\alpha})$ 采用平面旋转矩阵乘积的形式：

$$\boldsymbol{C}_R\left(\{\alpha\}\right) = \prod_{ij}\boldsymbol{C}_{ij}\left(\alpha_{ij}\right) \tag{6.61}$$

其中下标覆盖所有的基函数对，$\boldsymbol{C}_{ij}\left(\alpha_{ij}\right)$ 矩阵对应基函数不变的变换：

$$\begin{aligned} \chi_i(\boldsymbol{r}) &\to \cos\left(\alpha_{ij}\right)\chi_i(\boldsymbol{r}) + \sin\left(\alpha_{ij}\right)\chi_j(\boldsymbol{r}) \\ \chi_j(\boldsymbol{r}) &\to -\sin\left(\alpha_{ij}\right)\chi_i(\boldsymbol{r}) + \cos\left(\alpha_{ij}\right)\chi_j(\boldsymbol{r}) \end{aligned} \tag{6.62}$$

尽管计算量非常大，但这个策略确实是有效的，原则上，它允许考虑电子关联。值得一提的是，同时使用不同类型的数据的情况下，即使对于小系统，在单行列式极限下，对 1-RDM 在位置空间和动量空间的联合精修也是不怎么成功的。因此为获得可靠的 1-RDM，仅仅依赖于等密条件是不够的，但可获得关键的位置和动量空间信息。研究显示与键性质有关的 1-RDM 矩阵元无法通过单一数据集获得，如果康普顿轮廓数据不够，即使同时使用高分辨 Bragg 衍射和 DCP 数据联合精修，重构全部的 1-RDM 非对角矩阵元也是不可能的[4]。

### 6.4.4　结构因子与康普顿轮廓数据的组合精修

考虑从 $N$-电子波函数定义的纯态单电子约化密度矩阵(1-RDM)[5] $\Gamma\left(\boldsymbol{x}_1', \boldsymbol{x}_1\right)$：

$$\Gamma\left(\boldsymbol{x}_1', \boldsymbol{x}_1\right) = N\int \psi^*\left(\boldsymbol{x}_1', \boldsymbol{x}_2, \cdots, \boldsymbol{x}_N\right)\psi\left(\boldsymbol{x}_1', \boldsymbol{x}_2, \cdots, \boldsymbol{x}_N\right)\mathrm{d}\boldsymbol{x}_2\cdots\mathrm{d}\boldsymbol{x}_N \tag{6.63}$$

其中 $\boldsymbol{X}_i$ 为 $i$ 电子的自旋与位置变量，这里我们不考虑自旋分辨的情况，即使用自旋积分后的密度矩阵 $\Gamma(\boldsymbol{r}', \boldsymbol{r})$：

$$\Gamma(\boldsymbol{r}',\boldsymbol{r}) = \int \Gamma(\boldsymbol{x}',\boldsymbol{x})_{\sigma'=\sigma} \mathrm{d}\boldsymbol{\sigma} \tag{6.64}$$

其中 $\sigma$ 是自旋变量。

结构因子为热平均电子密度的傅里叶变换，因此与坐标表象的 1-RDM 的对角部分有关，即：

$$F(\boldsymbol{Q}) = \int \left\langle \Gamma(\boldsymbol{r}',\boldsymbol{r})_{\boldsymbol{r}'=\boldsymbol{r}} \right\rangle_T \exp(\mathrm{i}\boldsymbol{Q}\cdot\boldsymbol{r})\mathrm{d}\boldsymbol{r} \tag{6.65}$$

基于这个关系式，如果仅用 X 射线衍射数据精修，除非使用很强的限制条件，很难获得有意义的 1-RDM 的非对角矩阵元。非弹性散射实验提供了电子动量密度的投影信息，因此可以用来探测 1-RDM 的非对角矩阵元。在冲激近似下，定向康普顿轮廓(directional Compton profiles，DCP)：

$$J(\boldsymbol{u},q) = \frac{1}{2\pi\hbar} \int \Gamma(\boldsymbol{r},\boldsymbol{r}+(\boldsymbol{u}\cdot\boldsymbol{s})\boldsymbol{u}) \exp(\mathrm{i}q\boldsymbol{u}\cdot\boldsymbol{s})\mathrm{d}\boldsymbol{r}\mathrm{d}\boldsymbol{s} \tag{6.66}$$

其中 $\boldsymbol{u}$ 是非弹性散射矢量的单位矢量。通过收集大量的 DCP 数据，是可以重构出可信的二维和三维电子动量密度信息的。

式(6.65)和式(6.66)显示位置和动量空间的实验方法具有很强的互补性，它们分别探测 1-RDM 的不同部分。Bragg 散射因能获得电子局域密度分布而著名，但它会受到无序、温度和多重散射的严重影响。与之相比，康普顿散射基于一个非相干过程，对晶体质量不会特别敏感，DCP 更有利于研究离域电子，而且小动量的电子也很难受到热振动的影响。

### 6.4.5 自旋分辨的 1-RDM 精修

#### 6.4.5.1 基本框架

在位置空间，1-SRDM 的对角元对应自旋密度[6]：

$$\rho(\boldsymbol{r}_1) = \int \left[ \delta\left(s_1 - s^{\uparrow}\right) - \delta\left(s_1 - s^{\downarrow}\right) \right] \Gamma^{(1)}\left(\boldsymbol{x}_1;\boldsymbol{x}_1'\right)_{\boldsymbol{x}_1=\boldsymbol{x}_1'} \mathrm{d}s_1 \tag{6.67}$$

自旋密度的傅里叶变换给出磁结构因子(magnetic structure factor，MSF)：

$$\begin{aligned} F_{\mathrm{M}}(\boldsymbol{Q}) = \int & \left[ \delta\left(s_1 - s^{\uparrow}\right) - \delta\left(s_1 - s^{\downarrow}\right) \right] \\ & \times \Gamma^{(1)}\left(\boldsymbol{x}_1;\boldsymbol{x}_1'\right)_{\boldsymbol{x}_1=\boldsymbol{x}_1'} \exp(\mathrm{i}\boldsymbol{Q}\cdot\boldsymbol{r})\mathrm{d}\boldsymbol{r} \end{aligned} \tag{6.68}$$

其中 $\boldsymbol{Q}$ 是散射矢量。

另一方面，康普顿散射能给出电子动量密度信息。自旋分辨的电子动量密度为 1-SRDM 的非对角矩阵元。磁康普顿轮廓与 1-SRDM 的关联：

$$J(\boldsymbol{u},q)=\frac{1}{2\pi\hbar}\int\left[\delta\left(s_1-s^{\uparrow}\right)-\delta\left(s_1-s^{\downarrow}\right)\right]\times\Gamma^{(1)}\left(\boldsymbol{x}_1;\boldsymbol{x}_1'\right)_{\boldsymbol{x}_1=\boldsymbol{x}_1'}\exp\left(\mathrm{i}q\boldsymbol{u}\cdot\boldsymbol{r}'\right)\mathrm{d}\boldsymbol{r}\mathrm{d}\boldsymbol{r}' \tag{6.69}$$

其中 $\boldsymbol{u}$ 是非弹性散射矢量的单位矢量。根据动量为 $\boldsymbol{q}$ 的磁康普顿散射轮廓(magnetic Compton profile，MCP)能获得动量空间自旋密度 $n(\boldsymbol{p})$ 在 $\boldsymbol{u}$ 方向上的投影：

$$J(\boldsymbol{u},q)=\int n(\boldsymbol{p})\delta(q-\boldsymbol{p}\cdot\boldsymbol{u})\mathrm{d}\boldsymbol{p} \tag{6.70}$$

因此，为了重构整个 1-SRDM，我们同时需要描述位置空间的 MSF 和描述动量空间的 MCP 实验数据。

6.4.5.2　分子建模

分子轨道通过基函数的线性组合构成：

$$\Phi_i(\boldsymbol{r})=\sum_{j=1}C_{i,j}\chi_j(\boldsymbol{r}) \tag{6.71}$$

其中 $C_{i,j}$ 为分子轨道系数，$\chi_j(\boldsymbol{r})$ 为基函数，在高斯框架下，基函数被定义为高斯函数的线性组合：

$$\chi_j(\boldsymbol{r})=\sum_{k=1}d_{j,k}N(\alpha_k)\left(x-A_{x_k}\right)^{a_k}\left(y-A_{y_k}\right)^{b_k}\left(z-A_{z_k}\right)^{c_k}\times\exp\left[-\alpha_k\left(\boldsymbol{r}-\boldsymbol{R}_k\right)^2\right] \tag{6.72}$$

其中 $a_k$ ，$b_k$ ，和 $c_k$ 决定了角动量量子数 $L$，满足 $L=a_k+b_k+c_k$ ，$d_{j,k}$ 为第 $j$ 个轨道与相应第 $k$ 个高斯函数的收缩因子。当获得分子轨道的扩展式后，1-SRDM 就可以使用自然分子轨道 $\Phi_i(\boldsymbol{r})$ 和相应的占据数 $n_i$ 来表示：

$$\Gamma^{(1)}\left(\boldsymbol{r},\boldsymbol{r}'\right)=\sum_i n_i\Phi_i(\boldsymbol{r})\Phi_i\left(\boldsymbol{r}'\right) \tag{6.73}$$

根据式(6.71)、式(6.72)和式(6.73)，1-SRDM 可表示成自旋布居矩阵和波函数乘积的形式：

$$\Gamma^{(1)}\left(\boldsymbol{r},\boldsymbol{r}'\right)=\Gamma_{\uparrow}^{(1)}\left(\boldsymbol{r},\boldsymbol{r}'\right)-\Gamma_{\downarrow}^{(1)}\left(\boldsymbol{r},\boldsymbol{r}'\right)=\sum_{j,k}P_{j,k}\chi_j(\boldsymbol{r})\chi_k\left(\boldsymbol{r}'\right) \tag{6.74}$$

其中自旋布居矩阵 $\boldsymbol{P}$ 可根据每个自旋态占据数和分子轨道系数进行定义：

$$P_{j,k}=\sum_{i=1}n_i^{\uparrow}C_{i,j}^{\uparrow}C_{i,k}^{\uparrow}-\sum_{i=1}n_i^{\downarrow}C_{i,j}^{\downarrow}C_{i,k}^{\downarrow} \tag{6.75}$$

#### 6.4.5.3 磁结构因子与磁康普顿轮廓

当得到 1-SRDM，系统的所有单电子观测量就能表示成自旋布居矩阵和基函数乘积的函数，磁结构因子 $F_M(\boldsymbol{Q})$ 定义为 1-SRDM 对角量的傅里叶变换，根据式(6.68)和式(6.74)，磁结构因子可写成自旋布居矩阵与基函数乘积的傅里叶变换的乘积后求和：

$$F_M(\boldsymbol{Q}) = \sum P_{j,k} \int \chi_j(\boldsymbol{r}) \chi_k(\boldsymbol{r}) \exp(\mathrm{i}\boldsymbol{Q}\cdot\boldsymbol{r}) \mathrm{d}\boldsymbol{r} \tag{6.76}$$

将式(6.74)代入式(6.69)和式(6.70)，磁康普顿轮廓可表示为：

$$\begin{aligned} J(\boldsymbol{u},q) = \frac{1}{2\pi} \sum_{j,k} P_{j,k} \iint \left[ \int S_{j,k}(\boldsymbol{r}) \exp(-\mathrm{i}\boldsymbol{p}\cdot\boldsymbol{r}) \mathrm{d}\boldsymbol{r} \right] \\ \times \exp(\mathrm{i}\boldsymbol{p}\cdot\boldsymbol{u}t) \mathrm{d}\boldsymbol{p} \exp(-\mathrm{i}qt) \mathrm{d}t \end{aligned} \tag{6.77}$$

其中：

$$S_{j,k}(\boldsymbol{r}) = \int \chi_j(\boldsymbol{r}') \chi_k(\boldsymbol{r}'+\boldsymbol{r}) \mathrm{d}\boldsymbol{r}' \tag{6.78}$$

因此磁结构因子与磁康普顿轮廓一样，都是自旋布居矩阵和波函数乘积的函数。

#### 6.4.5.4 基函数的变分

为了获得准确的 1-SRDM，我们需要首先改变每个原子轨道的径向扩展，这使得它可以考虑弥散效应。为了实现这个，通过改变原子轨道 $j$ 的指数的系数 $\{\alpha\} \Rightarrow \{\alpha_0\} \times \zeta_j$ 来对基函数进行重新标度：

$$\begin{aligned} \chi_j(\zeta_j, \boldsymbol{r}) = \sum_{k=1} d_{j,k} N(\zeta_j \alpha_{0,k}) (x - A_{x_k})^{a_k} (y - \boldsymbol{A}_{y_k})^{b_k} (z - \boldsymbol{A}_{z_k})^{c_k} \\ \times \exp\left[ -\zeta_k \alpha_{0,k} (\boldsymbol{r} - \boldsymbol{R}_k)^2 \right] \end{aligned} \tag{6.79}$$

在最小化计算中，对原子轨道的变分操作需在如下条件下进行：

$$\begin{aligned} 0.8 \lesssim \zeta_j \lesssim 1.2 \\ \int \mathrm{d}\boldsymbol{r} \Phi_j(\boldsymbol{r}) \Phi_k(\boldsymbol{r}) = \delta_{j,k} \end{aligned} \tag{6.80}$$

第一个条件控制了原子轨道的扩展程度，第二个条件为分子轨道间的正交性，基函数的变分能明显体现在磁结构因子和磁康普顿轮廓中：

$$F_{\mathrm{M}}(\boldsymbol{Q}) = \sum_{j,k} P_{j,k} \int \chi_j(\zeta_j, \boldsymbol{r}) \chi_k(\zeta_k, \boldsymbol{r}) \exp(\mathrm{i}\boldsymbol{Q}\cdot\boldsymbol{r}) \mathrm{d}\boldsymbol{r} \tag{6.81}$$

$$J(\boldsymbol{u},q)=\frac{1}{2\pi}\sum_{j,k}P_{j,k}\iint\left[\int S_{j,k}(\{\zeta\},\boldsymbol{r})\exp(-\mathrm{i}\boldsymbol{p}\cdot\boldsymbol{r})\mathrm{d}\boldsymbol{r}\right]\times\exp(\mathrm{i}\boldsymbol{p}\cdot\boldsymbol{u}t)\mathrm{d}\boldsymbol{p}\exp(-\mathrm{i}qt)\mathrm{d}t \tag{6.82}$$

其中：

$$S_{j,k}(\{\zeta\},\boldsymbol{r})=\int\chi_j\left(\zeta_j,\boldsymbol{r}'\right)\chi_j\left(\zeta_k,\boldsymbol{r}'+\boldsymbol{r}\right)\mathrm{d}\boldsymbol{r}' \tag{6.83}$$

#### 6.4.5.5　自旋布居矩阵的变分

在找到最佳的基函数后，就需要对自旋布居矩阵进行变分：

$$n_i^\sigma=n_{i,0}^\sigma+\delta n_i^\sigma \tag{6.84}$$

其中 $n_{i,0}^\sigma$ 是第 $i$ 个态的初始占据数，$\sigma=[\uparrow,\downarrow]$ 为自旋态。对占据数的变分只需要在 Fermi 能级附近的几个态上进行。变分操作需要在 1-SRDM 的 $N$-可表示性条件下进行：

$$\begin{aligned}&0\leqslant n_i^\sigma\leqslant 1\\&\sum_{i=1}\left(n_i^\uparrow+n_i^\downarrow\right)=N_{\text{electron}}\\&\sum_{i=1}\left(n_i^\uparrow-n_i^\downarrow\right)=N_{\text{spin}}\end{aligned} \tag{6.85}$$

第一个条件反映了泡利原理，第二个和第三个条件分别表示了与实验电子数和自旋值的一致性。可通过最小化如下量来施加第二个条件：

$$C\left[\chi^2(\{n\})\right]=\sum_j\log\left[\chi_j^2(\{n\})\right]-\mu_1\left(\sum_{i=1}n_i^\uparrow-N_{\text{electron}}^\uparrow\right)-\mu_2\left(\sum_{i=1}n_i^\downarrow-N_{\text{electron}}^\downarrow\right) \tag{6.86}$$

其中 $j$ 表示一个确定的实验，$\mu_1$，$\mu_2$ 为拉格朗日乘子。方程(6.86)中的第一项为模型和实验的差，后两项限定了每个自旋态的电子数，实际上也就满足了式(6.85)中的第 3 个条件。对占据数的变分导致了自旋布居矩阵的变化：

$$P_{j,k}=P_{j,k}^0+\delta P_{j,k} \tag{6.87}$$

其中：

$$\begin{aligned}P_{j,k}^0&=\sum_{i=1}n_{i,0}^\uparrow C_{i,j}^\uparrow C_{i,k}^\uparrow-\sum_{i=1}n_{i,0}^\downarrow C_{i,j}^\downarrow C_{i,k}^\downarrow\\\delta P_{j,k}&=\sum_{i=1}\delta n_i^\uparrow C_{i,j}^\uparrow C_{i,k}^\uparrow-\sum_{i=1}\delta n_i^\downarrow C_{i,j}^\downarrow C_{i,k}^\downarrow\end{aligned} \tag{6.88}$$

第一项代表了初始自旋布居矩阵，使用初始占据数和分子轨道系数表示。第二项代表了自旋布居矩阵的变分，是占据数变分和分子轨道系数的函数。

密度矩阵模型包含有参数集$\{x\}$，即需要最小化 $C\left(\chi^2\right)=\sum_{Y}\log\left(\chi_Y^2\right)$ 来找到最佳$\{x\}$，$\chi^2$ 定义为：

$$\chi_Y^2(\{x\})=\sum_i \frac{\left|Y_i^{\mathrm{m}}(\{x\})-Y_i^{\mathrm{c}}(\{x\})\right|^2}{\sigma_i^2} \tag{6.89}$$

其中 $i$ 需要遍历所有测量/计算的磁结构因子$\left(Y^{\mathrm{m}}/Y^{\mathrm{c}}=F^{\mathrm{m}}/F^{\mathrm{c}}\right)$和磁康普顿轮廓$\left(Y^{\mathrm{m}}/Y^{\mathrm{c}}=J^{\mathrm{m}}/J^{\mathrm{c}}\right)$，$\sigma_{(i)}$ 为 $Y_i^{\mathrm{m}}$ 的标准差，对于基函数的变分，最小化函数 $C$ 定义为：

$$C\left[\chi^2(\{\zeta\})\right]=\log\left[\chi_J^2(\{\zeta\})\right]+\log\left[\chi_F^2(\{\zeta\})\right] \tag{6.90}$$

其中 $F, J$ 分别表示磁结构因子和磁康普顿轮廓。

对于自旋布居矩阵的变分，最小化函数 $C$ 定义为：

$$C\left[\chi^2(\{n\})\right]=\log\left[\chi_J^2(\{n\})\right]+\log\left[\chi_F^2(\{n\})\right] \tag{6.91}$$

## 参 考 文 献


[1] Mazziotti D A. Reduced-Density-Matrix Mechanics: With Application to Many-Electron Atoms and Molecules. Volume 134. John Wiley & Sons, Inc., 2007.

[2] Weyrich W. One-Electron Density Matrices and Related Observables, 1996.

[3] Jeffreys H. Theory of Probability. Oxford: Clarendon, 1939.

[4] Gillet J-M, Becker P J, Cortona P. Joint refinement of a local wave-function model from Compton and Bragg scattering data. Phys. Rev. B, 2001, 63: 235115.

[5] Gillet J-M. Determination of a one-electron reduced density matrix using a coupled pseudo-atom model and a set of complementary scattering data. Acta Cryst. A, 2007, 63: 234-238.

[6] Gueddida S, Yan Z, Gillet J-M. Development of a joint refinement model for the spin-resolved one-electron reduced density matrix using different data sets. Acta Cryst. A, 2018, 74: 131-142.

# 第 7 章　电子波函数模型

## 7.1　引　　言

根据波恩(Born)的量子力学解释，波函数是一个包含系统所有信息的量，所有物理量都可看作是厄米算符的期望值。

量子化学的目的是使用基本的量子力学规则确定分子或凝聚态的物理性质，这可通过从头计算波函数[1]和密度泛函理论(DFT)[2]计算途径实现。在 Pople 的从头计算框架内，很难对大型体系进行计算，超过 1000 个电子的波函数没有多大意义。Kohn 和 Hohenberg 的 DFT 理论证明单纯电子密度就足以预测体系的所有基态化学性质。与从头计算方法相比较，DFT 方法中有些基本的电子结构参数已经简化到可以用实验观测量进行拟合，但实验电子密度性质似乎很少在 DFT 中使用。

Jayatilaka 提出的 X 射线限制波函数模型(XCW)方法[3-10]结合了波函数和 DFT 方法的特点，提供了一种新的研究原子与分子电子结构的方法，在 XCW 方法中，通过在纯的 Hartree-Fock(HF)解的基础上增加 X 射线结构因子数据的影响，实验结构因子的影响带有一个权重因子，从而获得分子晶体的统计意义上合理的波函数。尽管这种方法获得的波函数是一个单 Slater 行列式，但它在较大程度上能抓住电子结构的主要性质，包括一部分电子关联效应。

在这个方法中，传统的从头量化计算得到一个波函数，通过这个波函数计算结构因子幅度，然后通过理论的和实验的结构因子的对比，在波函数的计算中逐步增加实验结构因子的限制条件，使理论的与实验的结构因子一致，迭代计算最后给出一个统计意义上合理的波函数。

波函数本身可以从量化计算中的任何变分技术中得到，XCW 方法的一个优势是可以灵活地调整实验数据参与的程度。刚开始，通过传统的从头计算获得一个波函数，这个波函数可认为是没有被实验数据“限制的”。随后通过拉格朗日乘子法，采用实验数据，对波函数进行限制，其目的是改进实验和理论结构因子的符合程度。特别注意的是这不是一个最小二乘拟合过程。

XCW 方法的一个优点是，一旦获得了实验波函数，许多性质就可以直接根据量子力学的基本规则(物理性质可写成波函数期望值形式)计算出来。比如常规性质如与电子密度有关的原子电荷和静电势，那些不常规性质如费米洞迁移率

(Fermi hole mobility)函数，动能密度、电子局域密度函数、折射率和非线性光学性质也可以从波函数计算得到。

多极模型是电子结构晶体学中最流行的方法之一，分子总电子密度分布表示成以原子为中心的非球形电子密度函数的和的形式，而原子电子密度分布在化学键的作用下发生畸变。多极模型的电子密度的化学解释非常明确，但也凸显了一个不可忽视的缺点：从模型电子密度获得的性质的种类非常有限，因为基态电子密度和基态波函数之间的严格函数关系是未知的，另外多极模型的模型参数与原子位移参数(ADP)之间有很强的关联，而且在电子密度图中出现一些物理上不合理的负电子密度区域。

XCW 方法能获得一定精度范围内与实验数据符合的 X 射线限制波函数，该实验波函数拥有波函数的所有量子力学性质，也可以用来计算那些与实验结构因子无直接关系的性质。与多极模型相比，XCW 方法虽然可获得量子力学严格的电子密度，但它缺少一定的化学直观性，因为规范的分子轨道经常离域在整个系统中。它们远离我们对一个分子的传统和直观的解释：分子由原子、化学键和功能基团组成，而这在赝原子模型中体现得非常好。

X 射线限制极局域分子轨道(XC-ELMO)方法是一个确定实验电子密度的有效方法[11-13]。分子轨道严格地局域在原子、化学键和功能基团上，结合了 X 射线限制波函数方法中的量子力学严谨性和传统多极模型方法的化学直观性。

## 7.2 X 射线限制波函数(XCW)模型

这章介绍一个新的从实验衍射数获得电子结构的方案，称为 X 射线限制波函数模型(XCW)，也称为实验波函数方法。在这个半经验的方法中，可根据实验衍射数据拟合出一个合理的电子波函数，该波函数能保持实验电子密度信息。实验波函数精修过程中需要优化的参数较多，包括波函数参数和原子核坐标参数等。尽管实际衍射实验中，我们可以通过提高 X 射线源强度和增加数据收集角度来获得尽可能多的衍射点，但对于完全通过实验来确定波函数的所有参数来说仍然是不够的，即使是确定最简单的 Hartree-Fock 类型电子波函数。Jayatilaka 提出的限制波函数精修方案可以有效解决这个问题。

### 7.2.1 数学框架

在量子力学从头计算方法中，确定一个波函数 $\psi(\boldsymbol{r};\boldsymbol{p})$ 的参数 $\boldsymbol{p}$ 可使用变分法，即最小化能量：

$$E(\boldsymbol{p})=\langle\psi|\hat{H}|\psi\rangle \tag{7.1}$$

参数 $\boldsymbol{p}=(\boldsymbol{p}_e, \boldsymbol{p}_n)$ 可分成两类，即描述电子自由度的 $\boldsymbol{p}_e$ (如分子轨道系数等)和描述核自由度的 $\boldsymbol{p}_n$ (如核坐标等)。

另一方面，在传统的最小二乘结构精修中，通常需要最小化结构因子实验值与理论值的差：

$$\chi^2(\boldsymbol{p},\boldsymbol{q};\boldsymbol{F}^{\exp})=\frac{1}{N_r-N_p}\sum_k^{N_r}\frac{\left(F_k(\boldsymbol{p},\boldsymbol{q})-F_k^{\exp}\right)^2}{\sigma_k^2} \tag{7.2}$$

其中 $N_r$ 是实验数据的个数，$N_p$ 是模型中参数的个数，$\sigma_k$ 是实验数据 $F_k^{\exp}$ 的误差，$F_k(\boldsymbol{p},\boldsymbol{q})$ 是从波函数 $\psi(\boldsymbol{r};\boldsymbol{p})$ 计算得到的结构因子。为较好地拟合实验数据需引入是额外的现象参数 $\boldsymbol{q}$，如温度因子和消光系数等。

限制波函数方法结合了最小二乘和变分法，一个解需同时满足具有最小的误差 $\chi_0^2$ 和同时能将波函数能量 $E(\boldsymbol{p})$ 最小化两个条件，这等价于拉格朗日乘子法，即最小化拉格朗日量 $L$：

$$L(\boldsymbol{p},\boldsymbol{q})=E(\boldsymbol{p})+\lambda\chi^2(\boldsymbol{p},\boldsymbol{q};\boldsymbol{F}^{\exp}) \tag{7.3}$$

或：

$$\tilde{L}(\boldsymbol{p},\boldsymbol{q})=\mu E(\boldsymbol{p})+\chi^2(\boldsymbol{p},\boldsymbol{q};\boldsymbol{F}^{\exp}) \tag{7.4}$$

其中 $\lambda$ (或 $\mu=1/\lambda$ )为拉格朗日乘子。

### 7.2.2 Hirshfeld 原子精修

获得准确的原子核坐标和坐标关联信息是获得可靠电子结构信息的前提。为获得精确的原子核坐标，Jayatilaka 和 Dittrich 提出了一个解决方案，非球形赝原子通过分子密度的原子划分获得，即对从头计算得到的分子电子密度使用 Hirshfeld 原子划分，这里的分子处在一个局域的晶体场中，得到的非球形 Hirshfeld 原子的结构因子再用于精修原子核参数。Dittrich 的不变原子(invariom)方法[14]可看成是 Hirshfeld 原子精修的一个近似，因为它使用了多极类型赝原子来拟合量化计算数据。尽管使用了非球形原子密度，但 Hirshfeld 原子精修不能从衍射数据中确定电子密度，因为 Hirshfeld 原子从波函数定义而来，不同于赝原子方法。Hirshfeld 原子精修也不像其他方法那样使用固定的可移植的赝原子，当原子改变位置后，波函数也改变时 Hirshfeld 原子才改变。当使用限制电子波函数分析时，Hirshfeld 原子精修过程比较适合获得核参数，因为它们在精修原子核参数和波函数参数中使用了同样的电子波函数模型，唯一的区别是核参数是通过最小二乘精修获得，而波函数参数是通过(能量)限制最小二乘精修。使用相同的波函数模型保证了这种方法获得的电子密度反映了真实波函数的性质。

7.2.2.1　波函数的选择

由于衍射来自于周期性晶体，我们应该选择一个适合周期性体系的波函数。在晶体学中传统上是使用赝分子(promolecule)近似，赝分子中不考虑赝原子之间的相互作用，因此赝分子的波函数可表示为(无限和周期性的)反对称原子波函数的 Hartree 积，即：

$$\psi = \prod_{A} \psi_A(\boldsymbol{x}; \boldsymbol{R}_A) \tag{7.5}$$

每个原子波函数$\psi_A$的中心都在原子核坐标$\boldsymbol{R}_A$处，所有原子坐标都可通过对称操作关联到唯一的一组不对称单元中的原子参数。原子波函数是电子空间和自旋坐标$\boldsymbol{x}$的函数。

对于分子系统，我们考虑所谓的无相互关联的赝晶体(procrystal)片段波函数$\psi$，$\Psi$可以写成无相互作用的分子波函数的 Hartree 积形式，即：

$$\psi = \prod_{M} \psi_M(\boldsymbol{x}; \boldsymbol{R}_M) \tag{7.6}$$

这里无相互作用的分子$M$和相应的核坐标集$\boldsymbol{R}_M$可能通过对称关联到一个独立的集合，但不同于赝分子波函数，这些无相互作用分子中的原子至少包含一个不对称单元也可能包含更多，特别是当这个分子有非平凡对称性时，整个分子被使用，而不仅仅是对称性独立的部分。因此这个观点对共价网络或金属晶体是不合适的，因为这类晶体不存在一个独立分子的概念，尽管出于某些原因我们也这样做。

这里波函数$\psi_M$选为 Hatree-Fock 或 DFT 形式，因此单粒子密度矩阵是等幂的并且轨道占据数为 1 或 0。实数单粒子密度矩阵没有这个限制，但可以通过选择不同的波函数$\psi_M$来消除这种限制。比如，如果考虑分子$M$和它临近分子的电子间的交换关联和库仑相互作用，则$\psi_M$不仅仅只是一个片段波函数。通过对称操作，这个波函数足够能反映晶体中所有相互作用。一个简单的替代方案是忽略交换关联作用，并且通过将分子波函数置于由其本身决定的多极分布形成的单电子自洽场来近似周期性库仑相互作用，在这种情况下，出现在 Hartree 积中的波函数就能表现出关联。值得一提的是这种片段模型也可以扩展到全周期 Hartree-Fock 波函数，但需要包含：①周期库仑势，即一些 Ewald 和；②短程交换相互作用。

7.2.2.2　电子密度

所有的单电子性质都可以从波函数期望值计算获得，同样也可表示成单粒子

密度矩阵 $\boldsymbol{P}$ 的迹的形式。在量子力学计算中，密度矩阵元是波函数参数 $\boldsymbol{p}$ 的函数，如分子轨道系数和原子核坐标。如果使用原子基函数去扩展分子波函数，则单胞中单个分子 $M$ 的电子密度为：

$$\rho_M(\boldsymbol{r}) = \sum_{\alpha,\beta} P_{\alpha\beta}\chi_\alpha(\boldsymbol{r} - \boldsymbol{R}_{A\alpha})\chi_\beta(\boldsymbol{r} - \boldsymbol{R}_{A\beta}) \tag{7.7}$$

注意电子密度的扩展包含单中心项( $A_\alpha = A_\beta$ )和双中心项( $A_\alpha \neq A_\beta$ )。原则上可以通过将指标 $\beta$ 包含无限晶体中足够多的原子来使这个扩展表达式更加严格，但这里我们仅将其限定在没有相互作用的分子中。尽管也可以用平面波基组去扩展分子波函数，但由于它们无法准确模拟核电荷，而 X 射线散射大部分来源于核电荷的贡献。平面波基组经常应用在赝势的计算中，而这类计算通常不需要计算核电子。

由于结构因子取决于单胞电子密度，我们需要从非相互作用的分子波函数推导出这个量，如果单胞中有 $N_M$ 个分子，且都与分子 $M$ (波函数为 $\psi_M$ )等价，它们的电子密度可以通过 $\bar{\rho}_M(\boldsymbol{r}) = \bar{\rho}_m(\boldsymbol{S}_m\boldsymbol{r} + \boldsymbol{s}_m)$ 联系，( $\boldsymbol{S}_m$, $\boldsymbol{s}_m$ )是一个晶体学旋转平移对称操作，则单胞电子密度为：

$$\rho_{\text{cell}}(\boldsymbol{r}) = \sum_m^{N_M} \rho_m(\boldsymbol{r}) = \sum_m^{N_M} \rho_M(\boldsymbol{S}_m^{-1}(\boldsymbol{r} - \boldsymbol{s}_m)) \tag{7.8}$$

这个方程没有考虑热平均效应。

#### 7.2.2.3　Hirshfeld 原子划分方法

全空间划分的一个基础是定义一个原子权重函数 $w_A$，满足限制条件：

$$\sum_A w_A(\boldsymbol{r}) = 1 \tag{7.9}$$

Hirshfeld 定义的权重函数为：

$$w_A(\boldsymbol{r}) = \rho_A^0(\boldsymbol{r} - \boldsymbol{R}_A) / \sum_{B \in M} \rho_B^0(\boldsymbol{r} - \boldsymbol{R}_B) \tag{7.10}$$

其中 $\rho_A^0$ 是参考电子密度，通常设定为原子的球形平均电子密度，当然其他选择也可以，只要满足式(7.9)，于是可得到：

$$\rho_M(\boldsymbol{r}) = \sum_A \rho_A(\boldsymbol{r}) \tag{7.11}$$

其中：

$$\rho_A(\boldsymbol{r}) = w_A(\boldsymbol{r})\rho_M(\boldsymbol{r}) \tag{7.12}$$

这样非球形 Hirshfeld 原子就可据此从分子密度中分割出来。

7.2.2.4 结构因子的计算

实验测量的结构因子可通过下式计算：

$$F_{\boldsymbol{k}}^{\text{calc}} = \xi_{\boldsymbol{k}} |F_{\boldsymbol{k}}| \tag{7.13}$$

其中$|F_{\boldsymbol{k}}|$是散射因子幅度$|F_{\boldsymbol{k}}| = \left(F_{\boldsymbol{k}}^{*} F_{\boldsymbol{k}}\right)^{1/2}$，$\xi_{\boldsymbol{k}}$是一个修正系数，考虑了标度因子和其他系统偏差的影响，如 X 射线吸收，消光，多重散射，热弥散散射等等。结构因子为热平均单胞电子密度$\bar{\rho}_{\text{cell}}$的傅里叶变换：

$$F_{\boldsymbol{k}} = \int \bar{\rho}_{\text{cell}}(\boldsymbol{r}) \mathrm{e}^{\mathrm{i}\boldsymbol{k}\cdot\boldsymbol{r}} \mathrm{d}\boldsymbol{r} \tag{7.14}$$

将式(7.8)代入上式，并使用变量替换$\boldsymbol{r}' = \boldsymbol{S}_m \boldsymbol{r} + \boldsymbol{S}_m$，则结构因子可写成分子密度的函数形式：

$$F_k = \sum_{m}^{N_M} \mathrm{e}^{\mathrm{i}\boldsymbol{k}\cdot S_m} \int \bar{\rho}_M(\boldsymbol{r}') \mathrm{e}^{\mathrm{i}(S_m^{\mathrm{t}}\boldsymbol{k})\cdot\boldsymbol{r}'} \mathrm{d}\boldsymbol{r}' \tag{7.15}$$

这个式子中假定了$\boldsymbol{k}\cdots(\boldsymbol{S}\boldsymbol{r}) = \boldsymbol{S}^{\mathrm{t}}\boldsymbol{k}\cdot\boldsymbol{r}$，上标 t 表示转置。因为$S_m$代表旋转轴操作，其行列式为±1，所以有$\mathrm{d}\boldsymbol{r} = \mathrm{d}\boldsymbol{r}'$。

为获得结构因子，我们需要用到热平均分子密度$\bar{\rho}_M$。在刚性 Hirshfeld 原子近似下，即假定赝原子的电子密度$\rho_A(\boldsymbol{r})$随原子坐标$\boldsymbol{R}_A$一起移动，但整体密度分布不变，并且与其他原子坐标无关。真实情况其实不是这样的，因为$w_A$依赖于分子$M$中所有坐标。另外，分子密度$\rho_M$也随原子坐标的改变而改变，而且一个原子的运动也可通过声子与其他原子产生关联。然而，基于这个假定可通过原子$A$的电子密度$\rho_A$与原子位置概率分布函数的卷积获得原子$A$的热平均电子密度$\bar{\rho}_A$。根据卷积定理，热平均电子密度的傅里叶变换(Hirshfeld 原子的形式因子)为电子密度的傅里叶变换与位置概率密度分布傅里叶变换的乘积：

$$\bar{\rho}_A(\boldsymbol{k}) = T_A(\boldsymbol{k}) \times \mathrm{e}^{\mathrm{i}\boldsymbol{k}\cdot\boldsymbol{R}_A} \int \bar{\rho}_A(\boldsymbol{r} + \boldsymbol{R}_A) \mathrm{e}^{\mathrm{i}\boldsymbol{k}\cdot\boldsymbol{r}} \mathrm{d}\boldsymbol{r} \tag{7.16}$$

其中平移因子$\mathrm{e}^{\mathrm{i}\boldsymbol{k}\cdot\boldsymbol{R}_A}$描述了热平均电子密度对原子坐标$\boldsymbol{R}_A$的依赖性。$T_A$是原子位置概率分布函数的傅里叶变换，可表示成 3×3 的温度因子矩阵$\boldsymbol{U}^{A_\alpha}$的形式：

$$T_A(\boldsymbol{k}) = \mathrm{e}^{-\frac{1}{2}\boldsymbol{k}^T \boldsymbol{U}^A \boldsymbol{k}} \tag{7.17}$$

将$\bar{\rho}_M = \Sigma_A \bar{\rho}_A$代入式(7.15)，其结果再代入式(7.13)可得到结构因子的最终表达式：

$$F_{\boldsymbol{k}}^{\mathrm{calc}} = \xi_{\boldsymbol{k}}(\boldsymbol{q})\left|\sum_{m}^{N_M}\mathrm{e}^{\mathrm{i}\boldsymbol{k}\cdot\boldsymbol{s}_m}\sum_{A}\mathrm{e}^{\mathrm{i}\boldsymbol{k}\cdot\boldsymbol{R}_A}\mathrm{e}^{-\frac{1}{2}\boldsymbol{k}^T\boldsymbol{U}^A\boldsymbol{k}}\cdot\int\bar{\rho}_A(\boldsymbol{r}+\boldsymbol{R}_A)\mathrm{e}^{\mathrm{i}(\boldsymbol{S}_m^t\boldsymbol{k})\cdot\boldsymbol{r}}\mathrm{d}\boldsymbol{r}\right| \tag{7.18}$$

需要精修的参数包含 $\boldsymbol{R}_A$，$\boldsymbol{U}^A$ 和其他现象参数 $\boldsymbol{q}$ 如标度因子等。注意如果分子有对称性，则不是所有的位置是独立的。然而计算必须在整个分子或更大的分子簇上进行。对于研究分子间的相互作用，使用分子簇的波函数是非常有用的，因为这样 Hirshfeld 原子就包含了分子间相互作用的影响。

这个表达式已经假定了 Hirshefeld 原子是刚性的。为了减少这个假定带来的误差，经过最小二乘获得的参数，必须在新坐标下重新计算波函数，并且重新精修参数，直到看不到变化。这种方法中的几何优化需要密度矩阵对核坐标的偏导信息，如何去实现非常具有挑战性。

### 7.2.3　X 射线限制波函数精修

X 射线限制波函数精修中的理论与 Hirshfeld 原子精修差不多，比如它们使用了相同的波函数，导致最后得到了相同的结构因子，但限制波函数精修过程有两个主要特点：①热平均处理方式与 Hirshfeld 原子精修不同；②精修过程包含密度矩阵对波函数参数的偏导。

#### 7.2.3.1　热振动的特别处理

前面已经讨论过了，热运动的处理需要声子态密度信息，包含声子形式与数量，以及核概率分布函数。然后通过电子密度与核坐标概率分布的卷积获得热平均电子密度。由于分子的电子密度[式(7.7)]包含单中心和双中心基函数积，因此热平均电子密度的处理也需要用到描述单中心和双中心概率密度函数的参数，单中心 $A$ 原子的概率密度分布的傅里叶变换可写成：

$$T_\alpha(\boldsymbol{k}) \equiv T_{A_\alpha}(\boldsymbol{k}) \tag{7.19}$$

对于双中心的概率密度分布，没有现成的处理方法，所有需要一些近似，有两种方案：

(1) 忽略双中心概率密度分布，类似于 Hirshfeld 精修，直接将 $\rho_{\mathrm{M}}$ 投影在单中心扩展上，进而获得结构因子。但是要使用赝原子的多极函数作为拟合函数，因为这个方法更符合密度拟合特征。另外也推荐使用实空间原子划分技术，因为这样获得的原子性质更精细。

(2) 通过一些近似，采用单中心参数来表示双中心分布，如 Stewart[15]，Coppens[16]和 Tanaka[17]分别提出的近似：

$$T_{\alpha\beta}(\boldsymbol{k})=\left(\mathrm{e}^{-\frac{1}{2}\boldsymbol{k}^T\boldsymbol{U}^{A\alpha}\boldsymbol{k}}+e^{-\frac{1}{2}\boldsymbol{k}^T\boldsymbol{U}^{A_\beta}\boldsymbol{k}}\right)/2 \qquad \text{(Coppens)}$$

$$T_{\alpha\beta}(\boldsymbol{k})=\left(\mathrm{e}^{-\frac{1}{2}g\boldsymbol{k}^T(\boldsymbol{U}^{A\alpha}+\boldsymbol{U}^{B\beta})\boldsymbol{k}}\right)/2 \qquad \text{(Stewart)} \tag{7.20}$$

$$T_{\alpha\beta}(\boldsymbol{k})=\left(\mathrm{e}^{-\frac{1}{2}g\boldsymbol{k}^T\left(g_\alpha\boldsymbol{U}^{A_\alpha}+g_\beta\boldsymbol{U}^{A_\beta}\right)\boldsymbol{k}}\right)/2 \qquad \text{(Tanaka)}$$

这些公式都符合条件：当 $A_\alpha=A_\beta$ 时 $T_{\alpha\beta}=T_\alpha$。

值得一提的是，在这两个方法中，只考虑了基函数对核位置的依赖性，但密度矩阵对位置的依赖性则被完全忽略了。因此在上述投影赝原子方法中，也必须要考虑原子位置对权重函数的影响。

7.2.3.2　结构因子的密度矩阵表示

使用上述结果，包含温度依赖的结构因子可以写成密度矩阵的形式：

$$F_{\boldsymbol{k}}=\mathrm{Tr}\left(\boldsymbol{P}\overline{\boldsymbol{I}}_{\boldsymbol{k}}\right)=\sum_{\alpha\beta}P_{\alpha\beta}\overline{I}_{\boldsymbol{k}\alpha\beta} \tag{7.21}$$

这里我们使用单核分布参数 $\overline{I}_{\boldsymbol{k}}$ 来对双核分布进行近似，$\overline{I}_{\boldsymbol{k}}$ 是对称性和热平均的基函数对积分的傅里叶变换：

$$\overline{I}_{\boldsymbol{k}\alpha\beta}=\sum_m \mathrm{e}^{\mathrm{i}\boldsymbol{k}\cdot\boldsymbol{s}_m}T_{\alpha\beta}(\boldsymbol{k})\int\chi_\alpha(\boldsymbol{r}-\boldsymbol{R}_{A_\alpha})\chi_\beta(\boldsymbol{r}-\boldsymbol{R}_{A_\beta})\mathrm{e}^{\mathrm{i}(\boldsymbol{S}_m^t\boldsymbol{k})\cdot\boldsymbol{r}}\mathrm{d}\boldsymbol{r} \tag{7.22}$$

电子密度 $\rho_{\mathrm{M}}$ 被投影在单中心扩展基上，并使用权重函数 $w_A$ 的定义，有：

$$\overline{I}_{\boldsymbol{k}\alpha\beta}=\sum_m \mathrm{e}^{\mathrm{i}\boldsymbol{k}\cdot\boldsymbol{s}_m}\sum_A T_A(\boldsymbol{k})\int w_A(\boldsymbol{r})\chi_\alpha(\boldsymbol{r}-\boldsymbol{R}_{A_\alpha})\chi_\beta(\boldsymbol{r}-\boldsymbol{R}_{A_\beta})\mathrm{e}^{\mathrm{i}(\boldsymbol{S}_m^t\boldsymbol{k})\cdot\boldsymbol{r}}\mathrm{d}\boldsymbol{r} \tag{7.23}$$

7.2.3.3　实验限制波函数精修

在限定 Hartree-Fock 情况下，分子波函数 $\psi_M$ 由分子自旋轨道的行列式组成，其空间部分 $\phi_i$ 以基函数展开：

$$\phi_i=\sum_i c_{\alpha i}\chi_\alpha \tag{7.24}$$

这里占据轨道系数 $\boldsymbol{c}$ 为波函数参数 $\boldsymbol{p}$（$\boldsymbol{p}\equiv\boldsymbol{c}$），为保证 $\psi_M$ 行列式的归一化，分子轨道 $\{\phi_i\}$ 要求是正交的。

不考虑任何实验数据情况，为获得轨道信息，可在轨道保持正交的限制下最小化方程(7.1)，将如下拉格朗日函数的微分设置为 0

$$L(\boldsymbol{c}) = E(\boldsymbol{c}) - \sum_{i,j} \varepsilon_{ij} \left( \int \phi_i \phi_j - \delta_{ij} \right) \tag{7.25}$$

可获得著名的 Hartree-Fock 方程：

$$\boldsymbol{Fc} = \boldsymbol{Sc\varepsilon} \tag{7.26}$$

其中 $\boldsymbol{F}$ 是 Fock 矩阵，$\boldsymbol{S}$ 是基函数的重叠矩阵，$\boldsymbol{\varepsilon}$ 是拉格朗日乘子关联正交性的对称矩阵。

在实验限制波函数精修中，需要考虑 X 射线衍射数据的加入，此时拉格朗日量中除了与 HF 相同的项外，还多了一项 $\lambda\left[\chi^2(\boldsymbol{c}) - \Delta\right]$，即：

$$L(\boldsymbol{c}) = E(\boldsymbol{c}) - \sum_{i,j} \varepsilon_{ij} \left( \int \phi_i \phi_i - \delta_{ij} \right) - \lambda\left[\chi^2(\boldsymbol{c}) - \Delta\right] \tag{7.27}$$

$\Delta$为理论和实验值之间的误差，通常固定为 1。

$\chi^2$ 统计指标定义为：

$$\chi^2 = \frac{1}{N_r - p} \sum_{\boldsymbol{h}} \left( \frac{\left|F_{\boldsymbol{h}}^c\right| - \left|F_{\boldsymbol{h}}\right|}{\sigma_{\boldsymbol{h}}} \right)^2 \tag{7.28}$$

这里 $N_r$ 为衍射点个数，$p$ 为波函数模型中需要精修的参数个数。$\chi^2 = 0$ 意味着完美的拟合，但 $\chi^2 = 1$ 意味着模型在实验衍射数据 $F(\boldsymbol{h})$ 的标准偏差内和实验数据一致。

最小化该拉格朗日量过程中需使用到 $\chi^2$ 对波函数参数的导数，由于结构因子是复数，这个计算需要特别注意。最后可得到实验限制的 Hartree-Fock 方程[4,8]：

$$(\boldsymbol{F} + \lambda \boldsymbol{v})\boldsymbol{c} = \boldsymbol{Sc\varepsilon} \tag{7.29}$$

$$\boldsymbol{F'C} = \boldsymbol{SC\varepsilon} \tag{7.30}$$

$$\boldsymbol{F}' = \boldsymbol{F} + \lambda \frac{2}{N_r - p} \sum_{\boldsymbol{h}}^{N_r} \frac{\left|F_{\boldsymbol{h}}^c\right| - \left|F_{\boldsymbol{h}}\right|}{\sigma_{\boldsymbol{h}}^2} \frac{\mathrm{Real}((F_{\boldsymbol{h}}^c) * \bar{\boldsymbol{I}}_{\boldsymbol{h}}))}{\left|F_{\boldsymbol{h}}^c\right|} \tag{7.31}$$

实验限制 Hartree-Fock 方程需使用常规数值迭代求解获得分子轨道系数 $\boldsymbol{c}$。对于一个给定的 $\lambda$。当 $\lambda$ 变大时，实验数据的参与度也就变大，这样就变得像一个最小二乘精修。大的 $\lambda$ 会降低拟合统计值 $\chi^2$，注意自洽计算的能量也会增大，因为 $\lambda$ 增大会使解偏移能量的最优解。实验限制 Hartree-Fock 方程最好的解是 $\chi^2$ 接近 1(即模型结构因子与实验结构因子在一个实验标准偏差内是一致的)且 $\lambda$ 最大时的解。

### 7.2.4 开壳层体系方法

对于非限定 HF(UHF)波函数，可以对限定的情况进行扩展，即最小化拉格朗日量[9,18]：

$$L(\boldsymbol{c}^{\alpha},\boldsymbol{c}^{\beta},\boldsymbol{\varepsilon}^{\alpha},\boldsymbol{\varepsilon}^{\beta},\lambda)=E(\boldsymbol{c}^{\alpha},\boldsymbol{c}^{\beta})-Tr\left[(\boldsymbol{c}^{\alpha})^{+}S\boldsymbol{c}^{\alpha}-1\right]\boldsymbol{\varepsilon}^{\alpha}-\mathrm{Tr}\left[(\boldsymbol{c}^{\beta})^{+}S\boldsymbol{c}^{\beta}-1\right]\boldsymbol{\varepsilon}^{\beta} +\lambda\left[\chi^{2}(\boldsymbol{c}^{\alpha},\boldsymbol{c}^{\beta})-\Delta\right] \tag{7.32}$$

$\boldsymbol{c}^{\alpha}$，$\boldsymbol{c}^{\beta}$ 分别为 $\alpha$ 和 $\beta$ 分子轨道系数。$E$ 为 UHF 能量，$S$ 为所选轨道的重叠积分，$\boldsymbol{\varepsilon}^{\alpha}$，$\boldsymbol{\varepsilon}^{\beta}$ 为常规拉格朗日乘子，其作用是在 UHF 方程中引入波函数正交化条件。$\Delta$ 为 $\chi^2$ 的误差，$\chi^2$ 为理论与实验的结构因子的一致性统计指标。

将方程(7.32)对 $\boldsymbol{c}^{\alpha}$，$\boldsymbol{c}^{\beta}$ 的导数设为 0，可得到实验限制的 UHF 方程：

$$\begin{aligned}\tilde{\boldsymbol{F}}^{\alpha}\boldsymbol{c}^{\alpha}&=S\boldsymbol{c}^{\alpha}\boldsymbol{\varepsilon}^{\alpha}\\ \tilde{\boldsymbol{F}}^{\beta}\boldsymbol{c}^{\beta}&=S\boldsymbol{c}^{\beta}\boldsymbol{\varepsilon}^{\beta}\end{aligned} \tag{7.33}$$

其中 $\tilde{\boldsymbol{F}}^{\alpha}$ 和 $\tilde{\boldsymbol{F}}^{\beta}$ 为改造后的 UHF 矩阵：

$$\begin{aligned}\tilde{\boldsymbol{F}}^{\alpha}&=\boldsymbol{F}^{\alpha}-\lambda\boldsymbol{C}\\ \tilde{\boldsymbol{F}}^{\beta}&=\boldsymbol{F}^{\beta}-\lambda\boldsymbol{C}\end{aligned} \tag{7.34}$$

其中 $\boldsymbol{F}^{\alpha}$ 和 $\boldsymbol{F}^{\beta}$ 为常规 UHF 矩阵，限制条件矩阵 $\boldsymbol{C}$ 为：

$$\boldsymbol{C}=\frac{2}{N_{\mathrm{r}}-N_{\mathrm{p}}}\sum_{j}^{N_{\mathrm{r}}}\left(\frac{F_j-F_j^{\mathrm{X}}}{\sigma_j}\right)\left[\frac{\left(F_j^{\mathrm{X}}\right)^{*}\boldsymbol{I}_j-F_j^{\mathrm{X}}\boldsymbol{I}_j^{\dagger}}{2\left|F_j^{\mathrm{X}}\right|}\right] \tag{7.35}$$

其中 $\boldsymbol{I}_j$ 矩阵包含了单胞中所有对称分子的基函数对 $g_{\mu}(\boldsymbol{r})g_{\nu}(\boldsymbol{r})$ 的傅里叶变换，并且乘上一个合适的 Debye-Waller 因子，即：

$$I_{\mu\nu,j}=\sum_{m=1}^{N_m}\exp\left(2\pi\mathrm{i}\boldsymbol{q}_j\cdot\boldsymbol{r}_m\right)T_{\mu\nu}\int g_{\nu}^{*}(\boldsymbol{r})g_{\mu}(\boldsymbol{r})\exp\left(\mathrm{i}\boldsymbol{R}_m^{\mathrm{T}}\boldsymbol{q}_j\cdot\boldsymbol{r}\right)\mathrm{d}\boldsymbol{r} \tag{7.36}$$

$\boldsymbol{I}_j$ 矩阵与分子轨道系数无关。$\boldsymbol{R}_m^{\mathrm{T}}$ 为第 $m$ 个分子对称操作的旋转矩阵，$\boldsymbol{r}_m$ 是单胞中第 $m$ 个对称分子的参考原点坐标，$T_{\mu\nu}$ 为基函数对 $(\mu\nu)$ 的 Debye-Waller 因子，$\boldsymbol{q}_j$ 为第 $j$ 个衍射点的散射矢量。

对于开壳层体系，可直接根据精修得到的实验限制波函数计算非成对电子密度(自旋密度)：

$$\rho_s=\rho_{\alpha}-\rho_{\beta} \tag{7.37}$$

其中 $\alpha$ 电子密度 $\rho_\alpha$ 和 $\beta$ 电子密度 $\rho_\beta$ 可通过下式计算获得：

$$\begin{aligned}\rho_\alpha &= \sum_{\mu,\nu} D_{\mu\nu}^{\alpha} g_\mu(r) g_\nu(r) \\ \rho_\beta &= \sum_{\mu,\nu} D_{\mu\nu}^{\beta} g_\mu(r) g_\nu(r)\end{aligned} \tag{7.38}$$

其中 $g_\mu(r)$ 和 $g_\nu(r)$ 为原子轨道基函数，$D^\alpha$ 和 $D^\beta$ 分别为 $\alpha$ 和 $\beta$ 电子的密度矩阵：

$$\begin{aligned}D_{\mu\nu}^{\alpha} &= \sum_{i}^{n_\alpha} c_{i\mu}^{\alpha *} c_{i\nu}^{\alpha} \\ D_{\mu\nu}^{\beta} &= \sum_{i}^{n_\beta} c_{i\mu}^{\beta *} c_{i\nu}^{\beta}\end{aligned} \tag{7.39}$$

其中 $c_{i\mu}^{\alpha}, c_{i\nu}^{\alpha}, c_{i\mu}^{\beta}$ 和 $c_{i\nu}^{\beta}$ 为分子轨道系数。自旋密度的积分可给出不成对电子数：

$$n_\alpha - n_\beta = \int \rho_s(\boldsymbol{r}) \mathrm{d}\boldsymbol{r} \tag{7.40}$$

### 7.2.5　相对论效应的处理

尽管在结构化学研究中，我们通常不考虑芯层电子，因为芯层电子不参与成键，但 X 射线衍射实验中，芯层电子对衍射强度占有主要贡献，在根据衍射数据确定实验电子结构过程中扮演重要角色，因此必须要正确处理。随着原子重量的增加，相对论效应变得越来越显著[9,18]，而且这种效应也会影响电子密度，因此对于重原子，芯层电子的描述模型需要进行适当的改进。

标量二阶 Douglas-Kroll-Hess(DKH)哈密顿量是广泛采用的 Dirac-Coulomb 哈密顿量(DCH)的一个近似。单电子 DCH 可写成：

$$\hat{\boldsymbol{h}}_{\mathrm{DCH}} = \begin{pmatrix} V & c\boldsymbol{\sigma}\cdot\hat{\boldsymbol{p}} \\ c\boldsymbol{\sigma}\cdot\hat{\boldsymbol{p}} & V-2mc^2 \end{pmatrix} \tag{7.41}$$

其中 $c$ 为光速，$\hat{\boldsymbol{p}}$ 为动量算符，$m$ 是电子静止质量，$V$ 为电子-核库仑相互作用势能。$\boldsymbol{\sigma}$ 为泡利自旋矩阵：

$$\boldsymbol{\sigma}_x = \begin{pmatrix} 0 & 1 \\ 1 & 0 \end{pmatrix},\quad \boldsymbol{\sigma}_y = \begin{pmatrix} 0 & -i \\ i & 0 \end{pmatrix},\quad \boldsymbol{\sigma}_z = \begin{pmatrix} 1 & 0 \\ 0 & -1 \end{pmatrix} \tag{7.42}$$

与非相对论哈密顿量不同，DCH 是一个严格处理了自旋的 4×4 的矩阵，但是 DCH 处理正能态的同时引入了负能态，这带来了很大的计算量。

一个关键的处理方式是通过酉矩阵 $\boldsymbol{U}$ 将 DCH 变换成一个对角块矩阵，可将正能态和负能态分开：

$$\hat{\boldsymbol{H}}_{\text{decoupled}} = \boldsymbol{U}\hat{\boldsymbol{h}}_{\text{DCH}}\boldsymbol{U}^{+} = \begin{pmatrix} h_{+} & 0 \\ 0 & h_{-} \end{pmatrix} \tag{7.43}$$

其中 $h_+$块对应于只含有正能量本征态的两成分哈密顿量，这是化学研究中需要主要考虑的。$h_-$块对应于负能态，可忽略。两成分哈密顿量 $h_+$可进一步分成与自旋无关和有关的项，只保留 $h_+$中与自旋无关的项就可得到单成分标量 DKH 哈密顿量。

从 DCH 到 DKH 哈密顿量的转换伴随着系统波函数的改变：

$$\begin{aligned} \left\langle \psi \middle| \hat{h}_{\text{DCH}} \middle| \psi \right\rangle &= \left\langle \psi \middle| \boldsymbol{U}^{+}\boldsymbol{U}\hat{\boldsymbol{h}}_{\text{DCH}}\boldsymbol{U}^{+}\,\boldsymbol{U} \middle| \psi \right\rangle \\ &= \left\langle \boldsymbol{U}\psi \middle| \boldsymbol{U}\hat{\boldsymbol{h}}_{\text{DCH}}\boldsymbol{U}^{+} \middle| \boldsymbol{U}\psi \right\rangle \\ &= \left\langle \tilde{\psi} \middle| \hat{\boldsymbol{H}}_{\text{decoupled}} \middle| \tilde{\psi} \right\rangle \end{aligned} \tag{7.44}$$

其中 $\tilde{\psi} = \boldsymbol{U}\psi$ ，这里 $\psi$ 对应 $\hat{\boldsymbol{h}}_{\text{DCH}}$ ，$\tilde{\psi}$ 对应改造后的哈密顿 $\hat{\boldsymbol{H}}_{\text{decoupled}} = \boldsymbol{U}\hat{h}_{\text{DCH}}\boldsymbol{U}^{+}$ 。如果 $\psi$ 与算符 $\hat{\boldsymbol{X}}$ 同时使用，则 $\tilde{\psi}$ 需要与 $\boldsymbol{U}\hat{\boldsymbol{X}}\boldsymbol{U}^{+}$ 同时使用。但实际上，$\tilde{\psi}$ 经常与 $\hat{\boldsymbol{X}}$ 同时使用，这就导致了 $\hat{\boldsymbol{X}}$ 的期望值存在一个计算误差，称为图像改变效应(picture-change effect，PCE)，PCE 可写成：

$$\text{PCE}(\boldsymbol{X}) = \left\langle \tilde{\psi} \middle| \boldsymbol{U}\hat{\boldsymbol{X}}\boldsymbol{U}^{+} \middle| \tilde{\psi} \right\rangle - \left\langle \tilde{\psi} \middle| \hat{\boldsymbol{X}} \middle| \tilde{\psi} \right\rangle \tag{7.45}$$

PCE 对于与电子局域在原子核区域的电子(原子的高能部分)有关的性质影响比较显著，比如电场梯度矢量或超精细耦合系数必须要进行 PCE 校正，而与价电子区域有关的性质，如电子密度和相关性质(偶极矩和超极化率等)则受 PCE 影响较小。

## 7.3　X 射线限制极局域分子轨道(XC-ELMO)方法

X 射线限制极局域分子轨道(XC-ELMO)方法是一个确定实验电子密度的有效方法。分子轨道严格地局域在原子、化学键和功能基团上，结合了 X 射线限制波函数方法中的量子力学严谨性和传统多极模型方法的化学直观性。

### 7.3.1　极局域分子轨道的定义

考虑含有 $2N$ 个电子的闭壳层系统，并将其分成 $f$ 个片段，片段可以是原子、化学键或功能基团。每个片段 $i$ 都可以用一组局域基函数集 $\left\{\left|\chi_{i\mu}\right\rangle\right\}_{\mu=1}^{M_i}$ 上，这组基

函数定义在属于该片段的原子上。第 $i$ 个片段的第 $\alpha$ 个局域分子轨道定义为：

$$|\varphi_{i\alpha}\rangle = \sum_{\mu=1}^{M_i} C_{i\mu,i\alpha} |\chi_{i\mu}\rangle \tag{7.46}$$

因此这里的局域分子轨道严格局域在所属的那个片段上。需要注意的是，由于有交叠的片段会共享一部分它们的局域基函数，属于不同片段的局域分子轨道可能是非正交的，这会给局域分子轨道的求解带来收敛上的问题。

方程(7.46)中的系数可通过最小化系统能量来确定，系统的波函数可写成：

$$|\psi_{\mathrm{ELMO}}\rangle = \hat{A}\left[\prod_{i=1}^{f}\prod_{\alpha=1}^{n_i}\varphi_{i\alpha}\bar{\varphi}_{i\alpha}\right] \tag{7.47}$$

其中 $\hat{A}$ 是反对称子，$n_i$ 为片段 $i$ 中占据轨道的数目，$\bar{\varphi}_{i\alpha}$ 为自旋轨道，包含 $\varphi_{i\alpha}$ 的空间部分以及$\beta$自旋部分。通过最小化如下能量泛函可确定局域分子轨道：

$$E[\boldsymbol{\varphi}] = \langle\psi_{\mathrm{ELMO}}|\hat{H}|\psi_{\mathrm{ELMO}}\rangle \tag{7.48}$$

其中 $\hat{H}$ 为系统的非相对论哈密顿算符。

定义互反轨道$|\tilde{\varphi}_{j\beta}\rangle$：

$$|\tilde{\varphi}_{j\beta}\rangle = \sum_{k=1}^{f}\sum_{\gamma=1}^{n_k}[\boldsymbol{S}^{-1}]_{k\gamma,j\beta}|\varphi_{k\gamma}\rangle \tag{7.49}$$

其中 $\boldsymbol{S}$ 是占据局域分子轨道的重叠矩阵，Stoll 等[19]指出通过$|\varphi_{j\beta}\rangle$变分，能量泛函 $E[\boldsymbol{\varphi}]$的微分可表示为：

$$\delta_{(j\beta)}E = 4\langle\delta\varphi_{j\beta}|(1-\hat{\rho})\hat{F}|\tilde{\varphi}_{j\beta}\rangle \tag{7.50}$$

其中 $\hat{F}$ 为 Fock 算符，$\hat{\rho}$ 为系统密度算符：

$$\hat{\rho} = \sum_{j=1}^{f}\sum_{\beta=1}^{n_j}|\tilde{\varphi}_{j\beta}\rangle\langle\varphi_{j\beta}| = \sum_{j=1}^{f}\sum_{\beta=1}^{n_j}|\varphi_{j\beta}\rangle\langle\tilde{\varphi}_{j\beta}| \tag{7.51}$$

$\delta_{(j\beta)}E = 0$时，能量泛函可获得最小值，因此局域分子轨道满足如下方程：

$$(1-\hat{\rho})\hat{F}|\tilde{\varphi}_{j\beta}\rangle = 0 \tag{7.52}$$

该方程可写成本征方程形式：

$$\hat{F}^j|\varphi_{j\beta}\rangle = \varepsilon_{j\beta}|\varphi_{j\beta}\rangle \tag{7.53}$$

其中 $\hat{F}^j$ 是改造后的片段 $j$ 的 Fock 算子：

$$\hat{F}^j = (1-\hat{\rho}+\hat{\rho}_j^\dagger)\hat{F}(1-\hat{\rho}+\hat{\rho}_j) \tag{7.54}$$

很显然，它依赖于局域密度算符 $\hat{\rho}_j$：

$$\hat{\rho}_j = \sum_{\beta=1}^{n_j} \left| \tilde{\varphi}_{j\beta} \right\rangle \left\langle \varphi_{j\beta} \right| \tag{7.55}$$

为了确定系统的极局域分子轨道，本征方程(7.53)需要对每个片段都要进行自洽计算，需要注意的时，不同片段的方程是耦合在一起的，因为每个片段的 Fock 算子 $\hat{F}^j$ 与系统整体密度算子有关。

### 7.3.2 实验限制极局域分子轨道精修

实验限制极局域分子轨道精修的过程[13]与实验限制波函数精修过程类似。即通过最小化拉格朗日量 $J[\boldsymbol{\varphi}]$ 来获得极局域分子轨道。由于该方法没有轨道正交性条件，因此 $J[\boldsymbol{\varphi}]$ 可写成：

$$\begin{aligned} J[\boldsymbol{\varphi}] &= \langle \psi_0 | \hat{H}_0 | \psi_0 \rangle + \lambda\left(\chi^2 - \Delta\right) \\ &= E_0[\boldsymbol{\varphi}] + \lambda\left(\chi^2[\boldsymbol{\varphi}] - \Delta\right) \end{aligned} \tag{7.56}$$

其中 $\psi_0$ 和 $\hat{H}_0$ 分别为波函数和非相对论哈密顿算符。$\lambda$ 为拉格朗日乘子，$\Delta$ 为理论和实验值之间的误差。$\chi^2$ 为结构因子计算值幅度 $\left|F_{\boldsymbol{h}}^{\text{calc}}\right|$ 和实验值幅度 $\left|F_{\boldsymbol{h}}^{\text{exp}}\right|$ 的拟合度统计。

$$\chi^2 = \frac{1}{N_r - N_p} \sum_{\boldsymbol{h}} \frac{\left(\eta\left|F_{\boldsymbol{h}}^{\text{calc}}\right| - \left|F_{\boldsymbol{h}}^{\text{exp}}\right|\right)^2}{\sigma_{\boldsymbol{h}}^2} \tag{7.57}$$

其中 $N_r$ 和 $N_p$ 分别为衍射数据和精修参数的个数，$\sigma_{\boldsymbol{h}}$ 为实验误差。$\eta$ 为标度因子。$J[\boldsymbol{\varphi}]$ 对轨道 $|\tilde{\varphi}_{j\beta}\rangle$ 的微分可写成：

$$\delta_{(\varphi_{j\beta})} J = \delta_{(\varphi_{j\beta})} E + \lambda \delta_{(\varphi_{j\beta})} \chi^2 \tag{7.58}$$

其中 $\delta_{(j\beta)}$ 可由方程(7.50)给出，考虑到 $\left|F_h^{\text{calc}}\right| = \left[F_h^{\text{calc}} (F_h^{\text{calc}})^*\right]^{1/2}$，有：

$$\delta_{(\varphi_{j\beta})} \chi^2 = \frac{\eta}{N_r - N_p} \sum_h \frac{\eta\left|F_h^{\text{calc}}\right| - \left|F_h^{\text{exp}}\right|}{\sigma_h^2 \left|F_h^{\text{calc}}\right|} \left\{\left(F_h^{\text{calc}}\right)^* \delta_{(\varphi_{j\beta})} F_h^{\text{calc}} + F_h^{\text{calc}} \delta_{(\varphi_{j\beta})} \left(F_h^{\text{calc}}\right)^*\right\} \tag{7.59}$$

定义结构因子算符：

$$\hat{I}_{\boldsymbol{h}} = \sum_{j=1}^{N_m} \mathrm{e}^{\mathrm{i}2\pi(\boldsymbol{R}_j\boldsymbol{r}+\boldsymbol{r}_j)\cdot(\boldsymbol{B}\boldsymbol{h})} = \hat{I}_{\boldsymbol{h},R} + \mathrm{i}\hat{I}_{\boldsymbol{h},C} \tag{7.60}$$

其中 $\hat{I}_{\boldsymbol{h},R}$ 和 $\hat{I}_{\boldsymbol{h},C}$ 都是厄米的，因此有：

$$F_{\boldsymbol{h}}^{\text{calc}} = 2\sum_{i=1}^{f}\sum_{\alpha=1}^{n_i}\left\langle \varphi_{i\alpha} \middle| \hat{I}_{\boldsymbol{h}} \middle| \tilde{\varphi}_{i\alpha} \right\rangle \tag{7.61}$$

$$(F_{\boldsymbol{h}}^{\text{calc}})^* = 2\sum_{i=1}^{f}\sum_{\alpha=1}^{n_i}\left\langle \tilde{\varphi}_{i\alpha} \middle| \hat{I}_{\boldsymbol{h}}^{\dagger} \middle| \varphi_{i\alpha} \right\rangle \tag{7.62}$$

Stoll 指出 $\left|\delta_{(j\beta)}\tilde{\varphi}_{i\alpha}\right\rangle$ 和 $\left|\delta\varphi_{j\beta}\right\rangle$ 之间的关系[19]：

$$|\,\delta_{(j\beta)}\tilde{\varphi}_{i\alpha}\rangle = (1-\hat{\rho})\,|\,\delta\varphi_{j\beta}\rangle[\boldsymbol{S}^{-1}]_{j\beta,i\alpha} - |\,\tilde{\varphi}_{j\beta}\rangle\langle\delta\varphi_{j\beta}\,|\,\tilde{\varphi}_{i\alpha}\rangle \tag{7.63}$$

于是有：

$$\delta_{(j\beta)}F_{\boldsymbol{h}}^{\text{calc}} = 2\left\{\left\langle \delta\varphi_{j\beta} \middle| (1-\hat{\rho})\hat{I}_{\boldsymbol{h}} \middle| \tilde{\varphi}_{j\beta} \right\rangle + \left\langle \tilde{\varphi}_{j\beta} \middle| \hat{I}_{\boldsymbol{h}}(1-\hat{\rho}) \middle| \delta\varphi_{j\beta} \right\rangle\right\} \tag{7.64}$$

$$\delta_{(j\beta)}(F_{\boldsymbol{h}}^{\text{calc}})^* = (\delta_{(j\beta)}F_{\boldsymbol{h}}^{\text{calc}})^* \tag{7.65}$$

将方程(7. 65)代入方程(7.59)，有：

$$\delta_{(j\beta)}\chi^2 = \frac{2\eta}{N_r - N_p}\sum_{\boldsymbol{h}}\frac{\eta\left|F_{\boldsymbol{h}}^{\text{calc}}\right| - \left|F_{\boldsymbol{h}}^{\exp}\right|}{\sigma_{\boldsymbol{h}}^2\left|F_{\boldsymbol{h}}^{\text{calc}}\right|} \times \mathrm{Re}\{(F_{\boldsymbol{h}}^{\text{calc}})^*\delta_{(j\beta)}F_{\boldsymbol{h}}^{\text{calc}}\} \tag{7.66}$$

其中 $\delta_{(j\beta)}F_{\boldsymbol{h}}^{\text{calc}}$ 可写成：

$$\delta_{(j\beta)}F_{\boldsymbol{h}}^{\text{calc}} = 4\left\{\left\langle \delta\varphi_{j\beta} \middle| (1-\hat{\rho})\hat{I}_{\boldsymbol{h},R} \middle| \tilde{\varphi}_{j\beta} \right\rangle + i\left\langle \delta\varphi_{j\beta} \middle| (1-\hat{\rho})\hat{I}_{\boldsymbol{h},C} \middle| \tilde{\varphi}_{j\beta} \right\rangle\right\} \tag{7.67}$$

将方程(7.62)和(7.67)代入方程(7.66)，有：

$$\begin{aligned}\delta_{(j\beta)}\chi^2 = 4\Bigg\{&\sum_{\boldsymbol{h}}K_{\boldsymbol{h}}\,\mathrm{Re}\{F_{\boldsymbol{h}}^{\text{calc}}\}\left\langle \delta\varphi_{j\beta} \middle| (1-\hat{\rho})\hat{I}_{\boldsymbol{h},R} \middle| \tilde{\varphi}_{j\beta} \right\rangle \\ &+ \sum_{\boldsymbol{h}}K_{\boldsymbol{h}}\mathrm{Im}\{F_{\boldsymbol{h}}^{\text{calc}}\}\left\langle \delta\varphi_{j\beta} \middle| (1-\hat{\rho})\hat{I}_{\boldsymbol{h},\mathrm{C}} \middle| \tilde{\varphi}_{j\beta} \right\rangle\Bigg\}\end{aligned} \tag{7.68}$$

其中：

$$K_{\boldsymbol{h}} = \frac{2\eta}{N_r - N_p}\frac{\eta\left|F_{\boldsymbol{h}}^{\text{calc}}\right| - \left|F_{\boldsymbol{h}}^{\exp}\right|}{\sigma_{\boldsymbol{h}}^2\left|F_{\boldsymbol{h}}^{\text{calc}}\right|} \tag{7.69}$$

于是 $J[\boldsymbol{\varphi}]$ 的微分可写成：

$$\delta_{(j\beta)}J = 4\Big\{\big\langle \delta\varphi_{j\beta} \,|\, (1-\hat{\rho})\hat{F} \,|\, \tilde{\varphi}_{j\beta}\big\rangle + \lambda\sum_{h} K_{h} \mathrm{Re}\big\{F_{h}^{\mathrm{calc}}\big\}\big\langle \delta\varphi_{j\beta}\big|(1-\hat{\rho})\hat{I}_{h,R}\big|\tilde{\varphi}_{j\beta}\big\rangle + \lambda\sum_{h} K_{h} \mathrm{Im}\big\{F_{h}^{\mathrm{calc}}\big\}\big\langle \delta\varphi_{j\beta}\big|(1-\hat{\rho})\hat{I}_{h,C}\big|\tilde{\varphi}_{j\beta}\big\rangle\Big\} \tag{7.70}$$

令 $\delta_{(j\beta)}J = 0$，实验限制的极局域分子轨道满足方程：

$$\Big\{(1-\hat{\rho})\hat{F} + \lambda\sum_{h} K_{h}\mathrm{Re}\{F_{h}^{\mathrm{calc}}\}(1-\hat{\rho})\hat{I}_{h,R} + \lambda\sum_{h} K_{h}\mathrm{Im}\{F_{h}^{\mathrm{calc}}\}(1-\hat{\rho})\hat{I}_{h,C}\Big\}\big|\tilde{\varphi}_{j\beta}\big\rangle = 0 \tag{7.71}$$

该方程等价于：

$$\hat{F}^{j,\exp} \,|\, \varphi_{j\beta}\rangle = \varepsilon_{j\beta}^{\exp} \,|\, \varphi_{j\beta}\rangle \tag{7.72}$$

其中 $\hat{F}^{j,\exp}$ 为改造后的 $j$ 片段的 Fock 算符：

$$\hat{F}^{j,\exp} = (1-\hat{\rho}+\hat{\rho}_{j}^{\dagger})\hat{F}(1-\hat{\rho}+\hat{\rho}_{j}) + \lambda\sum_{h} K_{h}\mathrm{Re}\{F_{h}^{\mathrm{calc}}\}(1-\hat{\rho}+\hat{\rho}_{j}^{\dagger})\hat{I}_{h,R}(1-\hat{\rho}+\hat{\rho}_{j}) + \lambda\sum_{h} K_{h}\mathrm{Im}\{F_{h}^{\mathrm{calc}}\}(1-\hat{\rho}+\hat{\rho}_{j}^{?})\hat{I}_{h,C}(1-\hat{\rho}+\hat{\rho}_{j}) \tag{7.73}$$

为了获得实验限制的极局域分子轨道，方程(7.72)必须在每个片段上进行自洽计算，这类似于获得理论的极局域分子轨道的过程。同样，因为每个片段的 Fock 算子 $\hat{F}^{j,\exp}$ 与系统整体密度算子有关，不同片段的方程是耦合在一起的。

## 参考文献


[1] Helgaker T, Jorgensen P, Olsen J. Molecular electronic structure theory. Chichester: Wiley & Sons, LTD, 2000.

[2] Parr R G, Yang W. Density functional theory of atoms and molecules. New York: Oxford University Press, 1989.

[3] Jayatilaka D. Wave function for beryllium from X-ray diffraction data. Phys. Rev. Lett., 1998, 80: 798-801.

[4] Jayatilaka D, Grimwood D J. Wavefunctions derived from experiment. I. Motivation and theory. Acta Cryst. A, 2001, 57: 76-86.

[5] Grimwood D J, Jayatilaka D. Wavefunctions derived from experiment. II. A wavefunction for oxalic acid dihydrate. Acta Cryst. A, 2001, 57: 87-100.

[6] Bytheway I, Grimwood D, Jayatilaka D. Wavefunctions derived from experiment. III. Topological analysis of crystal fragments. Acta Cryst. A, 2002, 58: 232-243.

[7] Bytheway I, Grimwood D J, Figgis B N, Chandler G S, Jayatiaka D. Wavefunctions derived from experiment. IV. Investigation of the crystal environment of ammonia. Acta Cryst. A, 2002, 58: 244-251.

[8] Grimwood D J, Bytheway I, Jayatilaka D. Wavefunctions derived from experiment. V. Investigation of electron densities, electrostatic potentials, and electron localization functions for noncentrosymmetric crystals. J. Comput. Chem., 2003, 24: 470-483.

[9] Hudák M, Jayatilaka D, Perašínová L, Biskupič S, Kožíšek J, Bučinský L. X-ray constrained unrestricted Hartree-Fock and Douglas-Kroll-Hess wavefunctions. Acta Cryst. A, 2010, 66: 78-92.

[10] Jayatilaka D. Using wavefunctions to get more information out of diffraction experiments//Gatti C, Macchi P, Eds. Modern Charge-Density Analysis. Berlin: Springer, 2012: 213-257.

[11] Dos Santos L H R, Genoni A, Macchi P. Unconstrained and X-ray constrained extremely localized molecular orbitals: Analysis of the reconstructed electron density. Acta Cryst. A, 2014, 70: 532-551.

[12] Genoni A. X-ray constrained extremely localized molecular orbitals: theory and critical assessment of the new technique. J. Chem. Theory Comput., 2013, 9: 3004-3019.

[13] Genoni A, Meyer B. X-ray constrained wave functions: Fundamentals and effects of the molecular orbitals localization. Adv. in Quantum Chem., 2016, 73: 333-362.

[14] Dittrich B, Koritsanszky T, Luger P. A simple approach to nonspherical electron densities by using invarioms. Angew. Chem. Int. Ed., 2004, 43: 2718-2721.

[15] Stewart R F. Generalized X-ray scattering factors. J. Chem. Phys., 1969, 51: 4569-4577.

[16] Coppens P, Willoughby T V, Csonka L N. Electron population analysis of accurate diffraction data. I. Formalisms and restrictions. Acta Cryst. A, 1971, 27: 248-256.

[17] Tanaka K. X-ray analysis of wavefunctions by the least-squares method incorporating orthonormality. I. General formalism. Acta Cryst. A, 1988, 44: 1002-1008.

[18] Bucinsky L, Jayatilaka D, Grabowsky S. Importance of relativistic effects and electron correlation in structure factors and electron density of diphenyl mercury and triphenyl bismuth. J. Phys. Chem. A, 2016, 120: 6650-6669.

[19] Stoll H, Wagenblast G, Preuss H. On the use of local basis sets for localized molecular orbitals. Theor. Chim. Acta, 1980, 57: 169-178.

# 第8章　实验电子结构的测试仪器与应用

## 8.1　引　言

通过前面几章的实验电子结构的理论讲解可知，有多种仪器或大科学装置的散射数据可用于实验电子结构的精修，这其中包括X射线衍射数据、极化中子衍射数据和X射线康普顿散射数据等，这些数据来源于实验室或同步辐射的X射线单晶衍射仪、中子源等。在这些仪器装置中，同步辐射和中子源造价昂贵，机时通常较为紧张，最容易获得的是小型实验室X射线单晶衍射仪，但用于实验电子结构测试的X射线单晶衍射仪与用于常规晶体结构测试的仪器相比，在一些技术指标上有更高的要求，比如X射线光源强度和波长等。特别是对于外场作用下的原位电子结构测试，衍射仪主机需要附加一些外场设备如激光器、低温系统等。

电子结构精修需要使用接近完美的衍射数据，千分之几的衍射强度变化就会对精修出来的电子云形状产生显著影响。为了获得高精度的衍射数据，必须对晶体质量，仪器精度(主要取决于X射线源质量，测角仪精度和探测器灵敏度)，数据还原和校正过程进行严格把关。本章将介绍本书作者在承担国家重大科研仪器研制项目“材料功能态电子结构的X射线单晶衍射系统”期间积累的一些经验。

另外，鉴于电子结构在材料、物理、化学等领域的重要地位，电子结构晶体学在这些领域也应该有较大的用武之地。由于电子结构晶体学尚处在发展时期，我们这里仅对其在材料科学领域的典型应用做一些基本介绍。

## 8.2　用于实验电子结构测试的X射线单晶衍射仪

中国科学院福建物质结构研究所的郭国聪团队通过解决高角度衍射点收集和外场作用下的原位测试难题，建立了一套用于原位实验电子结构测试的X射线单晶衍射系统(图 8-1)，并用于一些关键功能晶体材料的实验电子结构与构效关系研究。

### 8.2.1　X射线源

第四代同步辐射光源和转靶分别代表了大科学装置和实验室光源比较前沿的

技术。在同步辐射站，X 射线自由电子激光有较大进展，但这项技术对实验电子密度研究是否有大的帮助尚需更深入的研究。对于实验室 X 射线源，一个重要进展是使用 X 射线微焦斑，能获得更高光密度的 X 射线，但光斑的强度分布的均匀性却不如常规(非微焦斑)光源。

图 8-1　电子结构的原位 X 射线单晶衍射系统

高精度电子结构的精修需要高结构分辨率($\lambda/2\sin\theta<0.4$ Å)的 X 射线单晶衍射数据。根据布拉格方程：$d_{hkl}=\lambda/2\sin\theta$，要想提高结构分辨率，可采用波长相对较短的 Mo 靶 X 射线源($\lambda=0.71073$ Å)，并收集足够强度的高角度衍射点。由于 X 射线衍射强度随衍射角增加而急剧衰减，可通过延长曝光时间，使用高功率 X 射线发生器和高性能二维探测器，并采用 X 射线聚焦和增强技术来增加高角度衍射点强度。

高精度的衍射数据对 X 射线光源的单色性，均一性和高强度有较高的要求。与同步辐射相比，实验室用 X 射线单晶衍射仪 Mo 靶产生的 X 射线同时含有 $K_{\alpha1}$ (0.7093 Å)，$K_{\alpha2}$ (0.71359 Å)和 $K_{\beta}$ (0.632288 Å)线，因此单色性不太好，如果要提高单色性，可以通过单色器把 $K_{\beta}$ 甚至 $K_{\alpha2}$ 滤掉，只保留最强的 $K_{\alpha1}$，但这样会极大削弱光源强度。由于 Mo 靶 X 射线是混合波长的光源，一个衍射点会分裂成几个不同位置的衍射点，给衍射点定位和强度积分带来困难，在高角度会特别严重，但通过积分算法的改进可以克服这个问题。

另外为了提高 X 射线强度，可以使用微焦斑光源，但微焦斑光源的强度在径向(垂直 X 射线入射方向的截面)上成高斯分布，不是理想的方形分布，因此均一性也不太好。选择微焦斑光源实际上是牺牲了单色性与均一性来换取高强度，由于晶体的高角度衍射数据通常很弱，高强度可以大幅减少衍射数据收集时间，而且能测试一些衍射能力比较弱的样品。

### 8.2.2 测角仪

根据布拉格方程($d_{hkl} = \lambda / 2\sin\theta$)，使用 Mo 靶 $\lambda = 0.71073$ Å 计算，若要达到高精度电子结构精修所需要的结构分辨率($\lambda / 2\sin\theta < 0.4$ Å)，测试的 $2\theta$ 需达到 125°，远高于常规晶体结构测试所需的 50.7°(结构分辨率通常要求 0.83 Å)。因此 X 射线源、测角仪、探测器、beamstop 和摄像头等部件需采用紧凑的安装方式，确保探测器能转到比较接近这个角度而不发生零件碰撞。

测角仪的精度也比较重要，特别是对于微焦斑 X 射线源，如果测角仪精度不够高，晶体测试过程中，晶体会或多或少偏离中心位置，对衍射数据的强度和吸收校正产生影响。尽管通过复杂的吸收校正能或多或少减轻这种影响，但高精度的测角仪还是有利于产生高质量的衍射数据。一般来说，测角仪随着使用时间的增加，其精度会由于机械磨损而有所降低。

### 8.2.3 X 射线探测器

准确地测量 Bragg 峰的强度非常重要，相比于早期的点探测器，即一次只能测量一个衍射点，二维数字探测器能快速收集整个倒空间的衍射照片。二维探测器的一个巨大优势是可以获得高冗余度的数据，这大大提高了统计精度，但需要更多的修正，包括吸收、衰减、光源不稳定、弥散等。

二维探测器比较重要的参数包括读数动态范围和读数时间等。用于电子结构精修的衍射数据收集过程中单张照片的曝光时间一般较长，对于一些特别强的衍射点，其强度可能会非常大，因此探测器单个像素点的动态范围要比较宽，不然这些点的强度值可能会超过其阈值，难以测得准确的强度值。

### 8.2.4 低温系统

低温对于获得高质量电子密度分布是非常重要的，这主要基于两个原因：①原子振动会降低散射强度，低温能让原子尽量在平衡位置附近振动；②热振动因子较大时，精修过程中，电子密度参数与热振动参数很难分开。然而，准确的电子密度分析到底需要多低的温度是很难界定的，这取决于所研材料的体系，一般来说，温度越低越好。但是，即使是在 0 K 下收集数据，完全避免原子的热振动也是不可能的，因为存在零点振动。现代实验室里的低温技术已经比较成熟，在液氮沸点附近温度测量的数据一般比较稳定和可信，更先进的是在液氦沸点附近进行测试。

低温对于实验电子密度分析的作用是多重的。最重要的是低温能让原子的热运动降低，使赝原子方法成为一个合理的假设，在结构精修中，小的热振动因子意味着参数之间的关联系数较小，因此可获得更可靠的精修结果；另外，小的热振动因子也使原子的简谐振动模型更有效。需要注意的是，尽管可以采用更高阶的原子振动模型，如 Gram Charlier 扩展，但这会引入过多的参数。Mallinson 等人研究表明非球谐振动的残余峰在一定程度上与差分电荷的残余峰相似，这使得真实的电子密度特征难以确认[1]。因此，如果精修的温度因子采用高阶非球谐近似，Gram Charlier 参数的物理意义必须得到验证。低温的另一个优点是可以获得高准确性的衍射强度，特别是高角度衍射点。尽管键电荷密度特征的精修一般不需要高角度数据，因为高角度衍射点主要来自芯电子散射的贡献。但是，高角度高强度衍射数据对精修的准确性非常重要，特别是精修原子位置和热振动因子(除了 H 原子)。低温还有一个好处是能显著降低高角度衍射的弥散，从而允许高精度的强度积分。

### 8.2.5　激光器外场设备

原位激光测试需在衍射数据收集过程中增加额外的激光器设备，并将激光光斑聚焦在被测晶体上。用于电子结构测试的晶体样品一般较小(～0.1 mm)，且激光光斑、X 射线光斑需严格重叠在样品上，单晶衍射仪上的 beamstop、低温喷头、摄像头和探测器前面板一般与晶体样品较近，样品周围的剩余空间非常有限，激光器的引入势必会增加光路设计难度，因此激光器需要采取合适的入射角照射到样品上。特别注意的是，不要将激光照射到探测器的前面板上，否则很可能会损坏探测器。

## 8.3　实验电子结构测试要点

### 8.3.1　单晶样品

高质量、几乎没有缺陷的单晶样品对于获得高质量衍射数据是非常重要的，如果解析出的晶体结构中存在原子无序，一般难以进行高精度的实验电子结构分析。用于实际测试的单晶样品尺寸一般不能太大，比如超过 0.3 mm 或 0.5 mm，这样样品具有较强的 X 射线吸收，对衍射数据的精度造成影响。但也不能太小，比如小于 0.1 mm，这样衍射强度会显著降低，为获得高信噪比的衍射数据，就需要比较长的测试时间。一般而言，对于同一个测试样品，若想通过延长单张照片的曝光时间来将强度信噪比提高 $n$ 倍，则曝光时间需延长 $n^2$ 倍。需要注意的是，无限延长曝光时间并不能无限提升信噪比，因为仪器本身存在一个信噪比极限。一个合适的样品尺寸还取决于化合物本身的衍射能力、X 射线光斑大小和光源强度、可以接受的数据收集时间等等。

### 8.3.2 测试过程

衍射数据收集过程中，要求晶体样品在测角仪旋转过程中比较稳定，不发生偏移。使用实验室光源进行电子结构衍射数据收集一套数据一般需要比较长时间，少则 3～5 天，多则 1～2 周。在这么长的测试时间内，特别是在低温气体吹扫下，保证晶体位置不发生偏移并非易事，通常需要载晶器性能完好，而且粘晶体的玻璃丝(或金属杆等其他材料)和胶水都比较牢固。

最好收集较多的衍射照片，数据/参数比一般建议超过 10，然而在许多实际情况下，数据/参数比要比这个值低许多，如果有足够多的高角度衍射点的话，电子结构精修过程中参数间的关联会得到比较好的抑制。

### 8.3.3 数据校正

单晶衍射仪上收集的原始衍射数据还需进行精细的统计校正才能比较好地用于后续的电子结构精修。衍射强度误差的主要来源包括：X 射线源强度的稳定性、X 射线源单色性和均一性，测角仪球差、晶体对心、晶体样品的 X 射线吸收系数、晶体形状不规则等等，因此，需要选择合适的误差模型对原始衍射数据进行校正。

对于含有较重原子的晶体，其 X 射线吸收系数一般较大，衍射数据通常需要进行吸收校正后才能用于电子结构精修。如果使用微焦斑光源，X 射线强度在光线径向方向呈畸变的高斯分布，会使 X 射线穿过晶体时，靠近晶体中心的吸收远大于晶体边缘部分，吸收校正时需考虑高斯分布的情况。

多重散射在单晶衍射实验中出现的概率较小，但由于电子结构精修所需的衍射数据集一般较大，多重散射会显著改变少数衍射点的强度，而这种影响无法在标度因子和吸收校正中得到消除，因此需引起重视。

本书作者通过收集非线性光学晶体 $LiB_3O_5$(LBO)在～90 K 下无光照和 1064 nm 连续激光照射下的全衍射球的原位衍射数据，经过标度因子和吸收校正后，其强度和误差符合一般电子结构精修的统计指标(图 8-2)[2]，包括全分辨率范围内一致性因子 $R_{\mathrm{int}}$ 和 $R_{\mathrm{sigma}}$ 在 0.03 左右，$\chi^2$ 统计因子在 1 附近，$I/\mathrm{sig}(I)$～$\log_{10}(I)$曲线符合正弦函数分布，以及归一化后的标度因子在 1 附近±0.3 的范围内波动等。

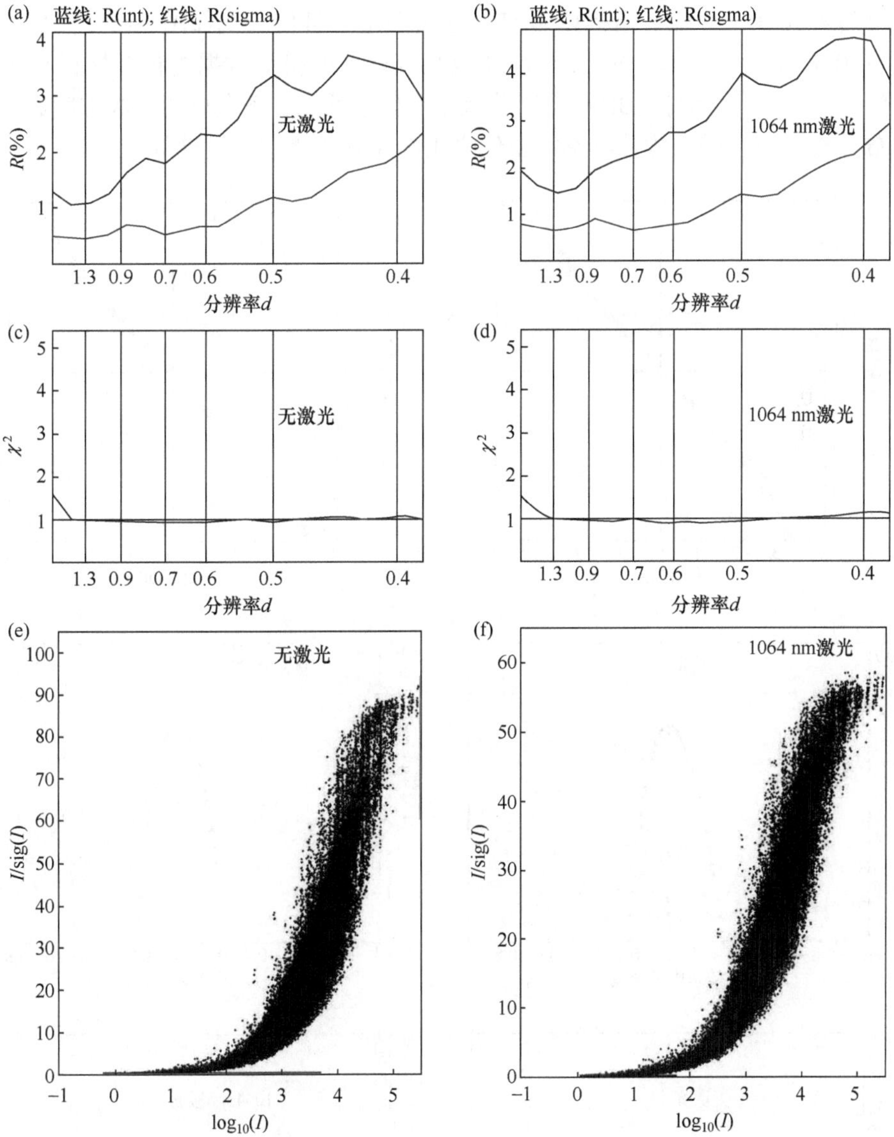


图 8-2　$LiB_3O_5$ (LBO)在～90 K 下无激光和 1064 nm 激光照射下全衍射球的衍射数据的技术指标

(a，b) 数据一致性因子 $R_{int}$ 和 $R_{sigma}$；(c，d) $\chi^2$ 统计因子；(e，f) $I$/sig($I$)～$\log_{10}(I)$曲线

### 8.3.4　电子结构精修质量检查

电子结构精修包含电子密度精修、密度矩阵精修以及波函数精修等。与常规的晶体结构模型相比，电子结构模型中精修参数个数一般较多，进行最小二乘

精修后需检查一些统计指标以确定精修结果是否可信。比如图 8-3 是对 LBO 在～90 K 下无光照和 1064 nm 连续激光照射下的衍射数据进行多极模型精修后的统计指标[2]，包括 DRK 图对称且中心段过原点，残余峰的分数维度成高斯分布，$F_{obs} / F_{calc}$ 随结构分辨率的变化曲线在 0.05 偏差以下波动等。

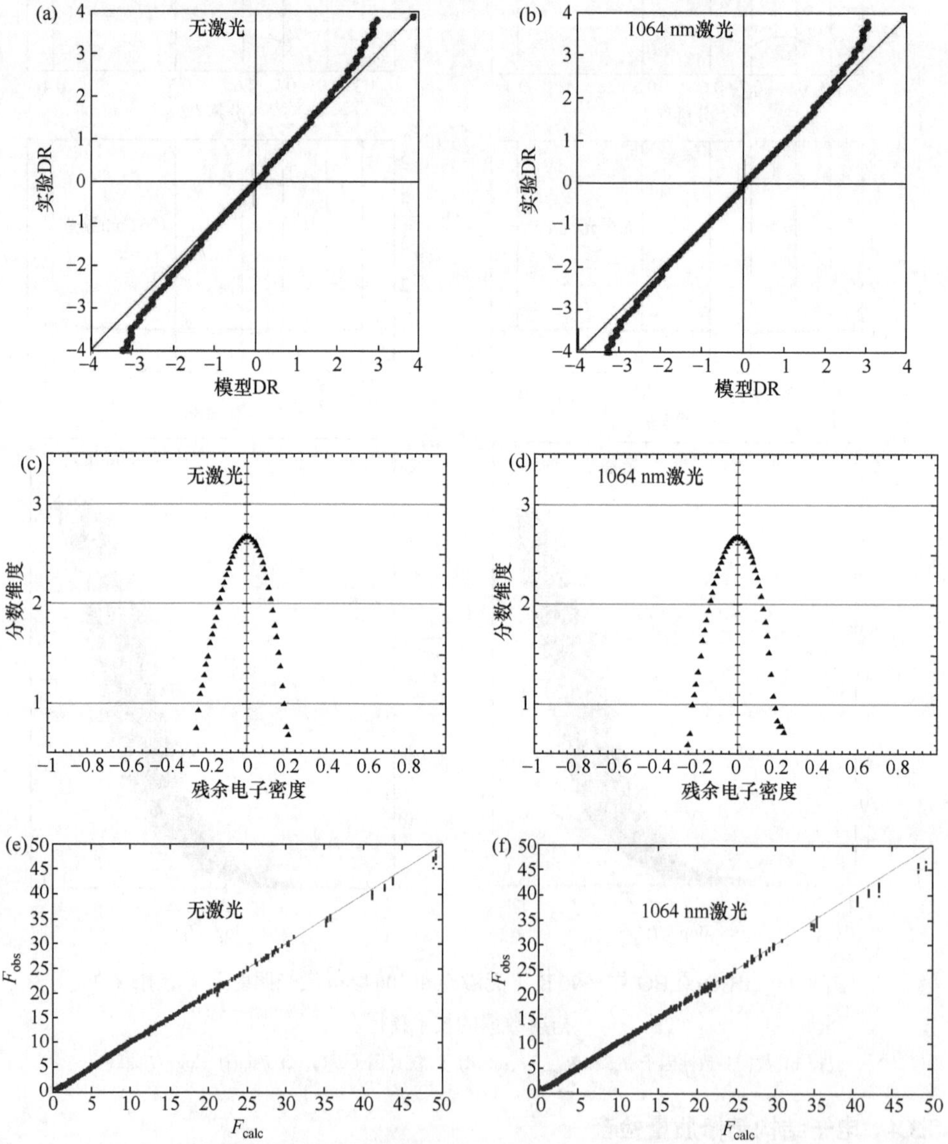


图 8-3　$LiB_3O_5$ (LBO)在～90 K 下无光照和 1064 nm 连续激光照射下的衍射数据进行多极模型精修后的统计指标

(a，b) 正态统计指标 DRK 图；(c，d) 残余电子密度的分数维度指标；(e，f) $F_{obs} / F_{calc}$

## 8.4 电子结构晶体学的潜在应用

电子结构晶体学的应用领域非常广阔，比如无机材料，小分子到生物大分子等。由于尚处在发展时期，这里仅对其在材料领域的典型应用做一个基本介绍。

揭示材料的构效关系规律对高性能材料的理性设计至关重要。材料的许多功能本质上源于材料中的电子对外场的响应行为，特别是对于其功能取决于量子过程的功能材料(如量子相变、磁性、超导材料等)，仅仅研究材料的晶体结构是远远不够的，获得准确而真实的电子结构是深入研究这些材料构效关系规律的关键。

在各种功能材料的应用过程中，材料基本上都是在光、电、磁、温、力等外场作用下“激励”出可检测的物理量，从而实现其功能应用。一般情况下，在外场作用下功能材料特别是功能晶态材料内部结构(包括晶体结构和电子结构)会发生细微变化，进而展示相应的功能，同时，功能材料在功能执行过程中也会伴随着材料内部结构的变化。即在外场作用下，功能材料在功能开始执行时，材料初始态(定义为未施加外场作用或外场作用停止时的状态)的晶体结构和电子结构会发生“微妙”变化，形成与外场和时间相关的功能态(定义为材料在施加外场作用下展现功能的状态)；当外场作用停止时，材料的功能态则可逆地回复到初始态。因此原位研究其功能态的晶体结构和电子结构，以及与外场作用停止时初始态对比晶体结构和电子结构的变化，对于揭示材料起功能作用的结构科学本质非常重要。这里的“初始态和功能态”概念不同于“基态和激发态”。一般而言，“基态”指材料在 0 K 和真空环境下的状态，而“初始态”指材料在室温、1 个大气压且无其他外场作用的状态；“激发态”指电子处于高能级的状态，而“功能态”指材料在外场激励下展示功能时的状态。

这里以二阶非线性光学晶体(NLO)材料为例讲述电子结构晶体学在研究材料功能基元方面的潜在应用，NLO 晶体作为激光变频材料，在强激光的作用下材料中电子产生非线性极化从而激励出倍频光(如 BBO、LBO、KDP、KTP、$AgGaS_2$、$ZnGeP_2$、$LiInS_2$ 等)，在高技术领域具有重大应用需求[2-16]。“功能基元(functional motif)”类似于有机化合物中官能团和生物体中的基因概念，最早于 2001 年提出，是指对材料功能起关键作用的微观结构单元，通过功能基元的有序组装可获得高性能材料[17,18]。NLO 功能基元是指材料结构中具有较大微观 NLO 极化率的结构单元，对晶体宏观 NLO 效应起主要贡献。

基于所研制的仪器系统，姜小明、郭国聪等人提出实验上确定 NLO 功能基元的方法[2]，即：通过原位测试 NLO 晶体在无激光(初始态)和有激光(功能态)下的电子结构，比较它们的拓扑特征变化，将拓扑特征变化较大的电子结构区域归属为 NLO 功能基元(图 8-6)。并以紫外-可见-近红外波段 NLO 晶体 $LiB_3O_5$ (LBO)为例，研究其在无光照和 360 nm、1064 nm 激光照射下的原位电子密度和波函数，即通过原位收集 LBO 晶体在无激光和激光照射下的高空间分辨单晶衍射数据，经过晶体结构解析、独立原子模型精修、kappa 精修和多极模型精修获得单胞电子密度分布(图 8-5)、并进一步经过 Hirshfeld 精修和波函数精修获得其波函数，使用“分子中原子的量子理论”对精修出的电子密度和波函数进行拓扑分析，获得其拓扑原子和化学键特征指标(图 8-4)。发现$[B_3O_5]^-$基团在激光下其拓扑原子电荷、原子体积和偶极矩都会发生明显变化，O 原子上的电子会朝 B 原子转移，且 $BO_3$ 三角形单元电子结构对外场的响应幅度比 $BO_4$ 四面体的要大，而 Li 周围的电子云变化可忽略，确认了 B—O 基团$(B_3O_5)^-$为 LBO 的 NLO 功能基元。该工作从实验上高精度测试 LBO NLO 材料在初始态和功能态的电子结构，研究其电子结构变化，揭示 NLO 功能基元，为 NLO 材料功能基元和构校关系的研究提供了新的途径。

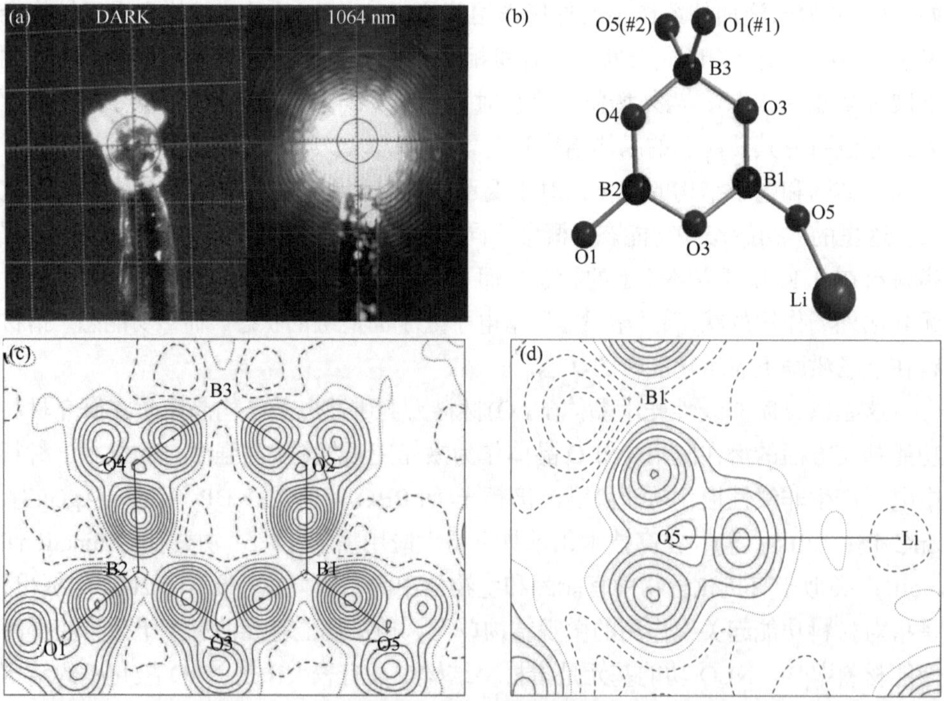


图 8-4　(a)初始态和 1064 nm 激光照射下的 LBO 晶体；(b)LBO 不对称单元图；(c，d)LBO 差分电荷密度图

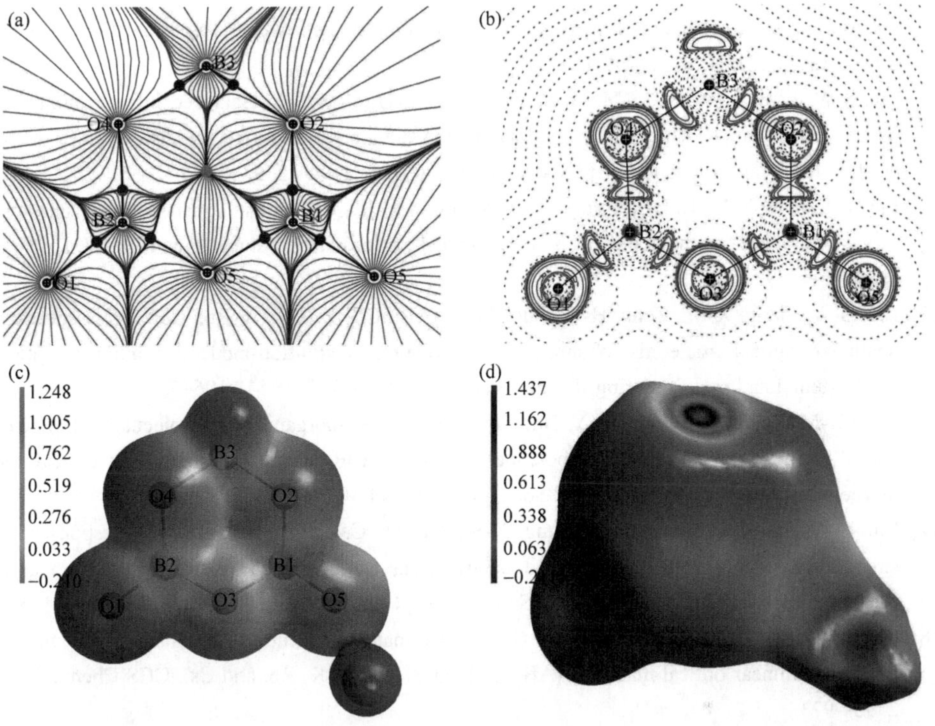


图 8-5　(a)LBO 电子密度梯度图；(b)LBO 电子密度拉普拉斯量；(c)LBO 静电势；(d)LBO Hirshfeld 面

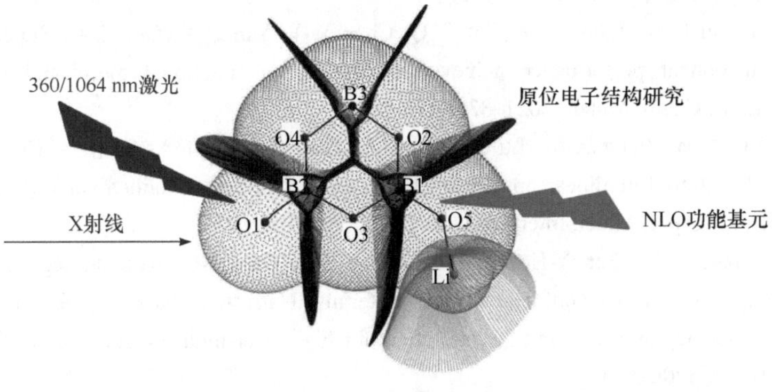


图 8-6　LBO 波函数及通过原位电子结构测试手段研究 NLO 功能基元的思路

## 参 考 文 献

[1] Mallinson P R, Koritsanszky T, Elkaim E, Li N, Coppens P. The Gram-Charlier and multipole expansions in accurate X-ray diffraction studies: Can they be distinguished? Acta Cryst. A, 1988, 44: 336-343.

[2] Jiang X-M, Lin S-J, He C, Liu B-W, Guo G-C. Uncovering functional motif of nonlinear optical

material by in situ electron density and wavefunction studies under laser irradiation. Angew. Chem. Int. Ed., 2021, 60: 11799-11803.

[3] Liu B-W, Jiang X-M, Pei S-M, Chen W-F, Yang L-Q, Guo G-C. Balanced infrared nonlinear optical performance achieved by modulating the covalency and ionicity distributions in the electron localization function map. Mater. Horiz., 2021, 8: 3394 - 3398.

[4] Liu B-W, Jiang X-M, Li B-X, Zeng H-Y, Guo G-C. Li[$LiCs_2Cl$][$Ga_3S_6$]: A nanoporous framework of gas4 tetrahedra with excellent nonlinear optical performance. Angew. Chem. Int. Ed., 2020, 59: 4856-4859.

[5] Liu B-W, Jiang X-M, Zeng H-Y, Guo G-C. [$ABa_2Cl$][$Ga_4S_8$] (A=Rb, Cs): Wide-spectrum nonlinear optical materials obtained by polycation-substitution-induced nonlinear optical (NLO)-functional motif ordering. J. Am. Chem. Soc., 2020, 142: 10641-10645.

[6] Jiang X-M, Zhang M-J, Zeng H-Y, Guo G-C, Huang J-S. Inorganic supramolecular compounds with 3-D chiral frameworks show potential as both Mid-IR second-order nonlinear optical and piezoelectric materials. J. Am. Chem. Soc., 2011, 133: 3410-3418.

[7] Liu B-W, Hu C-L, Zeng H-Y, Jiang X-M, Guo G-C. Creating strong shg responses by strengthening both static and induced contributions via the high orientation of tetrahedral functional motifs in polyselenide $A_2Ge_4Se_{10}$ (A = Rb, Cs). Adv. Optical. Mater., 2018, 1800156.

[8] Liu B-W, Jiang X-M, Zeng H-Y, Guo G-C. Phase matching achieved by bandgap widening in infrared nonlinear optical materials [$ABa_3Cl_2$][$Ga_5S_{10}$] (A = K, Rb, and Cs). CCS Chem., 2020, 2: 964-973.

[9] Chen W-F, Liu B-W, Pei S-M, Yan Q-N, Jiang X-M, Guo G-C. $ASb_5S_8$ (A = K, Rb, and Cs): Thermal switching of infrared nonlinear optical properties across the crystal/glass transformation. Chem. Mater., 2021, 33, 10: 3729-3735.

[10] Pei S-M, Liu B-W, Jiang X-M, Zou Y-Q, Chen W-F, Yan Q-N, Guo G-C. Superior infrared nonlinear optical performance achieved by synergetic functional motif and vacancy site modulations. Chem. Mater., 2021, 33: 8831-8837.

[11] Ye R, Liu B-W, Jiang X-M, Lu J, Zeng H-Y, Guo G-C. $AMnAs_3S_6$ (A = Cs, Rb): Phase-matchable infrared nonlinear optical functional motif [$As_3S_6$]$^{3-}$ obtained *via* surfactant-thermal method. ACS Appl. Mater. Interfaces., 2020, 12: 53950-53956.

[12] Li S-F, Jiang X-M, Fan Y-H, Liu B-W, Zeng H-Y, Guo G-C. New strategy for designing promising mid-infrared nonlinear optical materials: Narrowing band gap for large nonlinear optical efficiency and reducing thermal effect for high laser-induced, damage threshold. Chem. Sci., 2018, 9: 5700-5708.

[13] Li S-F, Jiang X-M, Liu B-W, Yan D, Lin C-S, Zeng H-Y, Guo G-C. Super-polyhedra-built shg materials exhibit large mid-infrared conversion efficiencies and high laser-induced damage thresholds. Chem. Mater., 2017, 29: 1796-1804.

[14] Liu B-W, Zhang M-Y, Jiang X-M, Li S-F, Zeng H-Y, Wang G-Q, Fan Y-H, Su Y-F, Li C, Guo G-C, Huang J-S. Large second-harmonic generation responses achieved by the dimeric [$Ge_2Se_4(\mu\text{-}Se_2)$]$^{4-}$ functional motif in polar polyselenides $A_4Ge_4Se_{12}$(A=Rb, Cs). Chem. Mater., 2017, 29: 9200-9207.

[15] Liu B-W, Zeng H-Y, Jiang X-M, Wang G-E, Li S-F, Xu L, Guo G-C. $[A_3X][Ga_3PS_8]$(A = K, Rb; X=Cl, Br): Promising IR nonlinear optical materials exhibiting concurrently strong second-harmonic generation and high laser induced damage thresholds. Chem. Sci., 2016, 7: 6273-6277.

[16] Jiang X-M, Guo S-P, Zeng H-Y, Zhang M-J, Guo G-C. Large crystal growth and new crystal exploration of mid-infrared second-order nonlinear optical materials. Struct. Bond., 2012, 145: 1-44.

[17] Guo G-C, Yao Y-G, Wu K-C, Wu L, Huang J-S. Studies on the structure-sensitive functional materials. Prog. Chem., 2001, 13: 151-155.

[18] Jiang X-M, Deng S, Whangbo M-H, Guo G-C. Material research from the viewpoint of functional motifs. Natl. Sci. Rev., 2022, DOI: 10.1093/nsr/nwac017.

# 索 引

**K**



**L**



**M**



**O**



**P**



**Q**



**R**



**S**

## 其　他